After Effects CS6
影视特效制作标准教程

费 跃 编著

中国电力出版社
CHINA ELECTRIC POWER PRESS

内 容 提 要

本书共 11 章，第 1~10 章内容包括：After Effects CS6 影视后期特效制作基础知识，素材的导入与处理，层、关键帧及合成的管理与应用，运动追踪的使用，抠像特效、调色特效、文字特效的应用及遮罩的使用，影片渲染与输出操作，仿真与外挂插件的使用。第 11 章通过 6 个实例制作的全程演示，使读者加深对 Adobe After Effects CS6 软件的了解和认识，以进一步提高读者 Adobe After Effects CS6 软件的操作技能和应用能力。

本书适合中、高等职业学校影视动漫、影视广告设计及相关专业作为教材使用，也可供影视动漫设计制作者学习参考。

本书附带 1 张多媒体光盘，内容包括书中案例视频、After Effects CS6 源文件和素材，以帮助读者更好地学习和掌握好书中的知识。

图书在版编目（CIP）数据

After Effects CS6影视特效制作标准教程 / 费跃编著. —北京：中国电力出版社，2014.2
ISBN 978-7-5123-5193-6

Ⅰ.①A… Ⅱ.①费… Ⅲ.①图象处理软件-教材
Ⅳ.①TP391.41

中国版本图书馆CIP数据核字（2013）第268611号

中国电力出版社出版、发行

（北京市东城区北京站西街 19 号　100005　http://www.cepp.sgcc.com.cn）

北京市同江印刷厂印刷

各地新华书店经售

*

2014 年 2 月第一版　　2014 年 2 月北京第一次印刷
787 毫米×1092 毫米　16 开本　20.5 印张　503 千字　4 彩页
印数 0001—4000 册　　定价 **39.00** 元（含 1DVD）

前　言

After Effects CS6 是 After Effects（简称 AE）系列的最新版本，是 Adobe 公司开发的一个视频剪辑及设计软件。AE 是制作动态影像设计不可或缺的辅助工具，是视频后期合成处理的专业非线性编辑软件。AE 应用范围广泛，涵盖影片、电影、广告、多媒体和网页等，时下最流行的一些电脑游戏，很多都使用它进行合成制作。

本书侧重对 AE CS6 进行后期合成所需要的基础知识进行介绍，讲解过程中结合了大量的实例。书中将影视特效制作的设计理念和电脑制作技术巧妙结合，既注重知识的系统性与连贯性，又注重实例的可操作性与实用性。本书是读者朋友在实际操作中迅速掌握该软件的得力助手！

全书共分 11 章，内容结构如下：

第 1 章：本章首先对影视后期合成技术进行简单的介绍，然后对 AE CS6 的设置选项、菜单栏、工具栏、部分浮动面板和工作界面的主要窗口进行详细的讲解。

第 2 章：本章主要讲解的是在 AE CS6 软件中如何对素材进行处理。

第 3 章：本章系统地对 AE CS6 软件中层与合成的应用进行讲解。

第 4 章：通过实例的方式对运动追踪的类型进行分析与讲解，从而使读者能轻松地掌握 AE CS6 的运动追踪知识。

第 5 章：本章主要讲解 AE CS6 中的抠像特效 Keying（键控）特效组中各抠像特效的应用方法。

第 6 章：本章首先对透明度与遮罩的关系进行了介绍，然后对遮罩的概念与类型，以及如何创建与编辑遮罩进行深入的讲解，使读者能更深层次的掌握遮罩技术。

第 7 章：本章讲解的是 AE CS6 调色特效的应用效果与参数设置。

第 8 章：本章讲解在 AE CS6 软件中"文本工具"的使用方法，并在其间穿插文字制作实例的训练，以进一步加强读者对"文本工具"的使用和熟练度。

第 9 章：本章详细地讲解 AE CS6 中有关渲染输出影片的操作，包括输出电影、渲染队列窗口、渲染设置与输出模块、渲染一个任务为多种格式，以及输出单帧图像。

第 10 章：本章详细地介绍 AE CS6 的仿真特效，以及外挂插件（光效、调色、波纹、海水和 3D）的使用方法。

第 11 章：本章通过对 6 个实例的讲解，使读者更加深入的了解 AE CS6 软件的使用，进一步提高读者对 AE CS6 软件的操作方式和思路的认知。

本书图文并茂、条理清晰、通俗易懂、内容丰富，在讲解知识点时都配有相应的实例，方便读者上机实践。同时，在难于理解和掌握的部分内容上给出相关提示和注意，让读者能够快速地提高操作技能。此外，本书配有大量综合实训和上机实践题，让读者在不断的实际操作中更加牢固地掌握书中讲解的内容。

为了帮助读者更好地学习本书，我们为本书提供了 1 张多媒体光盘，内容包括书中案例视频、AE 源文件和素材。

本书适合中、高等职业学校影视动漫、影视广告设计及相关专业作为教材使用，也可供影视动漫设计制作者学习参考。

编者
2013.6

2.3 案例表现——关键帧动画

   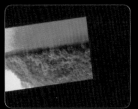

3.3 案例表现——翻转动画

 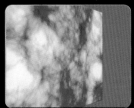 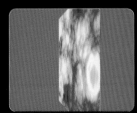 

1. 位置追踪

2. 缩放追踪

3. 变换追踪

5.2.2　色差键

5.2.3　色键

5.2.4　颜色范围

5.2.5 差异蒙版

5.2.6 提取

5.2.9 亮度键

5.3 案例表现——蓝屏抠像之海洋天空

6.3 案例表现——替换天空

部分特效效果

自动色彩 自动色阶

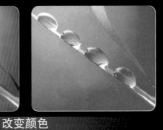

色调/饱和度 改变颜色

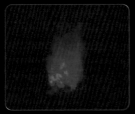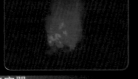

颜色稳定器 彩光

曝光　　　　　　　　　　　照片过滤器

7.3.2 电影胶片效果

8.3 案例表现——变化的字幕

  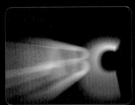 

10.2.1 模仿真实的特效

动态卡片

  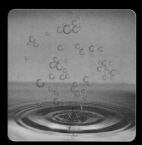 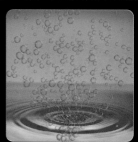

焦散　气泡

粒子运动场

  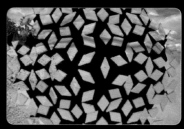

粉碎

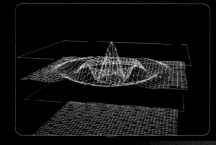  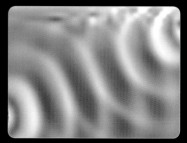

波浪

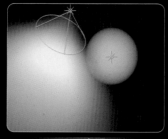
Lux（光照）

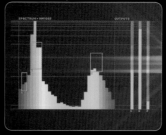
Sound Keys （音效键）

3D Stroke（3D描边）

11.2 魔幻粒子

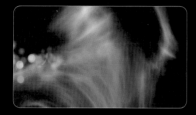

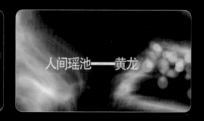

11.3 炫彩立体空间

11.4 流星划空特效

11.5 飘渺出字

11.6　焰火效果

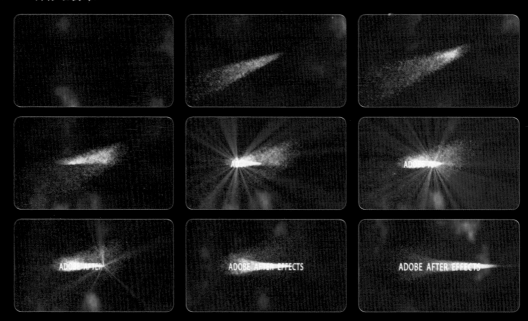

11.7　电流特效

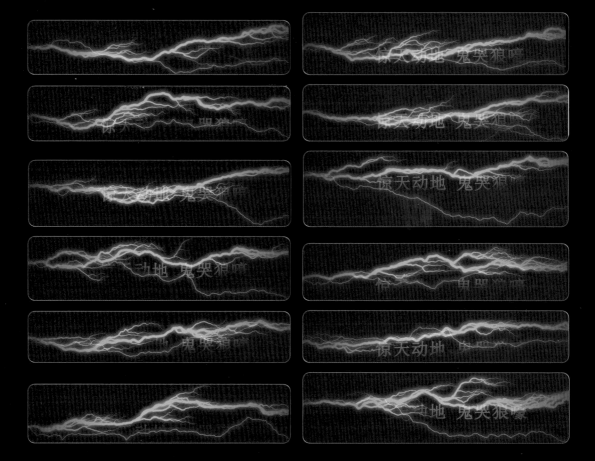

目 录

第 1 章

After Effects CS6 影视后期特技制作基础

 学 习 重 点

● 本章导读

● 要点讲解

● 习题与上机练习

影视媒体已经成为当前最为大众化，最具影响力的媒体形式。从好莱坞大片所创造的幻想世界，到电视新闻所关注的现实生活，再到铺天盖地的电视广告，无一不影响着我们的生活。过去，影视节目的制作是专业人员的工作，对大众来说笼罩着一层神秘的面纱。现在，数字技术已经全面进入了影视制作，计算机逐步取代了许多原有的影视设备，并在影视制作的各个环节中发挥着重要作用。

长期以来，影视制作使用的一直是价格昂贵的专业硬件和软件，非专业人员很难见到这些设备。随着硬件价格的不断降低，影视制作也开始从以前专业的硬件设备逐渐向 PC 平台上转移，原先身价较高的专业软件也逐步开始移植到 PC 平台上，价格也日益大众化。同时，影视制作的应用也从专业影视制作扩大到电脑游戏、多媒体、网络、家庭娱乐等更为广阔的领域。换句话来说，现在无论是专业的后期制作人员，还是影视爱好者，都可以利用自己手中的电脑，用这些工具来制作自己的作品了。

1.1　本章导读

本章主要讲解的内容有：首先对影视后期合成技术简单介绍，然后对 After Effects CS6 的设置选项、菜单栏、工具栏、部分浮动面板和软件工作界面主要窗口进行详细的讲解，使读者对软件更为熟悉，为后面的学习打下基础。

1.2　要点讲解

1.2.1　合成技术

自从电影、电视出现以来，合成技术在影视制作的工艺流程中就成为一个必不可少的环节。那么什么是合成技术呢？

合成技术是指将多种源素材混合成单一复合画面的处理过程。早期的影视合成技术主要是在胶片、磁带的拍摄过程以及胶片洗印过程中实现的，工艺虽然落后，但效果非常不错：诸如抠像、叠画、划像等合成的方法与手段，都在早期的影视制作中得到了较为广泛的应用。在集传统电影特技之大成，代表乔治·卢卡斯极其丰富的想象力和导演才能的里程碑式的电影《星球大战》系列中，我们就可以看到传统合成技术的成功运用。而数字合成技术，则是相对于传统合成技术而言，主要运用先进的计算机图像学的原理和方法，将多种源素材（数字化后的）采集到计算机里面，并借助计算机和相关软件将其混合成单一复合图像，然后输出到磁带或胶片上这一系统完整的处理过程。

在计算机进入图像领域之前的很长时间里，合成技术在影视制作中得到较为广泛的应用，其合成效果也达到了很高的水平，这一点从电影《星球大战》中那些令人眼花缭乱、难以置信的特技镜头中就可以得到充分证明。而随着计算机处理速度的提高以及计算机图像理论的发展，数字合成技术得到了日益广泛的运用。影视艺术工作者们在使用计算机进行合成操作的过程中，强烈地感受到数字合成技术所带来的极大的便利性和手段的多样性，合成作品的效果比传统合成技术更为精美，更加不可思议，这成为推动数字合成技术发展的巨大动力。

我们所说的合成，就是通过各种操作把两个以上的源图像合并为一个单独的图像。这里包括的过程有：首先通过各种操作使源图像适合于合成，然后再通过后期合成技术使多个源图像合并到一起。这个过程既有许多技术手段，又有许多艺术方面的选择，因此一个高水平的合成师对于合成的过程在技术上和艺术上都有较为深入的理解。

这里，首先提出一个总的原则：鉴别合成的质量的最终标准是人眼。一切技术都最终服从这个原则。因为合成画面的最终目的是让观众观看，而人对于画面的真实感有着本能的鉴别能力。对于合成师来说，这种鉴别能力是至关重要的，他必须比观众更为敏感，而且他不仅要能感觉到画面是不是有问题，还必须能够找出问题的原因和解决方法。没有敏锐的观察力，很难成为称职的合成师。鉴别合成质量的基本方法很简单：目不转睛地反复观看合成的结果至少十遍。

另外，我们还要声明一点，上面的定义是针对单个图像的，而我们讨论的主要对象是活动影像。单个图像是构成活动影像的基本单位，所以上述定义和我们在下面要谈到的技术原理对于活动影像都是适用的。

1.2.2　After Effects CS6 简介

After Effects CS6 是 After Effect 系列的最新版本，简称 AE，是 Adobe 公司开发的一个视频剪辑及设计软件。After Effects 是制作动态影像设计不可或缺的辅助工具，是视频后期合成处理的专业非线性编辑软件。After Effects 应用范围广泛，涵盖影片、电影、广告、多媒体以及网页等，时下最流行的一些电脑游戏，很多都使用它进行合成制作。

与 Adobe Premiere 等基于时间轴的软件不同的是，After Effects 提供了一条基于帧的视频设计途径。它还是第一个实现高质量子像素定位的程序，通过它能够实现高度平滑的运动。After Effects 为多媒体制作者提供了许多有价值的功能，包括出色的蓝屏融合功能、特殊效果的创造功能和 Cinpak 压缩等。

After Effects 支持无限多个图层，能够直接导入 Illustrator 和 Photoshop 的文件。After Effects 也有多种插件，其中包括 MetaTool Final Effect，它能提供虚拟移动图像以及多种类型的粒子系统，用它还能创造出独特的迷幻效果。

1.2.3　设置 After Effects CS6

安装好 After Effects 之后，第一次运行 After Effects 时，After Effects 将以默认的设置打开。用户可以改变某些设置，以后每次打开 After Effects 时，都将按照新的设置进行工作。

执行【Edit（编辑）】→【Preferences（参数设置）】子菜单下的命令，如图 1-1 所示，可以对系统默认的参数进行更改。

1. General（常规）

执行【Edit（编辑）】→【Preferences（参数设置）】→【General（常规）】命令，弹出 General（常规）的设置页面，如图 1-2 所示。

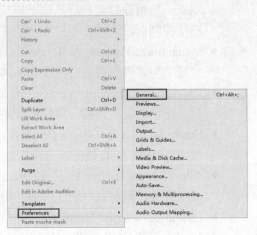

图 1-1

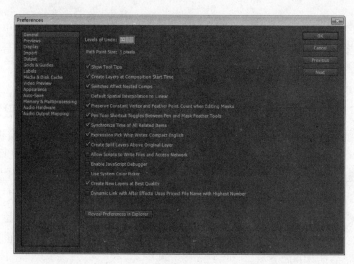

图 1-2

在 General（常规）设置页面中包括如下参数：

- Levels of Undo（撤消步数）：设置可以撤销操作的步数。最多可以撤销 99 次操作，撤消的次数越多，所耗费的系统资源就会越大。

- Show Tool Tips（显示工具提示）：选中此复框，当鼠标指针悬停在某一工具按钮上时，After Effects 将显示出该工具的提示信息。

- Create Layers at Composition Start Time（从合成开始的时间创建层）：选中此选项后，新建或拖入 Timeline（时间线）窗口的层将以合成开始的时间对齐入点；否则，以时间标记所在处为对齐入点。

- Switches Affect Nested Comps（影响嵌套合成开关）：确定包含开关项的素材是否受到影响。在素材合成中，层包含一些开关设置，如质量、变换、运动模糊、帧融合、分辨率。通过选择或禁用该复选项可以确定层开关的变化是否只影响包含开关项的合成素材。

- Default Spatial Interpolation to Linear（默认线性空间的插值）：在关键帧的运动中，将默认的空间插值定义为线性。

- Preserve Constant Vertex Count when Editing Masks（编辑遮罩时保持定点不变）：在为遮罩记录动画时，在遮罩上增加控制点后，会在遮罩动画持续时间内应用新增加的控制点。当删除控制点后，整个持续时间内的该控制点都被删除。如果禁用该选项，当删除控制点时，系统仅在当前时间内删除控制点，在其他时间段内该控制点仍然存在。

- Synchronize Time of All Related Items（全部相关内容时间同步）：可以使嵌套层（或合并层）与它调用层的时间线在不同 Composition（合成）窗口中随时保持同步。

- Expression Pick Whip Writes Compact English（使用简写英语表达式）：将该复选项选中后，在输入表达式后，将自动使用简洁英语排列。

- Create Split Layers Above Original Layer（分裂图层后位于原图上）：选中此项后，当你使用 Ctrl+Shift+D 键分裂一个图层后，分裂后的图层位于原图层上方。

- Allow Scripts to write Files and Access Network（允许脚本写入文件或数据库网络）：将该项选中，则可以将表达式输入到文件或数据库网络。

- Enable JavaScript Debugger（开启 Java 脚本调试器）：将该复选项选中，可以使用 JavaScript 语句来调试动画。

- Use System Color Picker（使用系统颜色拾取器）：将该项选中，将启用操作系统提供的颜色拾取器。
- Crate New Layers At Best Quality（以最好质量创建新图层）：将该项选中后，在 Timeline（时间线）窗口中创建图层时，将使新图层的质量达到最佳。

2. Previews（预览）

执行【Edit（编辑）】→【Preferences（参数设置）】→【Previews（预览）】命令，弹出 Previews（预览）的设置页面，如图 1-3 所示。

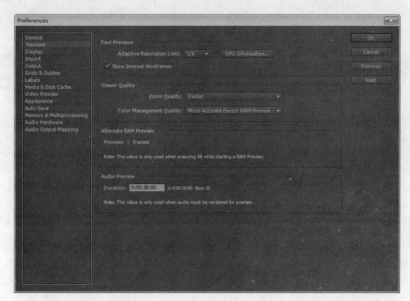

图 1-3

包括如下参数：

- Adaptive Resolution Limit（使用动态分辨率）：设置拖动或调整图层、特效属性时，使用动态分辨率的最大范围。
- GPU Information（GPU 信息）：单击该按钮，弹出如图 1-4 所示 GPU Information 对话框，可以在其中设置软件使用光线追踪时是使用 CPU 还是 GPU 进行计算处理。
- Duration（持续时间）：设置预览音频的持续时间。

3. Display（显示）

执行【Edit（编辑）】→【Preferences（参数设置）】→【Display（显示）】命令，将弹出 Display（显示）的设置页面，如图 1-5 所示。

在 Display（显示）设置页面中包括如下参数：

- No Motion Path（不显示运动路径）：选中该单选框，将不显示对象的运动路径。

图 1-4

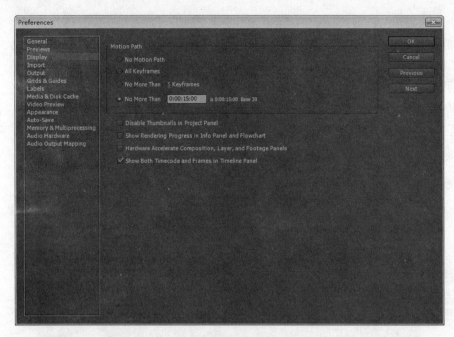

图 1-5

- All Keyframes（全部关键帧）：显示运动路径上的所有关键帧。
- No More Than（不超过）：在右侧的文本框中输入一个数值，运动路径上所显示的关键帧数将不会超过文本框中所输入的数值。
- No More Than [0:00:15:00] is 0:00:15:00 Base 30（在给定的时间内不超过最基本 30 个关键帧）：以当前时间标记为中心，在指定的时间范围内显示运动路径上的关键帧不能超过 30 个。
- Disable Thumbnails in Project Panel（在项目面板中关闭缩略图）：选中该复选项，在项目面板中将不会显示素材的缩略图。
- Show Rendering Progress in Info Panel & Flowchart（在信息面板流程图上显示渲染进度）：选中该复选项，将在 Info（信息）面板 Flowchart（流程图）中显示影片的渲染进度。
- Hardware Accelerate Composition, Layer, and Footage Panels（硬件加速合成、层和素材面板）：选中该复选项，将打开硬件合成、层和素材面板。
- Show Both Timecode and Frames in Timeline Panel（在时间控制面板显示时间码和帧）：选中该复选项，就会在时间控制面板中显示时间码和帧两项信息。

4. Import（导入）

执行【Edit（编辑）】→【Preferences（参数设置）】→【Import（导入）】命令，弹出 Import（导入）的设置页面，如图 1-6 所示。

在 Import（导入）设置页面中包括如下参数：

- Still Footage（静态素材）：用于设置导入静态图像的长度。选中 Length of Composition（合成的长度）单选项，导入静态图片的长度以合成长度为准；选中 0:00:01:00 is 0:00:01:00 Base 30 单选项，在前面的文本框中指定一个时间，导入的静态图像的长度将以文本框中指定时间为准。
- Sequence Footage（序列素材）：指定导入序列图片将按每秒多少帧的速度输入。

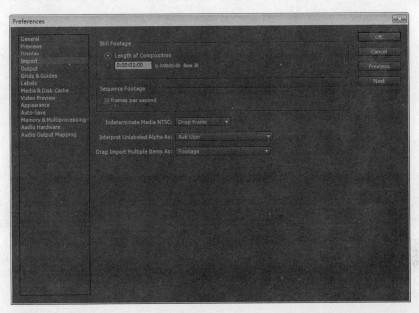

图 1-6

- Interpret Unlabeled Alpha As（解释未标明的 Alpha 通道）：设置导入图像未标明的 Alpha 通道时的操作。选择 Ask User（询问用户），每次导入带有 Alpha 通道的素材时，弹出 Interpret Footage（解释素材）对话框，如图 1-7 所示，等待用户选择。选择 Guess（推测），则由系统决定 Alpha 通道的类型，系统不能确定时发出蜂鸣声；选择 Invert Alpha（反转 Alpha），则反转透明信息；选择 Straight-Unmatted 直接（难

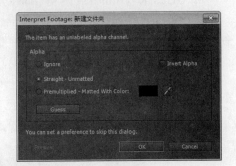

图 1-7

处理的），则 Alpha 通道不被处理；选择 Premultiplied-Matted With Color（合式通道色彩蒙板），则以指定的颜色显示 Alpha 通道（默认的显示颜色为黑色，用户可以自己修改显示颜色）。

- Drag Import Multiple Items As（拖动导入多个项目）：After Effects 允许用户将资源管理器中的多个文件直接拖动到项目窗口中。用户可以指定拖动的文件是当作 Footage（素材），还是当作 Compositon（合成）。

5. Output（输出）

执行【Edit（编辑）】→【Preferences（参数设置）】→【Output（输出）】命令，弹出 Output（输出）的设置页面，如图 1-8 所示。

在 Output（输出）设置页面中包括如下参数：

- Segment Sequences At（分割序列在）：设置图像序列段的大小。
- Segment Video-only Movie Files At（分割视频影片文件段在）：设置视频影片文件段的大小。
- Use Default File Name and Folder（使用默认的文件名和文件夹）：将该复选项选中后，将使用默认的文件名和文件夹来存储渲染的影片。
- Audio Block Duration（音频中断持续的时间）：设定在渲染影片时中断后音频的时长。

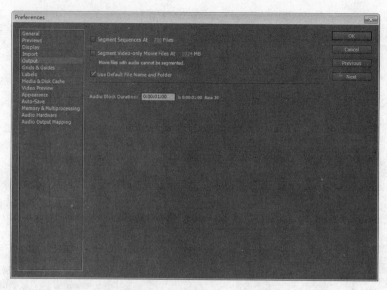

图 1-8

6. Grids & Guides（网格和辅助线）

执行【Edit（编辑）】→【Preferences（参数设置）】→【Grids & Guides（网格和辅助线）】命令，弹出 Grids & Guides（网格和辅助线）的设置页面，如图 1-9 所示。

在 Grids & Guides（网格和辅助线）设置页面中包括如下参数：

- Grid（网格）：设置网格的颜色和风格。
- Color（颜色）：设置网格的颜色。
- Gridline Every（每一条网格线的间隔）：在文本框中可以设置网格线的间隔大小。

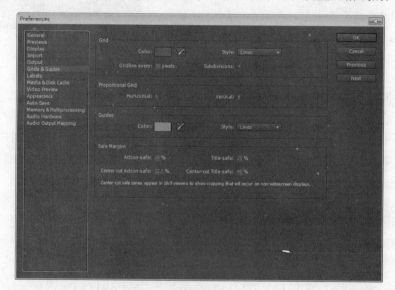

图 1-9

- Style（风格）：可以设置网格线条的样式，有 Lines（线）、Dashed Lines（虚线）和 Dots（点）3 种样式供用户选择。
- Subdivisions（细分）：在右面的文本框中可以设置每个网格细分数目。

- Proportional Grid（网格比例）：在 Horizontal（水平的）和 Vertical（垂直的）文本框中输入数值，可以设置网格的长宽比。
- Guides（辅助线）：设置辅助线的 Color（颜色）和 Style（风格）。其中样式有 Lines（线）、Dashed Lines（虚线）两个选项。
- Safe Margins（安全框）：设置 Action-safe（动作—安全框），Title-safe（字幕—安全框），Center-cut Action-safe（中心剪辑动作—安全框）和 Center-cut Title-safe（中心剪辑字幕—安全框）的范围。

注意　在安全框之外的画面可能会因超出了电视扫描的范围而被切除。因此用户在制作作品时，需要参考安全框的范围来约束画面。

7. Labels（标签）

执行【Edit（编辑）】→【Preferences（参数设置）】→【Label（标签）】命令，弹出 Label（标签）的设置页面，如图 1-10 所示。

包括如下参数：

- Label Defaults（默认标签）：可以为各种文件类型指定所使用的颜色。单击各文件类型后的下拉按钮，在弹出的下拉列表中选择需要的颜色即可。
- Label Colors（标签颜色）：在 After Effects CS6 中可以利用不同的颜色来区分各种属性的图层。用户可以单击右侧的色块，在弹出的颜色面板中选择颜色，也可以单击右侧的吸管按钮来获取屏幕上的颜色。改变颜色后，可以在左侧对应的文本框中改变当前颜色的名称。

图 1-10

8. Media & Disk Cache（媒体和硬盘高速缓存）

执行【Edit（编辑）】→【Preferences（参数设置）】→【Media & Disk Cache（媒体和硬盘高速缓存）】命令，弹出 Media & Disk Cache（媒体和硬盘高速缓存）设置页面，如图 1-11 所示。

在 Media & Disk Cache（媒体和硬盘高速缓存）设置页面中包括如下参数：

- Enable Disk Cache（允许硬盘高速缓存）：选择该复选项，会弹出一个对话框选择高速硬盘作为缓冲存储器。

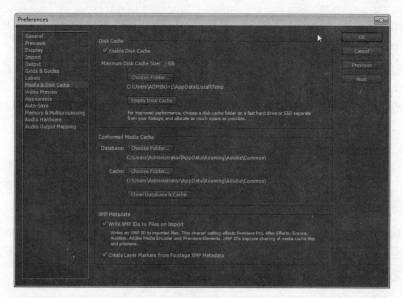

图 1-11

Conformed Media Cache（使媒体缓存一致）：此处包括两个选项——Database（数据库）：设置数据库的位置。Cache（缓存）：设置缓存的位置。

● Clean Database & Cache（清除数据库与缓存）：还原数据库与缓存所更改的位置。

9. Video Preview（视频预览）

执行【Edit（编辑）】→【Preferences（参数设置）】→【Video Preview（视频预览）】命令，弹出 Video Preview（视频预览）的设置页面，如图 1-12 所示。

注意

> 如果计算机中安装了视频卡，就可以将影片传送到电视监视器上进行预览，并可进行如下设置。

在 Video Preview（视频预览）设置页面中的参数如下：

● Output Device（输出设备）：选择所使用的输出设备。

● Output Mode（输出模式）：选择输出模式。所安装的视频卡不同，供选择的内容也不同。

● Output Quality（输出质量）：在该下拉选项中有 Faster（较快的）和 More Accurate（精确的）两个选项——选择 Faster（较快的）在渲染时速度较快，但输出影片的质量没有保证；相反，如果选择 More Accurate（精确的）渲染速度会受一定的影响，但输出的影片文件较好。

● Previews（预览）：将该复选项被选中，下面的 Mirror on computer monitor（在监视器上显示渲染影片）将被激活。

● Mirror on computer monitor（在监视器上显示渲染影片）：如果安装了视频卡，将该复选项选中，在预览的过程中影片会在监视器中显示出来。

● Interactions（交互）：选择交互的方式。

● Renders（渲染）：选择渲染的方式。

● Video Monitor Aspect Ratio（监视器的宽高比）：该设置项将确定渲染出影片的宽高比。

● Scale and letterbox Output to fit Video monitor（比例与文字输出以适合视频监视器）：选中该复选框后，在预览输出时将缩放比例和文字大小以适合视频监视器。

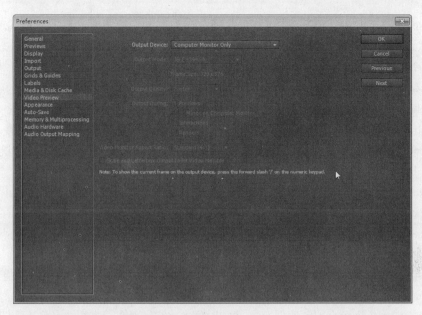

图 1-12

10. Appearance（用户界面颜色）

执行【Edit（编辑）】→【Preferences（参数设置）】→【Appearance（用户界面颜色）】命令，弹出 Appearance（用户界面颜色）的设置页面，如图 1-13 所示。

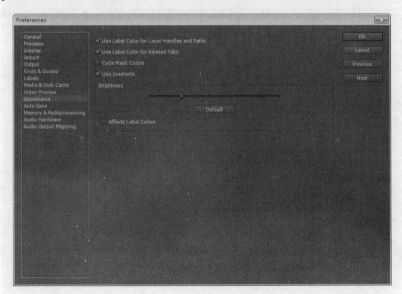

图 1-13

在 Appearance（用户界面颜色）设置页面中的参数如下：

- Use Label Color for Layer Handles and Paths（对层操作和路径使用标签颜色）：将该复选框选中后，层在 Composition（合成）窗口中的运动路径、关键帧、关键帧控制柄等均以标签颜色显示。
- Use Label Color for Related Tabs（对有关路径使用标签颜色）：将该复选框选中后，层在 Composition（合成）窗口中的运动路径将以标签颜色显示。

- Cycle Mask Colors（循环遮罩颜色）：确定在为层制作遮罩时，遮罩边框的颜色是否使用默认标签的颜色。当选中该项时，遮罩边框的颜色将是随时产生的；在没有被选中的情况下，遮罩边框的颜色是设置的颜色。
- Use Gradients（使用渐变）：选中该选项可以使界面产生渐变效果。
- Brightness（亮度）：拖动其下方的滑动条，向右拖动，界面的亮度将增加；向左拖动，界面的亮度将减少。单击 Default（缺省值）按钮，将还原到系统默认的值。
- Affect Label Colors（影响标签颜色）：选中该复选框后，在调整界面的同时也将对层窗口、Project（项目）窗口和 Timeline（时间线）窗口标签颜色进行调整。

11. Auto-Save（自动保存）

执行【Edit（编辑）】→【Preferences（参数设置）】→【Auto-Save（自动保存）】命令，弹出 Auto-Save（自动保存）的设置页面，如图 1-14 所示。

在 Auto-Save（自动保存）设置页面中的参数如下：

- Automatically Save Projects（自动保存项目文件）：在选中该复选框后，将激活 After Effects CS6 中的自动保存项目文件功能。
- Save Every Minutes（自动保存文件的时间）：在右侧的文本框中输入每隔多少分钟之后自动保存一次文件。
- Maximum Project Versions（最大项目个数）：在右侧的文本中输入自动保存文件的最大个数。

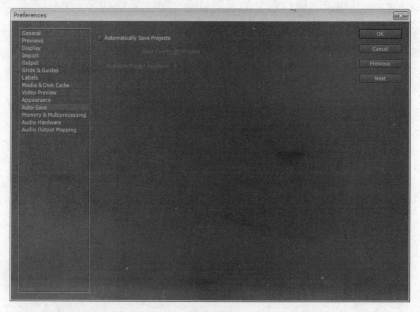

图 1-14

12. Memory & Multiprocessing（内存和多重处理技术）

执行【Edit（编辑）】→【Preferences（参数设置）】→【Memory & Multiprocessing（内存和多重处理技术）】命令，弹出 Memory & Multiprocessing（内存和多重处理技术）的设置页面，如图 1-15 所示。

在 Multiprocessing（内存和多重处理技术）设置页面中的参数如下：

- Installed RAM（已安装的内存）：总内存的大小。

- RAM reserved for other applications（其他应用程序占用内存的大小）：一般设置在总内存的 80%左右。
- RAM available for Ae（After Effects 占用内存的大小）：一般设置在总内存的 20%左右。
- Render Multiple Frames Simultaneously（同时渲染多重帧）：选中该选项，可以同时渲染多重帧。
- Installed CPUs（CPU 性能）：一般双核的 CPU 为 2。

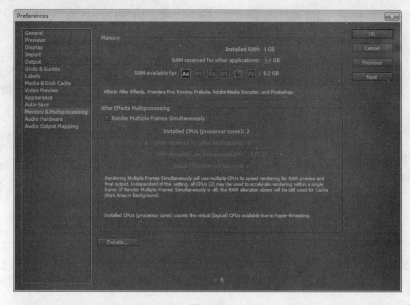

图 1-15

13. Audio Hardware（音频硬件）

执行【Edit（编辑）】→【Preferences（参数设置）】→【Audio Hardware（音频硬件）】命令，弹出 Audio Hardware（音频硬件）的设置页面，如图 1-16 所示。

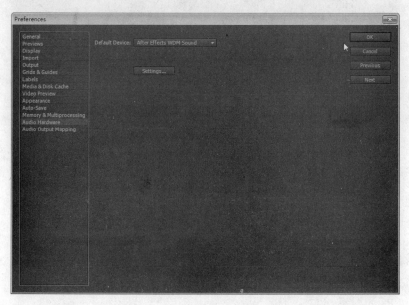

图 1-16

在 Audio Hardware（音频硬件）设置页面中的参数如下：

Default Device（默认设备）：在这里只有一个选项 After Effects WDM Sound（特效窗口声音对象）。单击 Settings（设置）按钮，此时会弹出 Audio Hardware Settings（音频硬件设置）对话框，如图 1-17、图 1-18 所示。

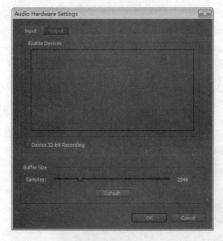

图 1-17　　　　　　　　　　　　　　图 1-18

14. Audio Output Mapping（音频输出映射）

执行【Edit（编辑）】→【Preferences（参数设置）】→【Audio Output Mapping（音频输出映射）】命令，弹出 Audio Output Mapping（音频输出映射）的设置页面，如图 1-19 所示。

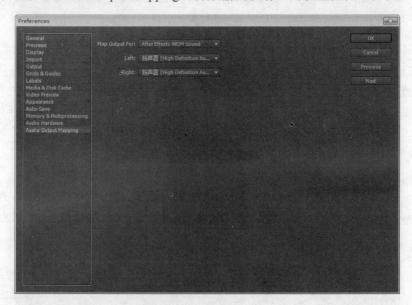

图 1-19

在 Audio Output Mapping（音频输出映射）设置页面中的参数如下：

● Map Output For（关于映射输出）：在这里只有一个选项 After Effects WDM Sound（特效窗口声音对象）。

● Left 和 Right：设置左右声道。

提示

在进行系统参数设置时，单击 Preferences（参数设置）对话框中的 Previous（上一个）和 Next（下一个）按钮，可以依次在各个参数设置页面中进行切换。

1.2.4 认识 After Effects CS6 的界面

启动 After Effects CS6 后，将打开软件的界面窗口，如图 1-20 所示。

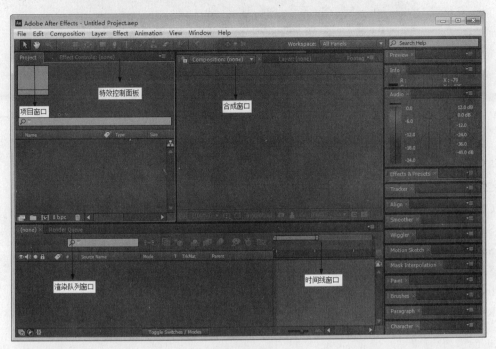

图 1-20

下面向读者介绍一下这些窗口、面板和菜单的功能。

1.2.5 菜单栏的介绍

菜单在程序中很重要，绝大多数命令都可以通过菜单来实现。本节将简要介绍菜单各部分名称及其基本功能。对于详细的功能及使用，将在具体实例中进行说明。

1．File（文件）

File（文件）菜单中包括以下命令：

New（新建）：打开该项下的子菜单，可以选择新建 After Effects 项目文件、新建文件夹、新建 Adobe Photoshop 文件。

Open Project（打开项目）：打开一个已经存在的 After Effects 项目文件。

Open Recent Project（打开最近项目）：打开该项下的子菜单，这里记录了最近 10 次打开的项目文件，选择其中一个将打开所选中的项目文件。

Browse In Bridge（浏览项目模板）：选择该选项，将打开 Adobe 系列软件都拥有的 Adobe Bridge，如图 1-21 所示。使用它可以查看 Adobe 公司的所有支持 Adobe Bridge 的文件，另外 Adobe Bridge 还集查看图片、查看预设动画、播放影片、查看文件属性、从网上下载/购买素材等强大功能于一身。

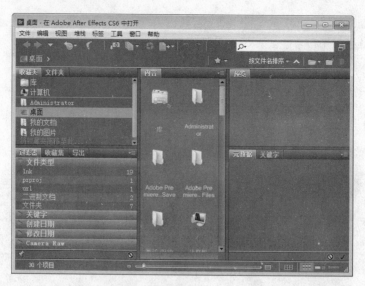

图 1-21

Close（关闭）：关闭 After Effects 当前选中的窗口。

Close Project（关闭项目）：关闭 After Effects 当前打开的项目文件。

Save（保存）：保存当前的 After Effects 项目文件。

Save As（另存为）：使用该命令可以保存一个新的 After Effects 项目文件。

Save a Copy（保存副本）：使用该命令可以为当前项目文件保存一个副本文件。

Increment And Save（保存增量）：保存当前修改的增量。

Revert（恢复）：执行该命令，可以将当前编辑的 Project（项目）文件恢复到刚打开时的状态。

注意　　执行 Revert（恢复）命令后会弹出一个提示对话框，如图 1-22 所示。单击 Yes 按钮，将执行该命令，对 Project（项目）文件已经进行的所有操作将自动删除。单击 Cancel（取消）按钮，关闭对话框的同时并撤消 Revert（恢复）命令。

图 1-22

Import（导入）：导入素材，执行该命令可以导入声音、序列图片组、视频文件和其他 After Effects CS6 所支持的文件。

Import Recent Footage（导入最近素材）：在该菜单中记录了最近 10 次导入的素材，单击其中一个素材即可导入该素材。

注意　　选择素材文件时，应确保所选的素材在硬盘中的位置没有被移动。

Export（输出）：输出文件。打开该项的子菜单后，选择其中导出文件的格式，然后输出文件。

Find（查找）：执行该命令，将激活窗口中的搜索框，如图 1-23 所示。

Find Next（查找下一个）：执行完 Find（查找）后，将激活命令 Find Next（查找下一个）。执行该命令，将寻找与前面查找内容相同的下一个。

Add Footage to Comp（添加素材到合成）：执行该命令，将把在 Composition（合成）窗口中选择的素材添加到 Timeline（时间线）窗口中。

New Comp From Selection（从某个选择建立新合成）：执行该命令，可以为 Project（项目）窗口中选定的素材新建一个大小、帧速率等都相同的合成。

图 1-23

Consolidate All Footage（联合所有素材）：联合所有设置了联合的素材和文件夹。

Remove Unused Footage（删除未用素材）：执行该命令，在 Project（项目）窗口中将删除所有未添加到任何合成中的素材。

Reduce Project（简化项目）：执行该命令，将删除 Project（项目）窗口中未被选中的素材。

注意

如果在 Project（项目）窗口没有选择任何素材或合成，执行该命令后，将会弹出如图 1-24 所示的对话框。在 Project（项目）窗口中选中其中一个素材或合成，执行该命令后，会弹出如图 1-25 所示的对话框。如果在 Project（项目）窗口中选中的是合成，执行 Reduce Project（简化项目）命令后，在 Project（项目）窗口不但保留所选中的合成，同时还保留添加到所保留合成中的素材。

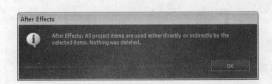

图 1-24

图 1-25

Collect Files（收集文件）：执行该命令，可以将 Project（项目）文件和制作时导入的素材文件通过另存、复制的方式整合到一个文件夹中。

注意

执行该命令后将弹出 Collect Files（收集文件）对话框，如图 1-26 所示。按照需要在对话框中进行设置，单击 Collect（搜集）按钮后，将弹出如图 1-27 所示的对话框。

图 1-26

图 1-27

图 1-28

Watch Folder（查看文件）：执行该命令，将会关闭当前 Project（项目）文件，然后弹出浏览文件夹对话框，在指定文件路径后，单击"确定"按钮，弹出 Watch Folder（查看文件）面板，如图 1-28 所示。将在指定的路径中寻找项目文件。

Script（脚本）：在该菜单下面是 After Effects CS6 自带的一些脚本命令"Demopalette.jsx"、"email_methods.jsx"、"email_setup.jsx"、"newRenderLocations.jsx"、"renderNameItems.jsx"、"render_and_email.jsx"和"Save_and_increment.jsx"，每一个脚本都对应相应的命令。

Create Proxy（创建代理）：执行该命令，可以为代理需要渲染出影片、图片等。

执行【File（文件）】→【Create Proxy（建立代理）】→【Still（静态图片）】或【Movie（电影）】命令，弹出如图 1-29 所示的对话框。

Set Proxy（设置代理）：在 Project（项目）窗口选中素材后，执行【File（文件）】→【Set Proxy（设置代理）】命令，在弹出的 Set Proxy File（设置代理文件）对话框中选择要代理显示的文件，如图 1-30 所示。

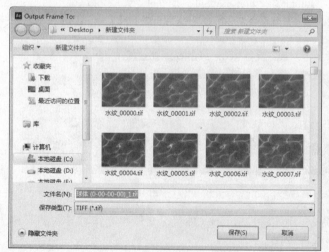

图 1-29   图 1-30

Interpret Footage（解释素材）：执行该命令，可以设置在 Project（项目）窗口所选素材的属性。在 Project（项目）窗口中选中需要查看或设置属性的素材，然后执行【File（文件）】|【Interpret Footage（解释素材）】|【Main（主要的）】命令，弹出如图 1-31 所示的对话框。在该对话框中可以查看或更改素材的属性。

Replace Footage（替换素材）：执行该命令，可以把在 Project（项目）窗口中选中的素材替换成另外的素材。

Reload Footage（重载素材）：当 Project（项目）链接素材离线后，可以使用该命令重新链接文件。

Reveal in Explorer（在资源管理器中显示）：执行该命令，可以把在 Project（项目）窗口中选中的素材所在文件夹打开。

Reveal in Bridge（在 Bridge 中显示）：执行该命令，所选中素材的路径文件夹将在 Adobe Bridge 中显示，如图 1-32 所示。

Project Settings（项目设置）：执行【File（文件）】→【Project Settings（项目设置）】命令，弹出 Project Settings（项目设置）对话框，在该对话框中可以对当前项目文件进行参数设置，如图 1-33 所示。

Exit（退出）：执行该命令，将关闭软件。

2．Edit（编辑）

Edit（编辑）菜单中包括以下命令：

Undo（撤消）：执行一次该命令，撤消一步操作。

Redo（恢复）：执行一次该命令，恢复一步操作。

History（历史）：在该命令的子菜单中，记录了所有的操作步骤。选择其中相应的步骤，可以撤消或恢复到该步骤之前的状态。

Cut（剪切）：将选中的对象剪切到剪切板中，供粘贴使用。

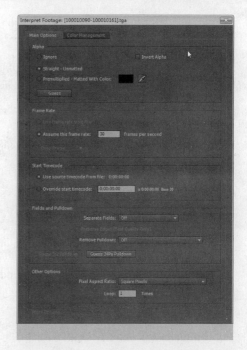

图 1-31

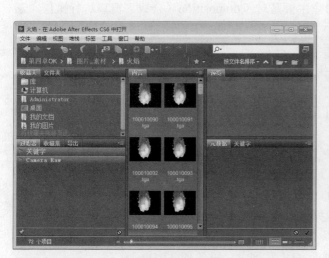

图 1-32

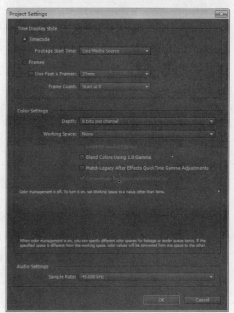

图 1-33

Copy（复制）：将选中的对象复制到剪切板中，供粘贴使用。

Copy Expression only（只复制表达式）：当对某个对象添加了表达式后，使用该命令只复制表达式属性，然后可使用粘贴命令粘贴到其他的对象上。

Paste（粘贴）：使用该命令将剪切板中的内容粘贴到某个窗口或对象上。

Clear（清除）：清除选中的对象。

Duplicate（制作副本）：将选中的对象原原本本地复制一份。

　　Duplicate with File Name（带名称的副本）：将选中的对象连同名称一起原原本本地复制一份。

　　Lift work Area（抽出工作区域）：执行该菜单命令后，将抽出选中图层中指定工作区域内的对象，并将该层分割为两个图层，且两个图层之间的距离就是抽出的距离。

　　Extract work Area（挤出工作区域）：执行该菜单命令后，将挤出选中图层中指定工作区域内的对象，并将该层分割为两个图层，且后面的对象自动跟在前面的后面。

　　Select All（全部选择）：执行该命令后，选中当前操作窗口中的所有对象。

　　Deselect All（取消所有选定）：执行该命令后，取消对当前操作窗口中所有对象的选择。

　　Label（标签）：在该菜单命令的子菜单中，可以为图层指定不同的标签颜色。该命令只对 Timeline（时间线）窗口有效。

　　Purge（清空）：在该菜单命令的子菜单中，可以选择不同的清空选项，以释放内存空间。

　　Edit Original（编辑原稿）：执行该命令后，将素材返回到生成素材的软件环境中进行编辑。

　　Edit in Adobe Audition（在 Adobe Audition 中编辑）：Adobe Audition 是一款音频编辑软件，它提供了先进的音频混音、编辑和效果处理功能。如果你的电脑中装了此款软件，在这里可以运行。

　　Templates（模板）：在该菜单命令的子菜单中可以自定或设置 Render Setting Templates（渲染设置模板）和 Output Module Templates（输出模块模板）。

　　Preferences（参数设置）：在该菜单命令的子菜单中，可以选择不同的菜单命令，来设置或更改系统预置的参数。

3．Composition（合成）

　　在 Composition（合成）菜单中的命令主要是对 Composition（合成）窗口进行操作。菜单中包括的命令有：

　　New Composition（新建合成）：执行该命令后，将新建一个合成影像文件。

　　Composition Settings（合成设置）：执行该命令后，将弹出合成设置对话框。在该对话框中可对合成影像文件进行属性设置。

　　Set Poster Time（设置海报时间）：让用户确定在 Timeline（时间线）中 Composition 的哪一帧图像在预览框中显示。

　　Trim Comp to work Area（修剪合成适配工作区域）：执行该命令后，将把 Timeline（时间线）窗口中工作区以外的素材修剪掉，以此来适配工作区。

　　Crop comp to Region of Interests（修剪合成到影响区域）：执行该命令后，将把 Timeline（时间线）窗口中工作区以外的素材修剪掉，以此来适配影响区域。

　　Add To Render Queue（增加到渲染队列）：执行该命令后，将弹出 Render Queue（渲染队列）对话框，并将当前合成影像文件添加到渲染队列中，以备列队渲染。

　　Add Output Module（增加输出模块）：当在 Render Queue（渲染队列）对话框中选择一个合成影像文件后，再执行该命令，将为该合成影像文件增加一个输出模块。

　　Preview（预览）：在该菜单命令的子菜单中，可以选择不同的预览方式来预览视频或音频。

　　Save Frame as（保存单帧为）：在 Composition（合成）窗口或 Timeline（时间线）窗口或层窗口处于当前窗口时，执行该菜单命令下的某个子命令，可将合成影像保存为单帧影像或 Photoshop 文件。

Make Movie（制作电影）：执行该菜单命令后，将当前的合成影像文件渲染输出为视频文件。

Pre-render（预渲染）：执行该菜单命令后，将弹出 Render Queue（渲染队列）对话框，然后根据需要来选择要渲染的文件进行渲染。

Save RAM Preview（保存内存预览）：在执行了内存预览后，再执行该菜单命令，将保存内存预览。

Composition Flowchart（合成流程图）：执行该菜单命令后，将打开合成流程图窗口。在这里可以查看合成影像文件的素材组织流程。

Composition Mini-Flowchart（合成微型流程图）：执行该菜单命令后，可以打开合成层的流程图。

4．Layer（层）

在 Layer（层）菜单中的命令主要是对 Timeline（时间线）窗口中的图层进行操作。菜单中包括的命令有：

New（新建）：执行该菜单命令，可在其子菜单中选择不同类型的对象来新建图层。它们包括：Text（文字层）、Solid（固体层）、Light（灯光层）、Camera（摄像机层）、Null Object（无效对象层）、Adjustment Layer（调节层）和 Adobe Photoshop File（Adobe Photoshop 文件层）。

Layer Settings（层设置）：对新建的图层进行参数设置。对使用素材创建的图层无效。

Open Layer（打开层窗口）：当在 Timeline（时间线）窗口中选择某个对象后，执行该菜单命令后将在层窗口中打开该对象。

Open Layer Source（打开源素材）：当在 Timeline（时间线）窗口中选择某个对象后，执行该菜单命令，将在源窗口中打开该对象。

Mask（遮罩）：在该菜单命令的子菜单下，可以创建和编辑遮罩。

Mask and Shape Path（遮罩和形状路径）：在该菜单命令的子菜单下，可以编辑遮罩和形状的路径，可以对其路径进行任何操作。

Quality（质量）：在该菜单命令的子菜单下，可以选择相应的选项命令来指定素材在合成窗口中画面显示的质量。

Switches（开关）：在该菜单命令的子菜单下，选择相应的菜单命令，可以开启或关闭相应的功能。

Transform（变换）：在该菜单命令的子菜单下，选择相应的菜单命令，可以对选中的对象进行位置、尺寸、旋转角度、透明度等属性的设置。

Time（时间）：在该菜单命令的子菜单下，可对素材的时间码进行设置和编辑。

Frame Blending（帧融合）：在该菜单命令的子菜单下，可以选择不同类型的帧融合方式。

3D Layer（3D 层）：执行该菜单命令后，将选中的图层转换为具有三维效果的图层。

Guide Layer（引导层）：执行该菜单命令后，将选中的图层转换为引导图层。

Add Marker（添加标记）：执行该菜单命令后，将在时间线的位置添加一个标记。

Preserve Transparency（保持透明）：执行该菜单命令后，将使选中的图层变得透明。

Blending Mode（混合模式）：在该菜单命令的子菜单下，可为选中的图层指定一种颜色混合模式。

Next Blending Mode（下一个混合模式）：执行该菜单命令，可以为图层选择下一种颜色混合模式。

Previous Blending Mode（前一个混合模式）：执行该菜单命令，可以为图层选择前一种颜色混合模式。

Track Matte（轨道蒙版）：在该菜单命令的子菜单下，可以选择不同类型的轨道蒙版。

Layer Styles（图层样式）：在该菜单命令的子菜单下，可以对图层设置多种图层样式。

Group Shapes（成组）：执行该菜单命令，可以将两个选中的对象组合。

Ungroup Shapes（取消成组）：执行该菜单命令，可以将成组的对象解除组合。

Arrange（排列）：执行该菜单命令，可以将选中的图层进行顺序排列。

① Bring Layer to Front（图层置顶）：执行该菜单命令，可以将选中的图层移动到最顶层。

② Bring Layer Forward（图层向上）：执行该菜单命令，可以将选中的图层向上移动一层。

③ Send Layer to Backward（图层向后）：执行该菜单命令，可以将选中的图层向下移动一层。

④ Send Layer to Back（图层置后）：执行该菜单命令，可以将选中的图层移动到最底层。

Convert To Editable Text（转换到可编辑文本）：执行该菜单命令，可以让转换后的文本在运用了特效之后同样具有可编辑性。

Create Shapes From Text（从文字创建形状）：执行该菜单命令后，将选中的文本层中的文字转换为形状。

Create Masks From Text（从文字创建遮罩）：执行该菜单命令后，将选中的文本层中的文字转换为遮罩。After Effects 可以将文本的边框轮廓自动转换为 Mask。先选中文字层，然后选择该命令，这样就会创建一个有着文字轮廓遮罩的新的固态层。文字轮廓转化为 Mask 是一个很实用的功能，在转化为 Mask 后，可以应用特效制作更加丰富的效果。

Create Shapes From Vector Layer（从矢量层创建形状）：执行该菜单命令后，将选中的矢量层转换为形状。

Auto-trace（自动追踪）：执行该菜单命令后，为选中的图层打开自动追踪功能。

Pre-Composition（预合成）：执行该菜单命令后，将选中的图层生成一个新的合成影像文件。

5．Effect（特效）

在 Effects（特效）菜单下方的是 After Effects 中自带的特效滤镜，如果读者安装了 After Effects 的外挂插件，也会出现在该菜单中。关于各特效的具体设置及应用效果，请参阅本书后续章节的相关内容。

6．Animation（动画）

在 Animation（动画）菜单中可以对图层中的对象进行动画的创建和设置等操作。Animation（动画）菜单中包括的命令有：

Save Animation Preset（保存为预设动画）：执行该菜单命令，可以将创建的动画设置保存起来，以便应用到其他的对象上。

Apply Animation Preset（应用预设动画）：执行该菜单命令后，可以为选中的对象应用预设的动画设置。

Recent Animation Presets（最近的动画预设）：在其子菜单中列出了最近使用过的预设动画，使用该菜单命令可以快速地应用最近使用的预设动画。

Browse Presets（浏览预设）：执行该菜单命令后，将打开预设对话窗口，在其中可选择预设文件的路径，然后预览预设的动画效果。

Add Keyframe（添加关键帧）：当为对象设置某一种动画时，执行该菜单命令将在时间线的位置添加关键帧。

Toggle Hold Keyframe（冻结关键帧）：执行该菜单命令后，将冻结选中的关键帧。使动画保持在该关键帧的状态，直到下一个关键帧。

Keyframe Interpolation（关键帧插值）：执行该菜单命令，将为选中的关键帧设置插值法。

Keyframe velocity（关键帧速度）：执行该菜单命令，将为选中的关键帧设置帧速度。

Keyframe Assistant（辅助关键帧）：在该菜单命令的子菜单下，可为选中的关键帧设置辅助的功能。

Animate Text（动画文本）：在该菜单命令的子菜单下，可为文本设置动画功能。

Add Text Selector（添加文本选择器）：在该菜单命令的子菜单下，可为文本添加不同类型的文本选择器。

Remove All Text Animators（删除全部文本动画）：执行该菜单命令后，将清除全部文本的动画。

Separate Dimension（坐标）：执行该菜单命令后，将在被选中的层的属性栏显示坐标参数值。

Add Expression（添加表达式）：执行该菜单命令，将为选中的对象添加表达式。

Track Camera（摄像机轨迹）：执行该菜单命令，将为选中的对象添加摄像机追踪。

Track in mocha AE（在 AE 的 mocha 插件中添加轨迹运动）：执行该菜单命令，将为选中的对象在 AE 的跟踪插件 mocha 中添加轨迹运行路线。

Track Motion（轨迹运动）：执行该菜单命令，将为选中的对象添加轨迹运行路线。

Stabilize Motion（稳定运动）：执行该菜单命令，将为选中的对象添加运动追踪。

Track this Property（追踪这个属性）：执行该菜单命令，可以精确追踪运动，追踪所选对象的某一个属性。

Reveal Animating Properties（显示动画属性）：执行该菜单命令，将显示选中对象的动画参数设置等属性。

Reveal Modified Properties（显示被修改的属性）：执行该菜单命令，将显示选中对象被修改过的动画参数等属性。

7．View（视图）

在 View（视图）菜单下的命令主要是针对 Composition（合成）窗口、Timeline（时间线）窗口和 Layer（层）窗口进行控制。在 View（视图）菜单中的命令包括有：

New Viewer（新视图）：执行该菜单命令，将新建一个 Composition（合成）视图窗口。

Zoom In（放大）：执行该菜单命令，将放大 Composition（合成）窗口和 Layer（层）窗口中的画面。

Zoom out（缩小）：执行该菜单命令，将缩小 Composition（合成）窗口和 Layer（层）窗口中的画面。

Resolution（分辨率）：在该菜单命令的子菜单下，有不同画面的分辨率选项。可为 Composition（合成）窗口中的画面指定不同的分辨率。

Use Display Color Management（使用显示颜色管理）：执行该菜单命令，将对颜色进行处理与调整。

Simulate Output（模拟输出）：执行该菜单命令，将模拟输出的信号。

Show Rulers（显示标尺）：选择该菜单命令，可在 Composition（合成）窗口和 Layer（层）

窗口中显示或隐藏标尺。

Show Guides（显示辅助线）：选择该菜单命令，可在 Composition（合成）窗口和 Layer（层）窗口中显示或隐藏辅助线。

Snap to Guides（吸附辅助线）：选择该菜单命令后，在移动选中的对象时，将与辅助线对齐。

Lock Guides（锁定辅助线）：选择该菜单命令后，将锁定或解锁辅助线。

Clear Guides（清除辅助线）：选择该菜单命令后，将清除所有的辅助线。

Show Gird（显示网格）：选择该菜单命令后，可在 Composition（合成）窗口和 Layer（层）窗口中显示或隐藏网格。

Snap to Grid（吸附网格）：选择该菜单命令后，在移动选中的对象时，将与网格对齐。

View Options（视图选项）：选择该菜单命令后，将弹出 View Options（视图选项）对话框。可根据自己的需要来选择不同的选项。

Show Layer Controls（显示图层控制）：选择该菜单命令后，将显示或隐藏图层的控制柄。

Reset 3D View（复位 3D 视图）：选择该菜单命令后，将复位 3D 窗口。

Switch 3D View（转换 3D 视图）：在该菜单命令的子菜单下，可以选择不同的 3D 视图窗口和摄像机。

Assign shortcut to Active Camera（指定快捷方式到活动摄像机或视图）：在该菜单命令的子菜单下，可为在 Switch 3D View 子菜单中指定的视图或摄像机指定快捷键，只有三个快捷键 F10、F11、F12。

Switch To Last 3D View（转换到最后的 3D 视图）：选择该菜单命令后，将转到最后的 3D 视图窗口。

Look At Selected Layers（查看已选择的层）：选择该菜单命令后，可在 Composition（合成）窗口中查看选中的图层画面。

Look At All Layers（查看全部层）：选择该菜单命令后，将在 Composition（合成）窗口中查看所有的图层画面。

Go To Time（到指定时间）：选择该菜单命令后，将弹出一个对话框，在对话框中可以指定时间码，使时间线移动到指定的时间码的位置。

8．Window（窗口）

窗口（Windows）菜单用于控制在界面中显示或隐藏哪些控制面板和视图。在 Window（窗口）菜单中的命令包括有：

Workspace（工作区）：在该菜单命令的子菜单下，有系统预设的多种工作区界面选项，也可以自定义工作区。

Assign Shortcut to×××workspace（指定快捷方式到×××工作区）：在该菜单命令的子菜单下，可为在 Workspace（工作区）子菜单中选定的工作区选项指一个快捷键。只能指定三个快捷键，它们分别是 Shift+F10、Shift+F11、Shift+F12。

Align（排列）：选择该菜单命令后，将显示 / 关闭 Align（排列）面板。

Audio（音频）：选择该菜单命令后，将显示 / 关闭 Audio（音频）控制面板。

Brush Tips（画笔设置）：选择该菜单命令后，将显示 / 关闭 Brush Tips（画笔设置）控制面板。

Character（字符）：选择该菜单命令后，将显示 / 关闭 Character（字符）控制面板。

Effects & Presets（特效和预置）：选择该菜单命令后，将显示 / 关闭 Effects & Presets（特效和预置）控制面板。

Info（信息）：选择该菜单命令后，将显示 / 关闭 Info（信息）面板。

Mask Interpolation（遮罩插补）：选择该菜单命令后，将显示 / 关闭 Mask Interpolation（遮罩插补）控制面板。

Metadata（元数据）：选择该菜单命令后，将打开 Metadata（元数据）信息窗口，如图 1-34 所示。

Motion Sketch（运动素描）：选择该菜单命令后，将显示 / 关闭 Motion Sketch（运动素描）控制面板。

Paint（绘画）：选择该菜单命令后，将显示 / 关闭 Paint（绘画）控制面板。

Paragraph（段落）：选择该菜单命令后，将显示 / 关闭 Paragraph（段落）控制面板。

Preview（预览）：选择该菜单命令后，将显示 / 关闭 Preview（预览）控制面板。

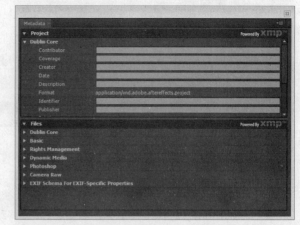

图 1-34

Smoother（平滑）：选择该菜单命令后，将显示 / 关闭 Smoother（平滑）控制面板。

Wiggler（抖动）：选择该菜单命令后，将显示 / 关闭 Wiggler（抖动）控制面板。

Composition（合成）：选择该菜单命令后，将显示 / 关闭 Composition（合成）窗口。

Effects Controls（特效控制）：选择该菜单命令后，将显示 / 关闭 Effects Controls（特效控制）窗口。

Flowchart（流程图）：选择该菜单命令后，将显示 / 关闭 Flowchart（流程图）窗口。

Footage（素材）：选择该菜单命令后，将显示 / 关闭 Footage（素材）窗口。

Layer（图层）：选择该菜单命令后，将显示 / 关闭 Layer（图层）窗口。

Project（项目）：选择该菜单命令后，将显示 / 关闭 Project（项目）窗口。

Render Queue（渲染队列）：选择该菜单命令后，将显示 / 关闭 Render Queue（渲染队列）窗口。

Timeline（时间线）：选择该菜单命令后，将显示 / 关闭（时间线）窗口。

9．Help（帮助）

Help（帮助）菜单包含详细的联机帮助和示例动画。

About After Effects（关于 After Effects）：查看 After Effects 的说明、内存使用、载入插件数量等。

After Effects Help（After Effects 帮助）：启动 After Effects 的帮助中心。

Scripting Help（语法帮助）：启动 After Effects 的语法帮助。

Expression Reference（表达式参考）：启动 After Effects 的表达式参考。

Effect Reference（特效参考）：启动 After Effects 的特效参考。

Animation Presets（观看动画预设）：启用 Adobe Help Center 来查看动画预设效果。

Keyboard Shortcuts（键盘快捷键）：查看 After Effects 的键盘快捷键。

Tip of the Day（每日一帖）：查看 After Effects 的每日一帖。

Online Support（联机支持）：使用 Adobe After Effects 的联机支持。

Registration（注册）：到 Adobe After Effects 的网站上进行 After Effects 的注册。

Activate（激活）：激活 After Effects。

Updates（检查更新）：选择此项可即时下载更新软件。

≫ 1.2.6 工具栏

1. 工具简介

执行【Windows（窗口）】→【Tools（工具）】命令或使用组合键 Ctrl+1，可以显示或隐藏如图 1-35 所示的工具栏。

图 1-35

工具栏包含了一系列的编辑工具，使用这些工具可以在 Composition（合成）窗口或层窗口中对素材进行各种编辑操作，如移动、旋转、缩放、建立遮罩等。

Selection Tool（选择工具）：用于选择、移动对象，还可以将层的持续时间拉长或缩短。

Hand Tool（抓手工具）：当视图放大时，可以使用该工具平移视图。

Zoom Tool（缩放工具）：改变视图的显示比例。

Rotation Tool（旋转工具）：对素材进行旋转，仅限于在 Composition（合成）窗口中使用。

提示 配合 Shift 键进行拖动，可以按 45°的增量来旋转对象。双击"旋转工具"可以将对象恢复到初始状态。

Unified Camera Tool（标准摄像机工具）：建立标准摄像机。

Orbit Camera Tool（盘旋工具）：建立摄像机后，使用该工具可以对摄像机进行旋转。

提示 在该工具下有两个扩展工具，利用它们可以在三维空间中移动摄像机的位置。

Track XY Camera Tool（平移拖后工具）：改变 X、Y 轴的位置。

Track Z Camera Tool（Z 轴缩放工具）：改变轴心点的位置。

pan behind Tool（定位点工具）：移动图层中心点。

Rectangle Tool（矩形工具）：建立矩形遮罩。

Rounded Rectangle Tool（圆角矩形工具）：创建圆角矩形遮罩。

Ellipse Tool（椭圆工具）：创建椭圆遮罩。

Polygon Tool（多边形工具）：创建多边形遮罩。

Star Tool（星形工具）：创建星形遮罩。

Pen Tool（钢笔工具）：用于编辑路径，可以为素材制作不规则遮罩。

Horizontal Type Tool（水平文本工具）：选择该工具可以直接在 Composition（合成）窗口中创建、编辑文本。

Brush Tool（画笔工具）：在层窗口中进行绘画。

Clone Stamp Tool（复制图章工具）📋：根据选区内容来复制图像。使用"复制图章工具"对素材进行操作，如图 1-36 所示。

图 1-36

Eraser Tool（橡皮工具）⬛：擦除图像中的像素，使之透出背景或下面层的内容。使用"橡皮工具"可对素材进行操作，如图 1-37 所示。擦去天空的区域，使之透明。

图 1-37

Roto Brush Tool（罗托刷工具）▨：它的工作方式类似于在 Photoshop 中的"快速选择工具"，让您可以轻松地隔离在复杂场景中的前景元素。

Puppet Pin Tool（大头针工具）▨：可以移动图层上的元件。这种方法可用来移动角色的胳膊和腿部，也可用于在图形和文本上制作立体效果。

注意　　在使用其他工具时，按下 Ctrl 键可以将当前工具暂时转换为"选择工具"▧。

2．自定义工作区

单击工具栏中的 Workspace（工作区）按钮，将弹出一个下拉菜单，如图 1-38 所示。

用户可以在这里任意选择一个工作区模式，用户也可以自定义工作区界面，在弹出的下拉菜单中选择 New Workspace（新建工作区），弹出 New Workspace（新建工作区）对话框，如图 1-39 所示。输入工作区的名称，单击 OK（确定）按钮，将保存当前工作区。

用户也可以删除其中一个工作区。同样单击工具栏中的 Workspace（工作区）按钮，在弹出的下拉菜单中选择 Delete Workspace（删除工作区），弹出如图 1-40 所示的对话框。在 Name（名称）下拉列表中选择要删除的工作区，然后单击 OK 按钮。

 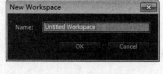 

图 1-38 图 1-39 图 1-40

>>1.2.7 部分浮动面板的介绍

在 After Effects CS6 中，所有控制面板都显示在界面的右边。当用户需要对具体的某一个控制面板进行设置时，先单击该面板的标题栏位置来激活该面板，然后在面板中对选中的对象进行设置。

要打开具体的控制面板时，可以选择 Windows（窗口）菜单中的相应命令。下面主要介绍几个重要且在制作动画过程中常用的控制面板。

1．信息面板

执行【Window（窗口）】→【Info（信息）】命令或使用组合键 Ctrl+2，可以显示或隐藏如图 1-41 所示的 Info（信息）面板。

Info（信息）面板用于描述合成的相关信息，包括像素颜色（RGB）值、Alpha 通道（A）值和鼠标指针在 Composition（合成）窗口中的位置（X、Y 的坐标值）。

利用 Info（信息）面板还可以查看素材层的信息。在 Timeline（时间线）窗口中选中要查看的素材层，在 Info（信息）面板的下方将会显示出当前层的名称、持续时间、入点和出点信息。

2．时间控制面板

执行【Window（窗口）】→【Preview（预览）】命令或使用组合键 Ctrl+3，弹出如图 1-42 所示的 Preview（预览）面板。

图 1-41 图 1-42

通过 Preview（预览）面板，可以对素材、层、合成图像内容进行预演，还可以在其中进行预演设置。

First Frame（最前帧）：跳转到合成的起始位置。

Previous Frame（前一帧）：逐帧后退。

Play/Pause（播放/暂停）：播放当前窗口中的素材。在播放过程中，播放按钮会变成暂停按钮；单击暂停按钮，可暂停播放。

Next Frame（后一帧）：逐帧播放。

Last Frame（最后帧）：跳转到合成的结束位置。

Audio（音频按钮）：决定是否播放音频。

Loop（循环）：循环播放。

RAM Preview（内存预览）：内存实时预览。单击 Timeline Controls（时间控制）面板中的 RAM Preview（内存预览）按钮 ，弹出一个下拉列表，如图 1-43 所示。从中可选择一个内存预览模式。

Frame Rate（帧速率）：单击该设置项的下拉菜单按钮，弹出如图 1-44 所示的下拉列表。选择其中的一个值，将作为预览影片的帧速率。

Skip（跳帧）：用户可以选择一个跳帧值，在预览过影片的一帧后，将跳过所指定的帧值数而直接到下一帧预览。例如：选择跳帧值为 2，从开头预览影片，预览下一个帧就应该是第 3 帧而不是第 1 帧。单击该下拉选项按钮，从弹出的下拉列表中选择跳帧数值，如图 1-45 所示。

图 1-43

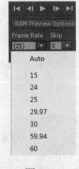

图 1-44

图 1-45

Resolution（预览质量）：单击该设置项的下拉菜单按钮，弹出如图 1-46 所示下拉菜单。在此可选择预览影片时影片的质量。

 注意　　除了软件自身提供的几个预览质量选项外，用户还可以自行设置预览影片的质量。在如图 1-46 所示的下拉菜单中选择 Custom（自定义）命令，将弹出 Custom Resolution（定制分辨率）对话框，如图 1-47 所示，进行设置后单击 OK（确定）按钮。

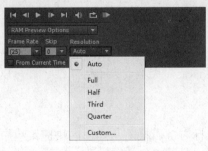

图 1-46

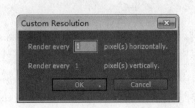

图 1-47

From Current Time（从当前时间预览）：选中该复选框，在预览影片时将从时间标记所在处开始预览。

Full Screen（全屏预览）：选中该复选框，可以用全屏方式来预览影片。

>>>1.2.8 工作界面的主要窗口

Project（项目）、Composition（合成）和 Timeline（时间线）这 3 个窗口是 After Effects 最重要的 3 个窗口。要想使用 After Effects CS6 制作出作品，就一定要掌握好这 3 个窗口的操作。

1. Project（项目）窗口

After Effects CS6 中的 Project（项目）窗口，如图 1-48 所示。Project（项目）窗口起着存放素材的作用。在 Project（项目）窗口中，每个素材、合成或文件夹均包含有下列属性。

Name（名称）：显示素材、合成或文件夹的名称。单击窗口中的该图标，可以将窗口中的对象以名称进行排序。

Label（标记）：利用不同的颜色来区分各种不同属性的项目文件。单击窗口中的该图标，可以将窗口中的对象以标记进行排序。

> **提示**　要更改 Project（项目）窗口中对象的标签颜色，可执行【Edit（编辑）】→【Label（标签）】子菜单下的命令。这种方法可以改变当前选中对象的标签颜色。

用户也可以为相同类型的素材指定相同的标签颜色，以便快速地选择同一类型的素材。执行【Edit（编辑）】→【Preferences（参数设置）】→【Labels（标签）】命令，将打开如图 1-49 所示的对话框，在其中可以指定不同类型素材的标签颜色。

图 1-48　　　　　　　　　　　　　　　　　　图 1-49

用户可以设置是否在 Project（项目）窗口中显示标记、类型、大小等属性，并可以设置这些属性显示区域的宽度。

要改变属性显示区域的大小，只需拖动边框即可。

要隐藏某个属性显示区域，先在该属性上单击鼠标右键，接着从弹出的快捷菜单中选择 Hide This（隐藏这个）命令即可。

> **注意**　所有属性中只有 Name（名称）不能隐藏。

要显示某个被隐藏的属性区域，可在属性栏上单击鼠标右键，再从弹出的快捷菜单中选择 Columns（列）子菜单下所需显示的项，如图 1-50 所示。

如要改变某个属性区域的位置，直接拖动该区域至相应的
位置即可。

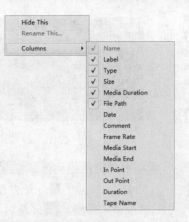

 注意　　Name（名称）属性区域不可以改变位置，它总是位于最
前方。

2．Composition（合成）窗口

在 Composition（合成）窗口中既可以预览合成影像，还
可以安排层的位置、改变合成图像的背景颜色等。

关于 Composition（合成）窗口的具体操作，请参见第 3 章。

图 1-50

3．Timeline（时间线）窗口

After Effects 中的 Composition（合成）窗口和 Timeline（时间线）窗口是密不可分的，每
一个合成的 Composition（合成）窗口都有一个 Timeline（时间线）窗口。

Composition（合成）窗口可以预览合成的影像，并可以手动对素材的层进行移动、缩放
和旋转等操作，它主要对层的空间位置进行操作。而 Timeline（时间线）窗口以时间为基准
对层进行操作，决定了素材层在 Composition（合成）中的时间位置、素材长度、叠加方式、
合成渲染的范围、合成的长度以及一些例如素材之间的通道填充等诸多方便的控制，它几乎
包含了 After Effects 中的一切操作。

Timeline（时间线）窗口包括 3 大区域：层区域、控制区域和时间线区域。

（1）层区域。

将素材加入到 Timeline（时间线）窗口后，素材将以层的形式，以时间为基准排列在层
区域中，如图 1-51 所示。

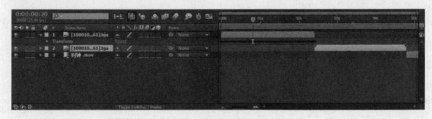

图 1-51

（2）控制区域。

Timeline（时间线）窗口中的控制区域如图 1-52 所示。

（20′ans2）合成标签：用于显示合成的名称。当存在多个合成的时候，会显示出多个合
成标签。被激活的合成为当前合成，Timeline（时间线）窗口中只会显示出当前合成的内容，
After Effects 可以为每个合成分离出独立的 Timeline（时间线）窗口，只需拖动合成标签到当
前 Timeline（时间线）窗口区域之外再释放鼠标即可。如需将分离的 Timeline（时间线）窗口
再合并回原 Timeline（时间线）窗口，只需拖动合成标签到原来的 Timeline（时间线）窗口中
再释放鼠标即可。也可以单击标签右上方的■按钮，关闭与其对应的 Timeline（时间线）窗口。

（0:00:00:00）当前时间：用于显示项目的当前时间。单击该标记，标记时间变成可输入
状态，如图 1-53 所示，在其中输入时间，可以精确地指定时间标记所处的位置，其时间显示
格式为：小时:分钟:秒:帧。

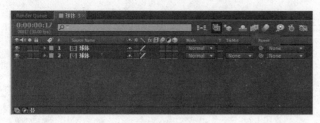

图 1-52　　　　　　　　　　　　　　　　　图 1-53

在素材特征描述区域中包括以下几项图标：

Video（视频）：是否在合成窗口中显示层中素材的画面。

Audio（音频）：是否使用层的音频，只针对音频层。

Solo（独奏）：在 Composition（合成）窗口仅显示当前层。如果多个层开启了独奏功能，则 Composition（合成）窗口中仅显示启用了独奏开关的层。

Lock（锁定）：用于锁定层或开启锁定的层。被锁定的层将不能被用户操作，直至解锁。

层概述区域主要有素材的名称和素材在时间线中的层的编号，通过该区域可以对层进行多项编辑。

单击图层左侧的图标，可以展开素材层的各项属性，并可以对其进行设置，如图 1-54 所示。

图 1-54

Label（颜色标记）：区分不同类型的合成和素材。层的颜色标记是和素材文件的类型相关的。

#（层编号）：系统自动对合成中的层进行编号，编号决定了在合成中的位置，处于最上方的层为 1。在 Timeline（时间线）窗口中不能直接改变层的编号，但可以通过改变层的顺序来改变层的编号。在激活了 Timeline（时间线）窗口或 Composition（合成）窗口的情况下，在数字键盘区按下 1~9 键，可以根据层编号方便地选择层。

Source Name（源文件名称）/ Layer Name（层名称）：在默认情况下，Timeline（时间线）窗口中的层均使用其源文件名称。用户可以为层重命名。为层重命名后，合成中的其他未改名的层用方括号括起来，改名后的层则没有括号。单击 Source Name 图标，可以在源文件名称和层名称之间转换。

为层重新命名的操作步骤如下：

① 选中图层。

② 按下键盘中的 Enter 键，输入新的名称。

③ 按下 Enter 键确认。

开关面板中含有 8 个合成效果的开关，这些按钮控制着层的显示及属性。单击 Timeline（时间线）窗口左下角的图标可以打开、关闭开关面板。

Shy-Hides Layer In Timeline（退缩）开关：将激活退缩状态的层在 Timeline（时间线）

窗口中隐藏，但仍可以在 Composition（合成）窗口中显示。

要将某个层设置为退缩状态，可以按照以下步骤操作：

① 选中需要退缩的层，单击退缩开关，或使用【Layer（层）】Switches（开关）【Shy（退缩）】命令，将该开关变为退缩状态。

② 单击 Timeline（时间线）窗口顶部的隐藏退缩层按钮，或单击 Timeline（时间线）窗口右上角的按钮，在弹出的菜单中选择 Shy（隐藏层）命令。

Collapse Transformations（卷展变化）/Continuously Rasterize（连续光栅化）开关：该开关作用于嵌套的合成或 Adobe Illustrator 的矢量文件。当层为 Solid（固体）、Null Object（无效物体）、Adjustment Layer（调节层）或合成时，该开关为卷展变化状态，可以打开该开关来改进图像质量并减少预览和渲染时间。

注意　该开关不能用于应用了遮罩和合成效果的合成上。

当层是一个 Adobe Illustrator 文件时，该开关为卷展变化状态，打开该开关后，After Effects 在预览和渲染时根据项目的分辨率重新计算。因此，不论图像尺寸如何，After Effects 仅以需要的分辨率来显示图像。

Quality（质量开关）：控制素材在 Composition（合成）窗口中的质量。

● 草图质量。该质量在显示和渲染层时，不使用抗锯齿和子像素技术，并忽略某些特效，图像比较粗糙。

● 最高质量。在显示和渲染层时，使用抗锯齿和子像素技术，获得的图像效果最好。

要改变层的质量，可执行以下操作之一：

● 单击质量开关，在草图质量和最高质量之间切换。

● 使用【Layer（层）】→【Quality（质量）】子菜单下需要的显示质量。Best 为最高质量；Draft 为草图质量；Wireframe 为线框质量。

Effects（特效）开关：打开或关闭应用于层的特效。该开关只对应用了特效的层有效。

Frame Blend（帧融合）开关：通过单击该开关，可以用来弥补帧速率加快或者减慢造成的图像质量下降。当素材的帧速率低于合成的帧速率时，After Effects 通过重复上一帧来填补缺少的帧，这时运动图像可能会出现抖动。通过帧融合技术，After Effects 在帧之间插入新帧来平滑运动。当素材的帧速率高于合成的帧速率时，After Effects 会跳过一些帧，这样同样会导致运动图像抖动，通过使用帧融合技术，After Effects 会重组帧来平滑运动。

Motion Blur（运动模糊）开关：通过该开关，可以使层的运动产生真实的运动模糊效果。运动模糊只对合成中运动的层有效，对素材画面中的内容无效。

Adjustment Layer（调节层）开关：在 Composition（合成）中建立一个调节层来为其他层应用特效。

3D Layer（3D 层）开关：将当前层转换为 3D 层，并可以在三维空间中操作素材。

在 Timeline（时间线）窗口的上方还包括 9 个开关按钮，各按钮的功能如下：

Composition Mini（打开父级合成）：用图表的方式更直观地显示整串合成。

Live Update（实时更新）：弹起该开关，当拖动时间标记时，系统不会随着拖动进行更新，只有停止拖动后，系统才会显示出当前帧的内容。按下该开关，在拖动时间标记时，系统会随着时间标记的位置移动而更新画面。

Draft 3D（3D 草图）开关 ：弹起该开关，系统将忽略 3D 层中的灯光、阴影、摄像机深度模糊等特效。

Hides all layers for which the "shy" switch is set（隐藏退缩层）开关：按下该开关，可以将 Timeline（时间线）窗口中处于退缩状态的层隐藏。

Enables Frame blending（帧融合）开关：打开层中的帧融合开关后，再按下该开关，可以使帧融合开启。

Enables Motion Blur（运动模糊）开关：打开层中的运动模糊开关后，再按下该开关，可以使运动模糊开启。

Brainstorm（头脑风暴）工具：根据你所选择的参数在你的动画上进行创新。它会提供 9 幅全动态变更预览影像供你选择，你也可以取消某些影像，根据你保留的影像进一步进行变化。

Auto-keyframe properties when modified（修改属性时自动关键帧）：修改层的属性时，自动创建一个关键帧。

Graph Editor（曲线编辑器）：显示/隐藏曲线编辑器窗口。

在 Parent（父对象栏）中可以为当前层指定一个父层。当对父层操作时，当前层也会随之发生变化。

右击 Timeline（时间线）窗口右上角的按钮，在弹出的快捷菜单中选择 Column（列）｜Parent（父对象）命令，在 Timeline（时间线）窗口控制区便会出现 Parent（父对象）列，如图 1-55 所示。

图 1-55

单击 None 按钮，指定一个层作为当前层的父层，或使用"链选工具"来选择一个父层。

单击 Timeline（时间线）窗口左下方的按钮，弹出层的时间控制面板，如图 1-56 所示。

图 1-56

单击面板上的入点、出点数值，将会弹出层的 Layer In 或 Lay Out Time（层入点或层出点时间）对话框，在该对话框中输入数值，就可以精确控制层的入点和出点的位置，如图 1-57 所示。

持续时间栏用于改变层的持续时间。单击栏中的数值，将会弹出如图 1-58 所示的 Time Stretch（时间伸缩）对话框。可以在 New Duration（新持续时间）文本框中输入数值，精确控制层的持续时间。

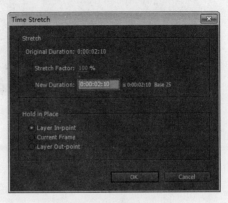

图 1-57　　　　　　　　　　　　　　　　　　　图 1-58

延伸面板控制层的时间长度。单击该面板上的数值，弹出 Time Stretch 对话框，在 Stretch Factor 文本框中输入百分比来影响层的播放速度。

具体设置可以参阅本书第 3 章 3.2.2 小节中的内容。

（3）时间线区域。

在时间线区域中包括时间标尺、时间标记、导航条和工作区域，如图 1-59 所示。

图 1-59

时间标尺：度量对象的持续时间。默认条件下，时间标尺由零开始计时。

时间标记：用来指示当前编辑或显示的内容。拖动时间标记，可以改变时间标记在层上的时间。

提示　利用 PageUp 或 PageDown 键可以逐帧移动时间标记。在按住 Shift 键的状态下再按下 PageUp 或 PageDown 键，可以每次移动 10 帧画面。

导航条：用于对层进行精确的时间定位。使用鼠标指针来拖动导航条中的可视标记█，可以改变时间标尺的显示单位。也可以通过拖动 Timeline（时间线）窗口下的时间线缩放滑块████████来改变时间标尺的显示单位。该工具的功能类似于导航条的功能，但它不能精确控制可视区域的入点和出点。单击██按钮，可以缩小时间线；单击██按钮，可以放大时间线。

After Effects 允许用户指定时间标尺的某一部分为工作区域。在通常情况下，先把时间标记移动到需要的时间处，然后分别按下 B（开始位置）或者 N（结束位置）键来设置工作区域的起点和终点。用户也可以拖动工作区域两头的▮和▮标记，为工作区域指定开始和结束位置，如图 1-60 所示。

图 1-60

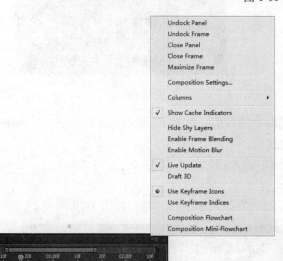

图 1-61

单击 Timeline（时间线）窗口标尺右上角的选项按钮▼☰，在弹出的如图 1-61 所示的菜单中可以对 Timeline（时间线）窗口进行设置。

Composition Settings（合成设置）：选择该命令会弹出合成设置对话框。

Columns（列）：显示或隐藏 Timeline（时间线）窗口中的控制区域条目。

Show Cache Indicators（显示缓存指示器）：选中该命令，被渲染过的帧将以绿色块显示在时间标尺下方。

Hide Shy Layers（隐藏退缩层）：对应 Timeline（时间线）窗口中的隐藏退缩层开关。

Enable Frame Blending（开启帧融合）：帧融合开关。

Enable Motion Blur（开启运动模糊）：运动模糊开关。

Live Update（实时更新）：实时更新开关。

Draft 3D（3D 草图）：3D 草图开关。

Use Keyframe Icons/Indices（使用关键帧图标/指数）：使关键帧启用图标或数字表示，如图 1-62 所示。

图 1-62

提示

单击 🖼 按钮可以激活或打开当前 Timeline（时间线）窗口所对应的 Composition（合成）窗口。

Composition Flowchart（合成流程图）：执行该菜单命令后，将打开合成流程图窗口。在这里可以查看合成影像文件的素材组织流程。

Composition Mini-Flowchart（合成微型流程图）：执行该菜单命令后，可以打开合成层的流程图。

1.3　习题与上机练习

一、填空题

1. After Effects CS6 是 Adobe 公司开发的一款_____软件。

2. 和 Adobe Premiere 等基于时间轴的程序不同的是，After Effects CS6 提供了一条基于_____的视频设计途径。

3. Timeline（时间线）窗口包括 3 大区域：_____、_____、_____。

4. 执行【_____】→【Preferences（参数设置）】→【 General（常规）】命令，弹出 General（常规）的设置页面。

5. 在 After Effects CS6 中，所有控制面板都显示在界面的_____，当用户需要对具体的某一个控制面板进行设置时，单击该面板的_____位置，激活该面板。

6. After Effects CS6 中的_____窗口起着存放素材的作用。

二、简答题

1. 什么是合成技术？

2. 在 After Effects CS6 中，怎样调节音频在预览时的时间长度？

三、上机练习

新建一个合成，在合成里建一个固态层，进行下列练习。

（1）如图 1-63 所示，在固态层上用 Ellipse Tool（椭圆工具）画一个圆形遮罩。

（2）如图 1-64 所示，在固态层上用 Pen Tool（钢笔工具）在固态层进行操作。

　　　　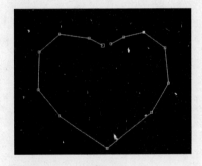

图 1-63　　　　　　　　　　　　　　　　图 1-64

（3）如图 1-65 所示，在固态层的层窗口上用 Brush Tool（画笔工具）进行操作。

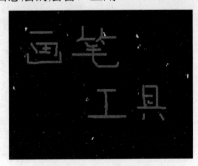

图 1-65

注意　必须在层窗口中才能使用"画笔工具"，在合成窗口中无法使用。

（4）如图 1-66 所示，用 Eraser Tool（橡皮工具）对画面进行像素擦除。

 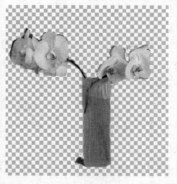

图 1-66

注意　必须在"层"窗口中才能使用"橡皮工具"，在"合成"窗口中无法使用。

第 2 章

After Effects CS6 素材的导入与处理

- 本章导读
- 要点讲解
- 案例表现——关键帧动画
- 习题与上机练习

2.1　本章导读

本章主要讲解的是在 After Effects CS6 软件中如何对素材进行处理。首先讲解了导入单个素材和多个素材的方法，以及在 After Effects CS6 里怎样对素材进行设置。然后介绍怎样在 After Effects CS6 中对导入的素材进行管理，如何查看所导入的素材的各种信息。最后通过对一个关键帧动画案例的讲解，来加深读者对本章内容的了解。通过本章的学习，可以使读者对素材的操作更为容易。

2.2　要点讲解

≫2.2.1　导入素材

1．导入素材文件

在导入素材文件之前，首先要创建一个项目文件。执行【File（文件）】→【New（新建）】→【New Project（新建项目）】命令，建立一个新的项目。如果已经打开了一个项目文件，可以直接导入素材文件。导入素材文件的方法有以下几种：

方法 1：执行【File（文件）】→【Import（导入）】→【File（文件）】命令，在弹出的 Import File（导入文件）对话框中双击要导入的素材。

方法 2：右键单击 Project（项目）窗口文件列表区的空白处，在弹出的菜单中执行【Import（导入）】→【File（文件）】命令，在弹出的 Import File（导入文件）对话框中选中需要导入的素材，单击"打开"按钮。

方法 3：双击 Project（项目）窗口，也会弹出 Import File（导入文件）对话框。

提示　在导入文件时，配合键盘上的 Shift 键，可以选择多个连续排列的文件；配合 Ctrl 键，可以选择多个不连续排列的文件。在 Import File（导入文件）对话框中单击右下角的 Import Folder（导入文件夹）按钮，可以直接将当前选中的文件夹及其内部素材全部导入，如图 2-1 所示。

除了用执行菜单上的命令来导入素材外，还可以用一种拖动方式来导入素材文件，操作起来更方便。

方法 4：在文件夹中将需要导入 After Effects 的文件选中，然后使用鼠标将要导入的文件直接拖动至 Project（项目）窗口中即可。

方法 5：使用拖动方式导入一个或多个文件夹，配合 Alt 键使用鼠标将要导入的文件夹直接拖动至项目窗口中即可。

素材导入后，将以列表的方式显示在 Project（项目）窗口中，如图 2-2 所示。

2．导入多个素材文件

在导入素材时，可以一次性导入单个文件，也可以连续导入文件。

操作步骤如下：

（1）执行【File（文件）】→【Import（导入）】→【Multiple Files（多个素材）】命令。

图 2-1　　　　　　　　　　　　　　图 2-2

（2）在弹出的 Import Multiples Files（导入多个素材）对话框中选择需要导入的文件，单击"打开"按钮。

（3）重复上步操作，直到全部素材导入完毕。

（4）单击 Done（完成）按钮来关闭 Import Multiples Files（导入多个素材）对话框。

▶▶2.2.2 管理、设置和查看素材

1. 管理素材

After Effects CS6 允许用户在 Project（项目）窗口中创建文件夹来管理素材。建立的文件夹只存在于 Project（项目）窗口中，并不在磁盘上建立目录。After Effects CS6 也允许在文件夹中建立子文件夹。

（1）使用文件夹来管理素材。

创建文件夹的方法有以下几种：

方法 1：在 Project（项目）窗口中建立文件夹，执行【File（文件）】→【New（新建）】→【New Folder（新建文件夹）】命令。

方法 2：直接单击 Project（项目）窗口下方的"创建新文件夹"按钮。

方法 3：可以利用素材来创建文件夹。将素材选中后（可多选），然后将其拖动到 Project（项目）窗口的"创建新文件夹"按钮上再释放，在 Project（项目）窗口中就创建了一个包含所选素材的文件夹。

（2）移动素材。

将某些素材移动到所创建的文件夹中，只需使用鼠标将其拖至文件夹上再释放鼠标即可。

也可以将文件夹中的素材移至别处。单击文件夹左边的小三角，展开该文件夹。选中需要移动的素材，将其拖动到目标位置再释放鼠标即可。

（3）从项目中删除素材。

从 Project（项目）窗口中删除素材，有以下几种操作方法：

方法 1：将要删除的素材选中，按下键盘上的 Delete 键或单击 Project（项目）窗口中的"删除"图标。

方法 2：执行【File（文件）】→【Remove Unused Footage（清除未使用的素材）】命令，可以将项目中没有使用过的素材全部清除。

方法 3：执行【File（文件）】→【Consolidate All Footage（清除重复素材）】命令，可以将项目窗口中重复的素材全部删除。

方法 4：执行【File（文件）】→【Reduce Project（简化项目）】命令，可以减少 Project（项目）窗口中的对象。在 Project（项目）窗口中选中一个或多个合成后，选择该命令，则除了选择的对象外，其他对象全部被删除。

注意 | 　如果所选对象是一个合成，那所选合成及其使用素材都将会保留。

（4）查找素材。

有时制作的项目比较庞大，在 Project（项目）窗口中的素材就会很多，用户在查找素材时就比较麻烦。After Effects CS6 为用户提供了查找功能，利用该功能用户可以快速地在众多的素材中找到需要的素材。

查找素材的操作步骤如下：

① 执行【File（文件）】→【Find（查找）】命令，或直接在 Project（项目）窗口的 [🔍　　　　　] 中查找。

② 单击 OK（确定）按钮进行查找。

③ 执行【File（文件）】→【Find Next（查找下一个）】命令，将按照 Find（查找）对话框中的设置继续查找。

注意 | 　如果在 Project（项目）窗口中选定一个对象，查找文件时系统将从所选素材开始查找；如果没有在 Project（项目）窗口中选中任意对象，则将从 Project（项目）窗口中的第一个对象开始查找。如图 2-3 所示。

（5）替换素材。

在 After Effects CS6 中可以方便地进行素材替换。替换素材后，在被替换的素材上进行的所有操作都将继承到新的素材上。

替换素材的操作步骤如下：

① 在 Project（项目）窗口中选中需要替换的素材。

② 执行【File（文件）】→【Replace Footage（替换素材）】→【File（文件）】命令，并在弹出的 Replace Footage File（替换素材文件）对话框中选择用来替换的素材。

③ 单击"打开"按钮。

图 2-3

提示 | 　在 Timeline（时间线）窗口中选中某个图层，然后在 Project（项目）窗口中选择一段素材，配合 Alt 键拖动到所选的层上，即可以进行层素材的替换。

（6）使用代理。

在制作项目时，可以利用低分辨率的素材或者静态图片置换实际的素材，这样会提高工作效率，使用 After Effects CS6 中的代理就可以完成这些功能。

置换实际的素材有两种方法：

- 使用占位符。
- 使用代理。作为代理的素材可以是任意帧速率和持续时间。但是当使用代理替换实际的素材时，After Effects CS6 要求代理素材和真实素材具有同样的帧速率和持续时间。

注意　　不是所有的素材都可以作为代理的。它必须具备一定的条件：最好是一幅静止的图像，或是一个低分辨率的电影、单一图像或者合成。为了取得更好的效果，所设置代理的纵横比和帧频率与实际素材要相同。

（7）设置代理。

操作步骤如下：

① 在 Project（项目）窗口中选择需要代理的素材。

② 执行【File（文件）】→【Set Proxy（设置代理）】→【File（文件）】命令，在弹出的 Set Proxy File（设置代理文件）对话框中选择需要作为代理的素材。

提示　　除上述步骤（2）的操作方法外，用户还可以在所选素材上单击鼠标右键从弹出的快捷菜单中同样可以实现设置代理。

③ 执行上一步操作后，弹出一个对话框，如图 2-4 所示。选择要代理的文件，然后单击"打开"按钮，使用代理替换实际素材。

注意　　代理替换实际的素材后，素材名称的左侧将会显示出指示器。单击指示器，指示器由原来的黑色方框变为空心的方框。黑色方框表示正在使用代理；空心方框表示正在使用素材，没有方框存在表示没有给素材指定代理。

图 2-4

（8）取消代理。

设置代理后，如果用户要取消代理，操作步骤如下：

① 在 Project（项目）窗口内选中代理素材。

② 执行【File（文件）】→【Set proxy（设置代理）】→【None（无）】命令，将素材的代理取消。

2．设置素材

将素材导入到 Project（项目）窗口，用户可以对素材进行一些设置。

（1）帧速率设置。

在 After Effects 中导入动态素材时，素材的帧速率并不会改变，如需改变运动素材的帧速率，可以执行以下操作步骤：

① 在 Project（项目）窗口中选择素材。

② 执行【File（文件）】→【Interpret Footage（解释素材）】→【Main（主要）】命令，弹出 Interpret Footage（解释素材）对话框。

③ 在 Conform to frame rate（设置文件帧速率）单选框右侧的文本框中输入新的帧速率。

④ 单击 OK 按钮。

（2）场设置。

● 场分离

在 After Effects CS6 中，如果要使用交错帧或场渲染的素材，在引入素材时，采用分离场的方法能够得到更好的效果。After Effects CS6 通过从每个场产生一个完整帧再分离视频场，可以在原始素材中保存全部图像数据。

当需要对素材进行一些特殊加工时（如缩放、旋转或应用效果），场的分离是至关重要的。通过场的分离，After Effects CS6 能够精确地将视频中两个交错帧转换为非交错帧，并最大程度地保留图像信息，使用非交错帧使 After Effects CS6 能在编辑和应用效果时保证最好的质量。

After Effects CS6 通过将场分离为两个独立的帧来产生场分离的素材，每个新产生的帧只有原来帧的一半信息，所以在以草稿质量观看时，某些帧的分辨率较低。但渲染最终产品时，通过在扫描线间插值，After Effects CS6 会重新产生高质量的录像。

 注意　　After Effects CS6 对于 D1 和 DV 视频素材文件将会自动分离场，对其他类型的视频素材可以在"解释素材"对话框中自动分离场。

将素材进行场分离的操作步骤如下：

① 在 Project（项目）窗口中选择素材。

② 单击鼠标右键并选择【Interpret Footage（解释素材）】→【Main（主要）】命令，调出 Interpret Footage（解释素材）对话框，如图 2-5 所示。

③ 单击 Separate Fields（分离场）下拉按钮，在弹出的下拉列表中选择以下选项之一。

　　Off：不进行场分离。

　　Upper Field First：上场优先。

　　Lower Field First：下场优先。

④ 若选中 Preserve Edges（保持锐利）复选框，当进行渲染时，将以最好的品质进行渲染，来保持画面的质量。

⑤ 单击 OK（确定）按钮。

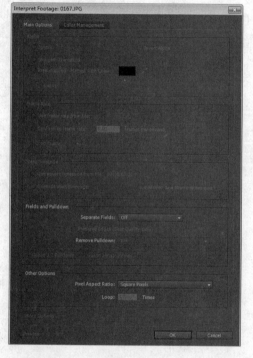

图 2-5

 注意　　如果使用 NTSC 制式的隔行扫描视频文件，在进行场分离后，有时还要进行 Remove Pulldown（消除 3:2 下拉设置）的操作。

● 场的顺序

Upper Field First 称为上场优先，Lower Field First 称为下场优先，另一种说法是奇数场优先和偶数场优先。在进行隔行扫描的时候，如果先扫描屏幕的奇数行后扫描偶数行，就是 Upper Field First，否则就是 Lower Field First。不同的硬件设备在隔行扫描的顺序上会有所不同，因此，我们从不同的视频采集卡采集得到的奇偶场的视频文件，既有可能是奇数场优先，也有可能是偶数场优先，这个现象在使用模拟方式的采集卡时很常见。

在 After Effects CS6 中，要判断一个视频文件是奇数场优先还是偶数场优先，操作步骤如下：

① 在 Project（项目）窗口中选择素材。

② 执行【File（文件）】→【Interpret Footage（解释素材）】→【Main（主要）】命令，调出 Interpret Footage（解释素材）对话框。

③ 单击 Separate Fields（分离场）下拉按钮，选择 Upper Field First 选项。

④ 单击 OK（确定）按钮确认。

⑤ 按住 Alt 键并双击 Project（项目）窗口中的视频素材，打开该视频的素材预览窗口。

⑥ 在素材预览窗口中拖动时间滑块，找到一段包含运动的画面。

⑦ 如果时间控制对话框处于隐藏状态，执行【Windows（窗口）】→【Timeline Controls（时间控制）】命令调出 Timeline Controls（时间控制）对话框。

⑧ 连续单击 Timeline Controls（时间控制）对话框上的下一帧按钮，一边播放一边观察预览窗口中的画面。如果画面中的运动区域都是向一个方向运动的，那么这段视频是奇数场优先；如果运动区域一下向前一下向后，那么这段视频是偶数场优先。

⚠ 注意　如果把奇偶弄反了，将导致影片在播放时抖动、变形。通常此种情况被称为"反场"。

● 3:2 下拉设置

如果要在 24fps 的 NTSC 制视频之间转换，需要使用 3:2 下拉设置。该设置是以 3:2 的模式把电影的帧均匀地分布到视频场中。

以 3:2 模式将电影的帧分布到视频场中时，首先电影的第 1 帧复制到视频第 1 帧的场 1 和场 2，以及第 2 帧的场 1；电影的第 2 帧复制到视频第 2 帧的场 2 和第 3 帧的场 1，使用这种模式将 4 个电影帧分布到 5 个视频帧，然后重复这一过程。3:2 下拉设置生成整帧（W）和分离场帧组成的场构成，并且两个分离场帧总是相连的。

为使 After Effects CS6 增加的各种特效能与原始的电影帧速率完美结合，对于由原始电影组成的视频素材，清除 3:2 下拉设置非常重要。清除 3:2 下拉设置后，帧速率由 30fps 降回到 24fps，并减少了做过变化的帧数量。在清除 3:2 下拉设置前，首先需要分离场为奇数场优先或偶数场优先，一旦分离了场，After Effects CS6 就能够识别和决定正确的 3:2 下拉相位及场顺序，如果已知相位及场顺序，就可以选择它们。

清除电影视频的 3:2 下拉设置的操作步骤如下：

① 在 Project（项目）窗口中选择需要清除 3:2 下拉设置的素材。

② 执行【File（文件）】→【Interpret Footage（解释素材）】→【Main（主要）】命令，调出 Interpret Footage（解释素材）对话框。

③ 单击 Separate Fields 下拉按钮，选择 Upper Field First（奇数场优先）或 Lower Field First（偶数场优先）选项。

④ 如果要由 After Effects 自动识别 3:2 下拉设置的相位，单击 Guess3:2 Pulldown 按钮。

如果知道 3:2 下拉设置的相位，单击 Remove Pulldown 下拉按钮，从弹出的下拉列表中选择需要的相位，如图 2-6 所示。

（3）设置像素宽高比。

像素宽高比是指一幅图像中像素的高度与宽度之比，帧宽高比则是指图像一帧的宽度与高度之比。

有些视频输出时使用相同的帧宽高比，但使用不同的像素宽高比。例如，某些 NTSC 数字化压缩卡产生 4:3 的帧宽高比，使用方形像素（1.0 像素比）及 640×480 分辨率；D1 NTSC 采用 4:3 的帧宽高比，但使用矩形像素（0.9 像素比）及 720×486 分辨率。

如果在一个显示方形像素的显示器上不作处理就显示矩形像素，则会出现变形现象。

● 为导入的素材设置像素宽高比

After Effects CS6 提供了设置像素宽高比的方法，其操作步骤如下：

① 在项目窗口中选择素材。

② 执行【File（文件）】→【Interpret Footage（解释素材）】→【Main（主要）】命令，弹出 Interpret Footage（解释素材）对话框。

③ 单击 Pixel Aspect Ratio（像素宽高比）下拉按钮，在弹出的如图 2-7 所示的下拉列表中选择一个比率。

　　Square Pixels（方形像素）：使用 1.0 的像素宽高比。如果素材具有 640×480 或者 648×486 的帧尺寸，选择该设置。

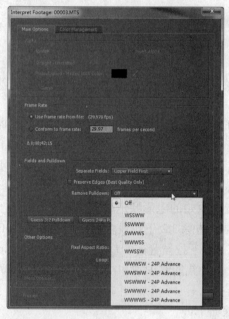

图 2-6

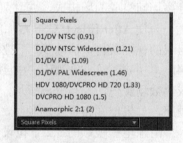

图 2-7

　　D1/DV NTSC（0.9）：使用 0.9 的像素宽高比。如果素材具有 720×480 或者 720×486 的帧尺寸，而且你所要的结果是 4:3 的帧宽高比，选择该设置。

　　D1/DV NTSC Widescreen（1.21）：使用 1.2 的像素宽高比。如果素材具有 720×480 或者 720×486 的帧尺寸，而且你所要的结果是 16:9 的帧宽高比，选择该设置。

　　D1/DV PAL（1.09）：使用 1.09 的像素宽高比。如果素材具有 720×576 的帧尺寸，而且你需要的结果是 4:3 的帧宽高比，就选择该设置。

　　D1/DV PAL Widescreen（1.46）：使用 1.46 的像素宽高比。如果素材具有 720×576 的帧尺寸，而且所要的结果是 16:9 的帧宽高比，选择该设置。

　　HDV 1080/DVCPRO HD 720（1.33）：使用 1.33 像素宽高比。如果素材具有 1440×1080 的帧尺寸，而且所要的结果是 16:9 的帧宽高比，选择该设置。

DVCPRO HD 1080（1.5）：使用 1.5 像素比。如果素材具有 1280×1080 的帧尺寸，而且所要的结果是 16:9 的帧宽高比，选择该设置。

Anamorphic 2:1（2）：使用 2.0 的像素宽高比。如果素材是使用 Anamorphic 电影镜头所拍摄，请选择该设置。

④ 单击 OK（确定）按钮。

> **注意**　这里的 D1、DV 等均是数字式录像机的型号、数字视频磁带所采用的格式或者数字视频压缩编码格式。D1 是录像机型号（数字分量信号），DV 是数字视频磁带所采用的格式或数字视频压缩编码格式等。

> **提示**　即使你计划的最后渲染与素材有相同的像素宽高比，也需要为合成影像设置像素宽高比。

● 为合成影像设置宽高比

如需为合成影像设置像素宽高比，可以按照以下步骤操作。

① 打开合成项目。

② 执行【Composition（合成）】→【Composition Settings（合成设置）】命令，打开如图 2-8 所示的 Composition Settings（合成设置）对话框。

③ 单击 Pixel Aspect Ratio（像素宽高比）下拉按钮，在弹出的下拉列表中选择一个比率。

④ 单击 OK（确定）按钮。

● 输出 D1 或 DV NTSC 时使用矩形像素

用户可以在 D1/DV NTSC 合成影像中使用方形像素的素材，并且所输出的图像看上去不变形。

图 2-8

> **注意**　对于 D1 和 DV，像素比是相同的，但合成图像的帧尺寸略有差别。

如果在输出 D1 或 DV NTSC 时想使用矩形像素素材，可以按照以下步骤操作：

① 准备方形像素素材，保证其中的帧尺寸为下述尺寸：
- 输出为 DV，使用 720×534 的尺寸。
- 输出为 D1，使用 720×540 的尺寸。

② 将这些素材导入到 After Effects CS6 中。

> **提示**　如果方形尺寸像素素材的尺寸为 720×480，在"项目"窗口中选择该素材，然后执行【File（文件）】→【Interpret Footage（解释素材）】→【Main（主要）】命令，调出 Interpret Footage（解释素材）对话框。单击 Pixel Aspect Ratio（像素宽高比）下拉按钮，在弹出的下拉列表中选择 Square Pixels（矩形像素）选项，然后单击 OK（确定）按钮。

③ 执行【Composition（合成）】→【New Composition（新建合成）】命令，在弹出的

Composition Settings（合成设置）对话框中执行如下操作之一：

- 如果最终输出的是 DV，选择 NTSC DV，720×480 为帧尺寸，D1/DV NTSC 为像素宽高比。
- 如果最终输出的是 D1，选择 NTSC D1，720×480 为帧尺寸，D1/DV NTSC 为像素宽高比。

④ 根据需要来设置其他的影像合成参数。

⑤ 单击 OK（确定）按钮。

⑥ 向新的合成影像中添加素材。

（4）设置素材循环。

在 Project（项目）窗口中，如果需要将某个素材进行循环播放，可以按照以下操作步骤进行设置：

① 在 Project（项目）窗口中选择需要设置循环播放的素材。

② 执行【File(文件)】→【Interpret Footage （解释素材）】→【Main（主要）】命令，弹出 Interpret Footage（解释素材）对话框。

③ 在 Loop（循环）文本框中输入循环的次数，如图 2-9 所示。

图 2-9

④ 单击 OK（确定）按钮。

（5）保存素材的解释设置。

如果想要不同的素材使用相同的解释设置，可以在一个素材中保存解释设置，然后将其应用到其他素材上。

保存并应用素材解释设置的操作步骤如下：

① 在 Project（项目）窗口中选中需要应用解释的素材。

② 执行【File（文件）】→【Interpret Footage（解释素材）】→【Remember Interpretation（保存解释）】命令。

③ 选择一个或多个其他的素材。

④ 执行【File（文件）】→【Interpret Footage（解释素材）】→【Apply Interpretation（应用解释）】命令，将复制的素材设置应用到所选素材中。

3．查看素材

在将素材导入 After Effects CS6 中后，并不是把素材本身导入到 After Effects CS6 的 Project（项目）窗口中，只是在 Project（项目）窗口中为导入的素材建立了一个链接。由于每次导入的素材不是复制素材的源文件，所以这个过程节省了磁盘空间。如果用户导入素材之后，不小心删除了磁盘中的源文件或将源文件重命名了，就会打断这个素材的链接。另外，若移动了素材源文件的磁盘位置或文件夹，也会打断素材的链接。不过这些素材还是可以使用的，后面将介绍重新为素材建立链接。

在导入素材并完成设置之后，用户可以对这些素材进行检验，如查看、编辑、改变设置等。这些工作不需要在 Composition（合成）窗口中进行。

（1）查看导入的素材。

通常情况下，用户可以打开素材窗口，按照实际尺寸查看项目窗口中列出的任意视频或者图像。当然也可以使用不同的缩放比率来查看素材和独立的帧信息。素材窗口仅用于查看素材，而不能对其作任何处理。

双击 Project（项目）窗口中的素材，After Effects 将采用与之匹配的素材窗口打开。Quick Time 文件在 Quick Time 窗口中打开，Video for Windows 文件在 Video for Windows 窗口中打开，静态图片则在 After Effects 的素材窗口打开。

Quick Time 和 Video for Windows 窗口并不显示在 Interpret Footage（解释素材）对话框中设置的效果（如 Alpha 通道的解释）。但是，对于任何包含音频的素材，Quick Time 和 Video for Windows 窗口可以同时播放声音，而在 After Effects 的素材窗口中则不能播放声音。如果需要使用更多的控制和信息来查看素材而不是查看音频，使用 After Effects 的素材窗口来查看是比较方便的。

用户如果要查看导入的素材，可执行下面的操作方法之一：

● 在 Project（项目）窗口中，按下 Alt 键然后双击 Project（项目）窗口中的视频素材，在默认的窗口中打开视频，如图 2-10 所示。

● 直接双击 Project（项目）窗口中的视频素材，可以在 After Effects CS6 的素材窗口中打开视频，如图 2-11 所示。

（2）控制功能。

After Effects CS6 的素材窗口允许用户浏览并且编辑素材的不同部分，可以查看安全区域、RGB 三原色、Alpha 通道以及改变缩放比例。

下面分别介绍素材窗口各种控制工具的功能及使用方法。

图 2-10

图 2-11

● 标尺

执行【View（视图）】→【Show Rulers（显示标尺）】命令，即可在素材窗口中显示标尺，如图 2-12 所示。

标尺以像素为单位，用来精确调整合成中各部分的位置。默认的标尺原点（0，0）位于素材窗口的左上角。用户可以通过拖动标尺的原点，来改变原点的位置。改变原点位置后，如希望再恢复为默认，只需双击素材窗口左上角的原点位置即可。

● 辅助线

使用辅助线可以精确定位对象的位置。将鼠标指针移动到标尺上，出现双箭头时再按住鼠标左键并向显示区域内拖动，即可添加一条辅助线，如图 2-13 所示。

图 2-12

图 2-13

添加辅助线后，可以任意拖动辅助线来确定其位置，这样方便用户调整。想使合成中的对象在一定距离内自动向辅助线对齐，可执行【View（视图）】→【Snap to Guides（吸附到辅助线）】命令。

如果想让辅助线固定在一个位置上，可执行【View（视图）】→【Lock Guides（锁定辅助线）】命令，可以锁定辅助线的位置，使其不能被移动。

可以将隐藏的辅助线重新显示。再次执行【View（视图）】→【Show Guides（显示辅助线）】命令，可以隐藏辅助线的显示。

若用户不需要辅助线，可执行【View（视图）】→【Clear Guides（清除辅助线）】命令。

图 2-14

如果用户需要删除某单条辅助线，可将鼠标指针移动到需要删除的辅助线上，当鼠标指针变成双箭头后，按住鼠标左键，然后拖动鼠标指针到素材窗口之外即可。

● 网格

用户也可以通过辅助网格来对齐或精确定位对象。执行【View（视图）】→【Show Grid（显示网格）】命令，即可在素材窗口中显示网格，如图 2-14 所示。

当再次执行【View（视图）】→【Hide Grid（隐藏网格）】命令，就将显示的网格隐藏。

执行【View（视图）】→【Snap to Grid（吸附到网格）】命令，可以使合成对象在一定距离内自动向网格对齐。

提示

在 After Effects CS6 中可以对网格属性进行任意调整，执行【Edit（编辑）】→【Preferences（参数选择）】→【Grids & Guides（网格和辅助线）】命令，弹出 Preferences（参数选择）对话框，如图 2-15 所示。对话框中参数的设置请参阅第 1 章中的相关小节。

● 改变显示比例

选择工具栏中的"缩放"工具，单击素材窗口内的显示区域，将放大显示区域。在按住 Alt 键后，单击将缩小显示区域。

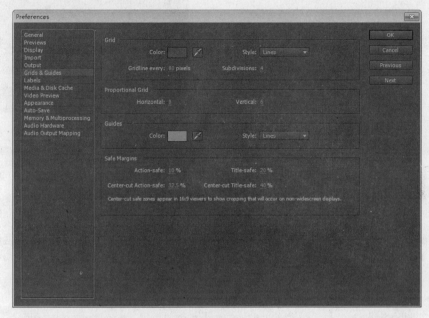

图 2-15

用户也可以单击素材窗口左下角的 100% 按钮，在弹出的下拉列表中选择显示区域的缩放比例，如图 2-16 所示。利用"缩放"按钮缩放影像时，只改变窗口中的显示像素，不改变素材和合成影像的实际分辨率。

> 提示　双击"缩放"工具，可以以原尺寸 100%显示素材。用户也可以使用键盘上的"＜"或"＞"键来缩放视图。

● 安全框

可以在 Footage（素材）窗口、Composition（合成）窗口和 Layer（层）窗口中设置安全框。

电视机在播放视频图像时，允许视频图像的某些外部边界被屏幕的边缘切掉，这种现象叫做溢出扫描。因为扫描的数量对不同电视机是不一致的，所以用户在合成视频时应保持把视频的重要部分放在安全框内。

一般来说，应该保持重要的场景元素在 Action-safe（运动安全框）内；标题、字幕放在 Title-safe（字幕安全框）内。

单击 Footage（素材）窗口、层窗口或 Composition（合成）窗口中的安全框按钮，在弹出的下拉菜单中选择 Title/Action Safe（字幕/运动安全框），可以在窗口中显示安全框，如图 2-17 所示。

如果想隐藏安全框，用户可再次单击按钮，在弹出的下拉菜单中取消选择 Title/Action Safe（字幕/运动安全框）选项。

若配合 Alt 键再单击安全框按钮，则可以快速地显示或隐藏安全框。

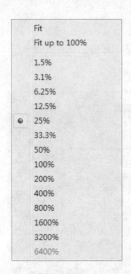

图 2-16 图 2-17

提示 执行【Edit（编辑）】→【Preferences（参数选择）】→【Grids & Guides（网格和辅助线）】命令，弹出 Preferences（参数选择）对话框。在 Safe Margins（安全框）选项区中的两个文本框中可以分别设置 Title Safe（字幕安全框）和 Action Safe（运动安全框）的范围，如图 2-18 所示。

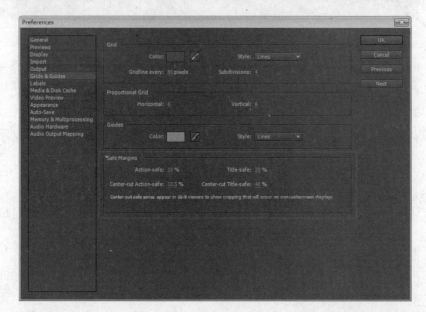

图 2-18

● 查看特定的帧

当前时间按钮 0:00:01:18 可以显示当前画面所处的时间位置。单击该按钮，将会弹出如图 2-19 所示的 Go to Time（跳转到时间点）对话框，在文本框中输入想要跳转到的时间，按 Enter 即可显示所指定显示时间帧处的画面。

图 2-19

注意　After Effects CS6 的默认时间显示是 SMPTE 制的时间码标准，即小时、分钟、秒、帧。

 提示　用户也可以通过拖动时间标记 来直接查看某一帧，或者按 PageUp 和 PageDown 键来向前、向后移动一帧。配合 Shift 键使用，可以将时间标记 一次性向前或向后移动 10 帧。

● 快照/显示快照按钮

可以利用快照功能来抓取素材窗口中的图像。单击 Footage（素材）窗口、层窗口或 Composition（合成）窗口中的快照按钮 可以为当前画面制作快照，单击显示快照按钮 可以在当前窗口中显示快照画面。

当需要在影片的不同帧之间进行比较操作时，快照是一个非常有用的操作方法。用户可以为需要比较的帧建立快照，然后在其他帧处显示快照以进行比较。

处理快照时，需要注意以下几点：

①在某个窗口中获得的快照可以在其他窗口中显示。

②显示快照并没有取代窗口中的内容。

③如果快照与显示它的窗口尺寸或宽高比不同，快照则被调整大小以适应该窗口。

④存储快照后，单击 按钮只能显示排在最后的快照画面。

⑤用户也可以使用快捷键来抓取和显示快照。拍摄快照的快捷键从 Shift+F5～Shift+F8，总共可以存储 4 张画面，按下 F5～F8 键就可以显示存储过的快照。

⑥快照只能作为参考，而不能变成层、合成或者渲染的一部分。

● 显示 R、G、B、Alpha 通道

单击 Footage（素材）、Layer（层）或 Composition（合成）窗口中的图标 ，在弹出的下拉菜单中可以选择 Red（红）、Green（绿）、Blue（蓝）和 Alpha，如图 2-20 所示。用于窗口中对象的红、绿、蓝和 Alpha 通道的单独显示。

选择不同的选项，将显示对应的通道模式。使用"通道"按钮可以查看影片的各个通道。当激活某个通道后，窗口中仅显示当前通道的效果，并在窗口的边框显示出通道的颜色。

当查看颜色通道时，如查看红色通道，画面中带有红色值的区域被显示为白色，如果用户希望通道按照自己的颜色显示而不是显示白色，可以配合 Shift 键单击需要查看的通道，或者在下拉菜单中选择 Colorize 选项（该选项只对红、绿、蓝三个通道有效）。显示 RGB 通道有助于在进行一些色彩处理和键控的时候掌握色彩的比例。

图 2-20

提示　按住 Alt 键并单击 Show channel（显示通道）按钮，可快速在 RGB 通道和 Alpha 通道之间切换。

注意　查看 Alpha 通道时，After Effects 把不透明和透明区域显示为黑色和白色，半透明的区域根据其程度显示为灰色调，这样更加容易看清楚。

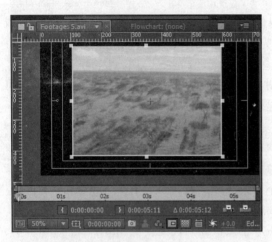

图 2-21

● "区域观察"按钮

选择"区域观察"按钮，可以在素材窗口中绘制一个矩形区域，系统仅仅显示区域内的内容，这样可以加快预览速度，提高工作效率，如图 2-21 所示。

4．使用原始程序来编辑素材

对导入到 After Effects CS6 中不同格式的素材，可以通过它们自身的软件进行编辑。例如，我们导入了一幅 Photoshop 的".PSD"图像，就可以使用 Photoshop 软件对图像进行编辑。

当在原始程序中对素材进行编辑并保存编辑结果后，下次打开 After Effects 项目时，这些修改将被应用在项目中所引用的素材上。

启用原始程序来编辑素材的操作步骤如下：

① 在项目窗口、合成窗口或者时间线窗口中选择素材或含有素材的层。

提示　当在项目窗口编辑一个选择的静态图像序列时，在原始程序中被打开是该序列的第一个图像。如果要编辑静态图像序列中的某一帧画面，必须从合成窗口或时间线窗口中定位到该帧处。

② 执行【Edit（编辑）】→【Edit Original（编辑原作）】命令。

③ 在打开的原始应用程序中对素材进行编辑。

④ 保存修改，退出原始应用程序。

如果项目被打开，After Effects CS6 将自动更新这个被编辑的素材。

2.3　案例表现——关键帧动画

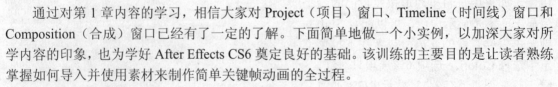

通过对第 1 章内容的学习，相信大家对 Project（项目）窗口、Timeline（时间线）窗口和 Composition（合成）窗口已经有了一定的了解。下面简单地做一个小实例，以加深大家对所学内容的印象，也为学好 After Effects CS6 奠定良好的基础。该训练的主要目的是让读者熟练掌握如何导入并使用素材来制作简单关键帧动画的全过程。

操作步骤如下：

① 启动 After Effects CS6 软件。执行【Composition（合成）】→【New Composition（新建合成）】命令，弹出 Composition Settings（合成设置）对话框。在 Composition Name

（合成名字）文本框中输入"关键帧动画"，其他参数设置如图 2-22 所示。完成设置后单击 OK（确定）按钮。

② 执行【File（文件）】→【Import（导入）】→【File（文件）】命令，或使用组合键 Ctrl+I，弹出 Import File（导入文件）对话框。在该对话框中选择一个素材，本例选择如图 2-23 所示的素材，然后单击"打开"按钮。

图 2-22   图 2-23

③ 在 Project（项目）窗口选中导入后的素材，用鼠标将其拖放到 Timeline（时间线）窗口并释放鼠标。这时在 Timeline（时间线）窗口会自动生成一个图层来存放该素材，如图 2-24 所示。

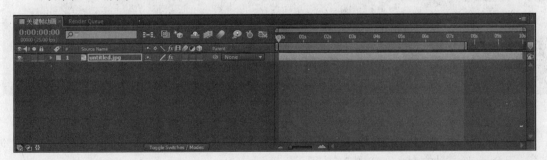

图 2-24

④ 在 Composition（合成）窗口如果看到素材太大或太小，需要将其进行缩放，则在 Timeline（时间线）窗口选中该素材所在的层，按 S 键显示 Scale（缩放）参数。使图像充满视频窗口，这时在 Composition（合成）窗口中的素材如图 2-25 所示。

⑤ 在 Timeline（时间线）窗口中将时间标记拖动到 2 秒 0 帧，单击 Scale（缩放）参数左侧的关键帧记录器，记录第一个关键帧，然后将

图 2-25

Scale（缩放）参数设置为 40%，如图 2-26 所示。

图 2-26

⑥ 移动时间标记，将其拖动到 0 秒 0 帧的位置，在 Scale（缩放）参数后面的文本框中输入 4% 以改变素材的大小，同时 After Effects CS6 将把层缩放的改动记录成关键帧，如图 2-27 所示。

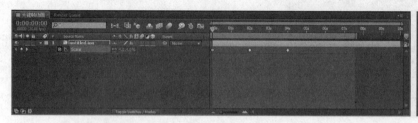

图 2-27

⑦ 将时间标记拖动到 4 秒 0 帧的位置，在 Scale（缩放）参数后面的文本框中输入 107% 以改变素材的大小，如图 2-28 所示。

图 2-28

⑧ 将时间标记拖动到 7 秒 10 帧的位置，在 Scale（缩放）参数后面的文本框中输入 107% 以改变素材的大小，如图 2-29 所示。

图 2-29

⑨ 在 Timeline（时间线）窗口中将素材图层选中，然后在按住 Shift 键的同时单击 P 键、R 键和 T 键，这时将打开该图层的 Position（位置）、Ratation（旋转）和 Opacity（不透明度）属性，将时间标记拖动到 0 秒 0 帧的位置，在这三个参数上分别进行设置，

接着单击参数左侧的关键帧记录器🕐，记录第一个关键帧，如图 2-30 所示。

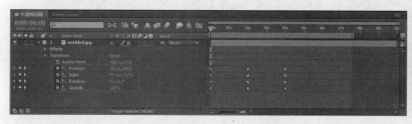

图 2-30

⑩ 将时间标记🕐拖动到 2 秒 0 帧的位置，然后将 Position（位置）、Ratation（旋转）和 Opacity（不透明度）属性的参数分别进行设置，如图 2-31 所示。

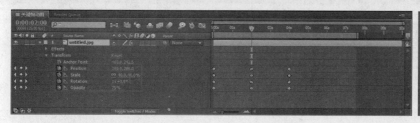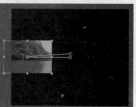

图 2-31

⑪ 将时间标记🕐拖动到 4 秒 0 帧的位置，然后将 Position（位置）、Ratation（旋转）和 Opacity（不透明度）属性的参数分别进行设置，如图 2-32 所示。

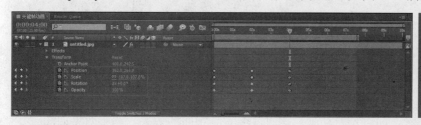

图 2-32

⑫ 执行【File（文件）】→【Import（导入）】→【File（文件）】命令，弹出 Import File（导入文件）对话框，在该对话框中选择一组序列图片的第一幅图片，如图 2-33 所示，并在该对话框中选择 PNG Sequence 复选框，然后单击"打开"按钮。

⑬ 将 Project（项目）窗口中的"花［1-10］.png"拖入 Timeline（时间线）窗口中，然后在时间线区域将时间标记移动至 4 秒 01 帧位置，如图 2-34 所示。

⑭ 在 Timeline（时间线）窗口选中该素材所在的层，按 S 键显示 Scale（缩放）参数，然后将其设置在适当的大小，如图 2-35 所示。

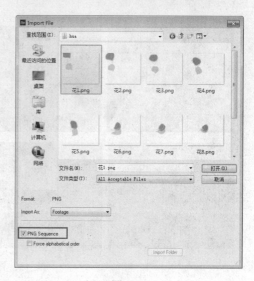

图 2-33

图 2-34

图 2-35

⑮ 在 Timeline（时间线）窗口中按 P 键显示 Position（位置）参数，然后将其按照如图 2-36 所示进行设置，此时效果如图 2-37 所示。

图 2-36　　　　　　　　　　　　　　　　图 2-37

⑯ 按键盘上的空格键，即可预览动画，这时就会看到绚丽的效果，浏览效果如图 2-38 所示。

图 2-38（一）

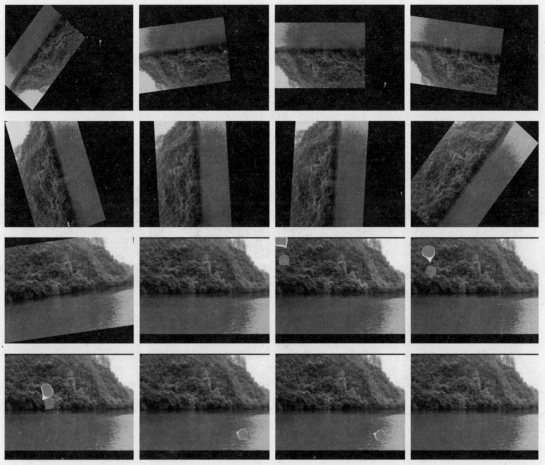

图 2-38（二）

⑰ 执行【File（文件）】→【Save（保存）】命令，在弹出的对话框中输入文件名，然后单击"保存"按钮将刚制作的动画保存。

2.4　习题与上机练习

一、填空题

1. 执行【File（文件）】→【＿＿＿＿】→【＿＿＿＿】命令，可以弹出 Interpret Footage（解释素材）对话框。

2. 使用代理时，作为代理的素材可以是任意＿＿＿＿和＿＿＿＿。但是当使用代理替换实际的素材时，After Effects CS6 要求代理素材和真实素材具有同样＿＿＿＿和＿＿＿＿。

3. 在 After Effects CS6 中，可以为＿＿＿＿窗口、＿＿＿＿窗口和＿＿＿＿窗口中设置安全框。

二、简答题

1. 如何为导入的素材设置像素宽高比？

2. 如何为素材设置代理？

三、上机练习

通过对本章的学习，读者可以导入配套光盘中本章上机练习提供的素材，自己动手做一个位移动画的练习，也可以打开配套光盘中本章上机练习中的项目文件来查看其制作过程。

练习要求：

（1）新建一个合成，像素宽高比设置成720×576，时间为5秒。

（2）用本章所学的知识导入任意10张或随书光盘里的素材图片。

（3）按照如图2-39所展示的效果进行上机练习。

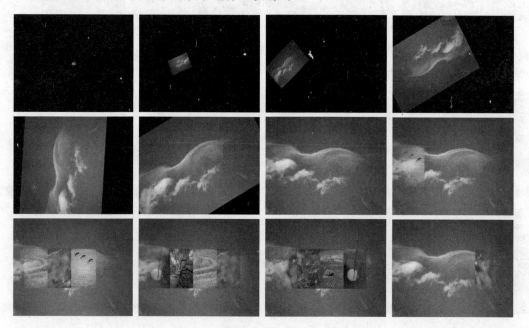

图 2-39

提示

①利用合成的嵌套进行画面中的图像的滚动。

②运动图像的虚化参照本书第6章。

练习做完之后按下键盘上的空格键来预览动画，对照所给的截图查看是否存在很大的差异。如存在差异，请分析并重新制作该作品，如基本和截图效果接近，请尝试改变参数设置，并观察不同参数设置所产生的不同视频效果，以达到触类旁通、举一反三的目的。

第 **3** 章

After Effects CS6 中的
层与合成

● 本章导读

● 要点讲解

● 案例表现——翻转动画

● 习题与上机练习

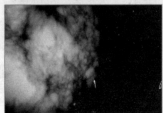

3.1 本章导读

本章将系统地对 After Effects CS6 软件中层与合成的应用进行讲解。首先对层的选择、动画设置、层列表以及访问层的快捷方法进行介绍，其次详细介绍层的管理与使用。然后对关键帧的概念以及其使用方法进行详细的解剖。最后介绍 After Effects CS6 中有关合成的创建与设置的操作，并配以翻转动画的案例对本章进行实战性的演练，从而让读者对本章内容能进一步地掌握。

3.2 要点讲解

3.2.1 层的概念

After Effects CS6 至少含有一组层属性，在向层添加特效、遮罩等效果后，层中就有所添加特效或遮罩层等的参数组。特效放在特效组下，遮罩放在遮罩组下，以方便用户对其参数进行修改和设置。

1．层的选择

要选中/取消一个或多个层，方法如下：

- 选择单个层。可以在 Timeline（时间线）窗口或 Composition（合成）窗口中单击要选择的层。
- 选择多个层。使用 Shift 键，配合鼠标单击可以选择多个连续的层；使用 Ctrl 键，配合鼠标单击可以选择多个并不连续的层。

还可以在 Timeline（时间线）窗口的列表区域使用鼠标拖出一个矩形区域来框选层，如图 3-1 所示。

图 3-1

要选择全部层，可以执行【Edit（编辑）】→【Select All（选择全部）】命令。

要取消层的选择状态，可以单击 Timeline（时间线）窗口中的任意空白区域；或执行【Edit（编辑）】→【Deselect All（全部取消）】命令。

2．对层设置动画

在 After Effects CS6 中对层设置动画有 3 种方法可以实现。

方法 1：在 Composition（合成）窗口中将层的位置、形状、尺寸、旋转角度等参数使用鼠标进行拖动更改。此方法比较方便，用户根据动画的需要，直观地对层属性进行调整。但要记录为动画，必须在 Timeline（时间线）窗口中激活参数的关键帧记录器。

方法 2：在 Timeline（时间线）窗口中展开层的各参数，使用鼠标对参数值进行拖动。此方法非常的直观和方便，且激活关键帧、移动时间标记等工作可一起完成。比在"合成"窗口中进行调整，具有更快的操作性。

方法 3：在"时间线"窗口中展开层的各参数，输入参数值。此方法有一定的局限性，因为输入的坐标、角度、大小等值并不一定和用户想要的效果相同，必须反复输入。

当用户向合成窗口中增加层时，层会出现在"时间线"窗口层列表的顶部，此时可以展开层列表来显示层的参数。

3．层列表

要展开层列表，操作步骤如下：

① 在"合成"窗口或"时间线"窗口中添加素材后，单击层名称左侧的▶图标，显示层属性列表。

② 如果对层应用了特效、遮罩等效果，单击各属性组左边的▶图标，进一步展开相应的属性列表，如图 3-2 所示。

图 3-2

 提示　只要是层，展开其属性后就会有 Transform（变换）属性组。

 注意　如要将展开的层列表折叠，单击相应属性名称左侧或层名称左侧的▼图标使其恢复为▶状态。

4．使用快捷键来访问层属性

使用快捷键来访问层属性，操作方法如下：

层属性对应的快捷键：A 键展开/折叠定位点属性；P 键展开/折叠位置属性；S 键展开/折叠缩放属性；R 键展开/折叠旋转属性；T 键展开/折叠不透明属性；U 键展开层上所有设置了关键帧的属性；E 键展开特效参数组；EE（连续按两下）展开设置了表达式的属性；M 键展开遮罩形状属性；TT 展开遮罩不透明度属性；F 键展开遮罩羽化属性；MM 展开所有遮罩形状；快捷键可以参考 After Effects CS6 的帮助文件。

如果展开了 A 属性后，还想展开一个 R 属性，但又不想关闭 A 属性，可使用组合键 Shift+R 向列表中追加 R 属性，其他属性也可以如此使用。

① 在时间线窗口中选中一个层，按下 A 键，显示出定位点属性；如图 3-3 所示。

② 向列表窗口中追加属性，使用组合键 "Shift＋属性快捷键"，如图 3-4 所示。

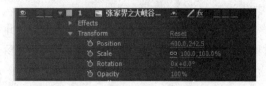 

图 3-3　　　　　　　　　　　　　　　　　　　　图 3-4

▶▶▶3.2.2　层的使用与管理

1．层的应用

After Effects CS6 中有着和 Adobe Photoshop 相同的层混合模式。设置层混合模式后，位于上方的层将使用设置的模式与下方的层进行混合。

对层应用层混合模式，操作步骤如下：

① 在 Timeline（时间线）窗口中选中需要应用层混合模式的层。

② 执行【Layer（层）】→【Blending Mode（混合模式）】→【选择需要的层模式】，如图 3-5 所示。

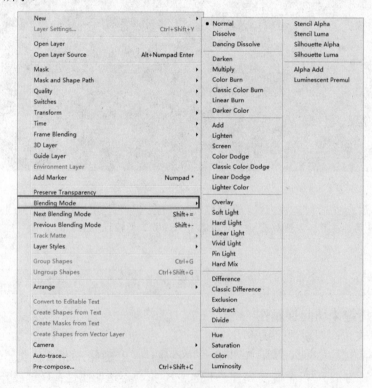

图 3-5

其中的主要选项说明如下：

- Normal（正常）：在不透明度为 100% 的情况下，此混合模式将正常显示当前层，下一层的显示不受此层的影响。当不透明度设置小于 100% 时，下一层的每一个像素点的颜色将受到此层的影响，根据当前的不透明度和下一层的色彩来确定显示的颜色。

- Dissolve（溶解）：此模式将控制层与层之间融合显示，该模式对于有羽化边界或通道的层有较大影响。当前层没有遮罩羽化边界或通道且不透明度为 100%，那么此模式几乎是不起作用的。此模式的最终效果将受到当前层的羽化程度、通道和不透明度的影响。

- Dancing Dissolve（动态溶解）：此模式和 Dissolve（溶解）模式相同，只不过随机替换颜色变成了随时间变化，也就是说它可以自动生成动画。

- Darken（变暗）：此模式对比层颜色和下层通道的参数，并显示二者中最暗的一个。使用此模式可以在层中产生颜色转换。

- Multiply（正片叠底）：此模式将底色与本层颜色相乘，形成两张叠加在一起的幻灯片效果，结果较暗。任何颜色与黑色相乘产生黑色，与白色相乘保持不变。

- Liner Burn（线性加深）：此模式将本层颜色与下层颜色进行相乘，任何颜色与白色相乘不会改变，但白色会不再显示；与黑色相乘等于黑色。

- Color Burn（颜色加深）：此模式在原始层颜色基础上，使结果颜色更暗。原始层的颜色越暗，结果颜色就越暗。原始层中的纯白色是不能改变下层颜色的，原始层中纯黑色总是将下层的颜色改变为黑色。

- Classic Color Burn（典型颜色加深）：此模式和 Color Burn 没有实质上的区别，只是替换的颜色像素不相同。

- Add（增加）：此模式将本层颜色与下面层的颜色结合，结果颜色比原来颜色更亮。层颜色为纯黑时完全显示下一层；层颜色为纯白时，不发生变化。Add 模式加光非常厉害，容易导致色彩失真，适合用在老旧照片与影像上。

- Lighten（变亮）：此模式对比层颜色和下层通道的参数，并显示二者中最亮的一个。使用此模式可以在层中产生颜色转换。

- Screen（屏幕）：此模式将层颜色的互补色与底色相乘，呈现出一种较亮的效果。该模式与 Multiply（正片叠底）相反。

- Linear Dodge（线性减淡）：此模式使本层颜色呈线性的与下层颜色相混合。

- Lighter Color（颜色减淡）：自动作用于下一层需要加亮的区域。

- Overlay（叠加）：此模式将根据底层的颜色，将当前层的像素进行相乘或覆盖。使用该模式可能导致当前层变亮或变暗。该模式对中间色调影响较明显，对于高亮区域和暗调区域影响不大。

- Soft Light（柔光）：此模式创造一种柔和光线照射的效果，使亮度区域变得更亮，暗调区域变得更暗。如果层颜色比 50% 灰色亮，则图像会变亮；如果层颜色比 50% 灰色暗，则图像会变暗。柔光的效果取决于层颜色。用纯黑或纯白色作为层颜色时，会产生明显较暗或较亮的区域，但不会产生纯黑或纯白色。

- Hard Light（强光）：此模式根据层的原始色相乘或反向相乘结果颜色，效果类似于在层闪烁着一个刺目的闪光灯。如果下层的颜色亮度高于 50% 灰度，层变亮，就好像是反向相乘一样；如果下层的颜色亮度低于 50 灰度，层变暗，就好像相乘一样。

- Linear Light（线性光）：通过减小或增加亮度来或加深或减淡颜色，具体取决于混合色。若混合色比 50% 灰色亮，则通过增加亮度来使图像变亮；若混合色比 50% 灰色暗，则通过减小亮度来使图像变暗。

- Vivid Light（亮光）：通过减小或增加亮度来或加深或减淡颜色，具体取决于混合色。若混合色比 50% 灰色亮，则就减小对比度来使图像变亮；若混合色比 50% 灰色暗，则通过增加对比度来使图像变暗。

- Pin Light（点光）：替换颜色，具体取决于混合色。若混合色比 50%灰色亮，则替换比混合色暗的像素，而不改变混合色亮的像素；若混合色比 50%灰色暗，则替换比混合色亮的像素，而不改变混合色暗的像素。在向图像中添加特效时非常有用。

- Hard Mix（强光混合）：选择此模式后，该层图像的颜色会和下一层中图像的颜色进行混合。通常情况下，当混合两个图层以后的结果是：亮色更亮，暗色更暗。

- Difference（差值）：此模式形成的效果取决于当前层和底层像素值的大小，它将单纯地反转图像。当不透明度设置为 100%时，当前层中的白色区域将完全反转，而黑色区域将保持不变，介于黑白之间的部分将做相应的阶调反转。

- Classic Difference（典型差值）：此模式和 Difference 没有本质区别。

- Exclusion（排除）：此模式较之 Difference 模式，能产生比其柔和的效果。和白色混合，将反转底部颜色参数值；和黑色混合不产生变化。

- Hue（色调）：此模式使用本层颜色的色调和下层颜色的亮度和饱和度来建立结果颜色。这是一个很实用的上色滤镜，它可以轻松改变素材的色调。我们可以用它来创造老旧相片的效果。

- Saturation（饱和度）：此模式用本层颜色的饱和度和下层颜色的亮度和色调来建立结果颜色。如果层中没有饱和度（灰色），使用此模式时不产生变化。

- Color（颜色）：此模式使用本层颜色的色调和饱和度与下层颜色的亮度来建立结果颜色。使用该选项可以保持图片中的灰色。

- Luminosity（亮度）：此模式使用本层颜色的亮度和下层颜色的色调和饱和度来建立结果颜色，此模式与 Color 相反。除了 Normal 之外，唯一能够完全消除纹理背景干扰的合成模式，这是因为亮度模式保留的是亮度值，而纹理背景是由不连续的亮度组成的，被保留的亮度将完全覆盖于纹理背景之上。

- Alpha Add（Alpha 添加）：此模式对层进行正常合成，但是彼此增加补充的 Alpha 通道来产生无缝的透明区域。对于删除由两个彼此反向的 Alpha 通道，或者来自两个动画的相接触层的 Alpha 通道的可见边界是有用的。

- Luminescent Premul（冷光）：此模式防止颜色值超过 Alpha 通道值，用于渲染镜头或者来自其他软件的合成素材，应用该模式可以改善效果。

提示　　在 Timeline（时间线）窗口左下角，有三个按钮，如图 3-6 所示。

图 3-6

它们的功能如下：

：开启/关闭层功能。

：层的 Mode（模式）按钮，可以开启/关闭层混合模式。

：开启/关闭层的时间设置。

单击以上按钮，可以很方便地开启三种设置。图 3-6 中的 Toggle Swiches/Mode 按钮是 After Effects CS6 的开关所在位置，在此处单击可以快速切换层功能与层混合模式。使用键盘快捷键 F4，同样也可以切换层混合模式与层功能的显示。

也可以单击层的 Mode（模式）按钮，从弹出的菜单中可以选择需要的层混合模式。

2．层的时间设置

使用 Time Stretch（时间伸缩）命令，可以改变一个素材层、视频层、音频层的播放速度。对一个层播放速度的加快或者减慢都称之为时间伸缩。

当对一个层应用了时间伸缩后，音频文件或视频文件的所有元素将重新分布到新的时间段中，如图 3-7 所示。

图 3-7

当伸缩一个层的时间，其上的关键帧也将会根据设置后的时间自动调整，用户不必担心伸缩时间后动画不能播放。

提示　如果伸缩一个层，得到不同于原速度的帧速率，该层中运动画面的质量必将受到影响。此时开启"帧融合"开关可以改善图像效果。

如果想将时间伸缩设置显示在 Timeline（时间线）窗口中，可以单击"时间线"窗口左下角的 按钮。

（1）从点伸缩层时间。

操作步骤如下：

① 在 Timeline（时间线）窗口或 Composition（合成）窗口中选择一个层。

② 执行【Layer（层）】→【Time（时间）】→【Time Stretch（时间伸缩）】命令。

提示　也可以单击 Timeline（时间线）窗口中 Duration（持续时间）或 Stretch（伸缩）设置下方带有下划线的数值，如图 3-8 所示。

图 3-8

③ 弹出如图 3-9 所示的 Time Stretch（时间伸缩）对话框。其中的选项说明如下：

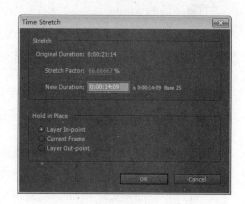

图 3-9

- Original Duration（原持续时间）：显示层本身的持续时间长度。
- Stretch Factor（伸缩率）：设置层时间的伸缩百分比，高于 100%，将增加持续时间。
- New Duration（新持续时间）：实时显示 Stretch Factor 设置比率后的持续时间。
- Layer In-point（层入点）：锁定层入点，层时间伸缩以入点为基准向后增加或向入点靠拢。
- Current Frame（当前帧）：锁定当前时间标记所在帧，层时间伸缩以当前层为基准向两端增加或向当前帧靠拢。
- Layer Out-point（层出点）：锁定层出点，层时间伸缩以出点为基准向前增加或向出点靠拢。

④ 在 Stretch Factor（伸缩率）文本框中设置新的比率后，单击 OK（确定）按钮应用设置。

（2）伸缩一个层到指定时间。

操作步骤如下：

① 在 Timeline（时间线）窗口中选择需要伸缩的层。

② 单击 Timeline（时间线）窗口左下角的 ⇄ 按钮，显示时间伸缩设置。

③ 根据需要，使用以下操作之一：

按下 Ctrl 键并单击 In（入点）下方有下划线的数值，入点自动伸缩到当前时间标记所在的位置，如图 3-10 所示。

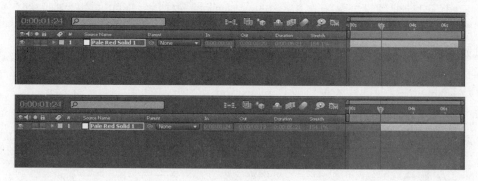

图 3-10

按下 Ctrl 键并单击 Out（出点）设置下方有下划线的数值，出点自动伸缩到当前时间标记所在的位置，如图 3-11 所示。

（3）反转层的播放。

在 After Effects CS6 中很容易反转层的播放方向。反转后，层上所有属性的关键帧位置也同时反转到与层相关的位置。

反转层播放的方法有以下两种：

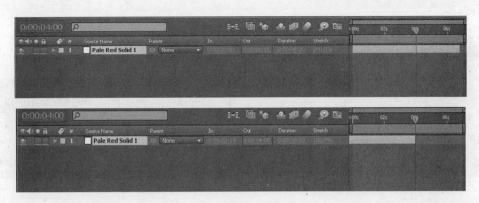

图 3-11

● 使用反转命令

操作步骤如下：

① 在 Timeline（时间线）窗口中选择需要反转的层。

② 执行【Layer（层）】→【Time（时间）】→【Time-Reverse Layer（反转层时间）】命令，
层即被反转，如图 3-12 所示。

图 3-12

● 使用时间伸缩设置

操作步骤如下：

① 在 Timeline（时间线）窗口选中需要反转的层。

② 单击 Stretch（伸缩）下方带有下划线的数值，弹出如图 3-13 所示的 Time Stretch（时
间伸缩）对话框，在 Stretch Factor（伸缩率）文本框中输入-100%来反转整个层。

注意
反转层的播放后，在层上会生成红色的斜线，如图 3-14 所示。使用反转命令反转层会将整个层
首尾调换，而使用时间伸缩设置反转需要设置好基准点，否则层会反转出"时间线"窗口的显示区
域。经常用到的就是把时间标记放置在层中心，在"时间伸缩"对话框中选择 Current Frame（当前
帧）来进行反转，这样得到的结果和反转命令得倒的结果相同。

3．层的管理

（1）改变层的顺序。

向合成中加入一个新层，新层将放置在所有层的顶部，位于合成的最前方。我们可以通
过改变 Timeline（时间线）窗口中的层列表来改变层的顺序，以便于对层进行编辑。

注意
向 Timeline（时间线）窗口中拖入层和移动层时，Timeline（时间线）窗口中将出现一条黑线，
该黑线就决定了层所拖入和移动后的位置。

图 3-13　　　　　　　　　　　　　　　　　图 3-14

加入新层后，新层前的各层顺序不变，其下方的各层后退。在 Timeline（时间线）窗口中只能通过拖动层来改变层的顺序，不能直接改变层的编号。可以通过层编号来快捷地选择层，快捷键是数字键盘区对应的 1~9 键，可以选择编号所对应的层。

在改变层顺序时需要注意，如果所改变的是图像层，将会影响图像在合成中的显示；如果改变的层是调节层，将会影响其下所有的层；如果将调节层放置在所有层的最下方，调节层不会产生任何效果。

要改变层的顺序，操作步骤如下：

① 使用鼠标拖动：在 Timeline（时间线）窗口中使用鼠标上下拖动需要改变位置的层，在拖动时，层名称之间将会出现一条黑色的水平线，释放鼠标后层将出现在黑色水平线所指示的位置，其下方层后退，如图 3-15 所示。

图 3-15

② 使用菜单命令移动：选择要改变位置的层，根据需要选择 Layer（层）菜单中 Arrange 命令下的相应选项，如图 3-16 所示。

图 3-16

Bring Layer to Front（图层置顶）：移动到最上层。

Bring Layer Forward（图层向上）：上移一层。

Send Layer Backward（图层向下）：下移一层。

Send Layer to Back（图层置底）：移动到最底层。

（2）层副本。

在合成过程中，经常要对层进行复制操作。当复制一个层时，After Effects CS6 把层的属性、关键帧、遮罩和特效等同时复制。用户不仅可以对一个层进行复制，也可以对多个层进行复制操作。

要复制一个层，操作步骤如下：

① 在 Timeline（时间线）窗口或 Composition（合成）窗口选择需要复制的层。

② 执行【Edit（编辑）】→【Duplicate（制作副本）】命令或使用组合键 Ctrl+D，在所选层的上面将增加一个同名的层，如图 3-17 所示。

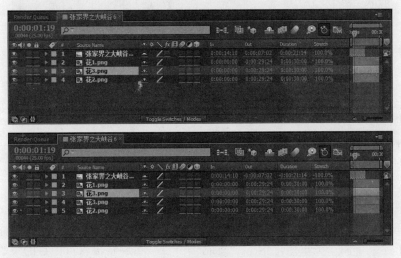

图 3-17

提示

在 Effect Controls（特效控制）中选中一个特效，使用 Ctrl+D 组合键可以复制一个特效。在"项目"窗口中选择一个合成，使用 Ctrl+D 组合键也可以复制一个合成。

（3）复制与粘贴层。

使用 Duplicate（制作副本）功能复制层，只可以在同一合成中完成层的复制。如果将当前合成中的某个层需要复制到其他合成，Duplicate（制作副本）命令将无法应对，此时需要使用 Copy（复制）和 Paste（粘贴）命令。

Copy（复制）和 Paste（粘贴）命令与 Duplicate（制作副本）命令相比，有着更广泛的功能。使用 Duplicate（制作副本）命令产生的新层一律出现在源层的上方，而使用 Copy（复制）和 Paste（粘贴）命令可以按照需要粘贴。

复制/粘贴层的操作步骤如下：

① 在 Timeline（时间线）窗口中选择需要复制的层。

② 执行【Edit（编辑）】→【Copy（复制）】命令，或使用组合键 Ctrl+C，复制层。

③ 执行【Edit（编辑）】→【Paste（粘贴）】命令，或使用组合键 Ctrl+V，粘贴层。

提示 　　粘贴的层将按照复制时选择层的顺序从上往下依次粘贴在 Timeline（时间线）窗口的底部，如图 3-18 所示。

图 3-18

注意 　　此处的选择顺序是指选择层时鼠标单击层的先后顺序。如果选择层时在层列表中由上到下选择的，那么粘贴的层就由上到下按照所选择的先后顺序排列。先选择的粘贴位置靠上，后选择的粘贴位置居下。

　　要将复制的层粘贴到其他合成中，只需在要粘贴的合成中执行【Edit（编辑）】→【Paste（粘贴）】命令即可。

　　（4）分裂层。

　　After Effects 能够在时间标记所在的任何时间点（0:00:00:00 不算）分裂一个层。分裂一个层时，等于建立了两个分离层，也等于复制一个层，然后修改入点出点的位置，使两个层的首尾相连。

　　分裂层后，源层保持原来的入点，出点为分裂的位置；另一层保留原来的出点，入点为分裂位置。在层列表中，两个分裂层中间可以加入其他层。分裂层保留源层中的所有属性不变。

　　After Effects 提供了 3 种分裂方式：

　　● Split Layer（分割层）

　　操作步骤如下：

① 在 Timeline（时间线）窗口中选择需要分裂的层。

② 移动时间标记到需要分割层的位置，如图 3-19 所示。

图 3-19

③ 执行【Edit（编辑）】→【Split Layer（分割层）】命令，将层从时间标记所在位置分裂，
如图 3-20 所示。

图 3-20

提示

Split Layer 命令对应的快捷键是 Ctrl+Shift+D。

● Lift Work Area（抽取工作区）

操作步骤如下：

① 在 Timeline（时间线）窗口中选择需要分割的层。

② 移动时间标记到分离后的出点位置，按下键盘上的 B 键来指定工作区域的入点位置，
如图 3-21 所示。

图 3-21

③ 移动时间标记到分离后的入点位置，单击 N 键来指定工作区域的出点位置，如图 3-22
所示。

图 3-22

提示

B 键将当前时间标记的所在位置设置为工作区域的入点。N 键将当前时间标记的所在位置设置
为工作区域的出点。

④ 执行【Edit（编辑）】→【Lift Work Area（抽取工作区）】命令，层被分裂为两个层。
两个层之间的距离由工作区域入点到出点的持续时间决定，如图 3-23 所示。

图 3-23

注意　分离工作区域后，工作区域的入点将作为源层的出点，工作区域的出点将作为另一个层的入点，工作区域范围的内容被删除，层的位置不变。

- 挤出工作区（Extract Work Area）

操作步骤如下：

① 按照 Lift Work Area（抽取工作区）中的①、②、③步骤操作。

② 执行【Edit（编辑）】→【Extract Work Area（挤出工作区）】命令，层被分裂为两个层，如图 3-24 所示。

图 3-24

（5）设置层的出点/入点。

在"素材"窗口中可以剪辑素材（设置素材的入点和出点），将素材创建为层后，同样可以在"层"窗口中剪辑素材，不过更方便的是这些操作也可以在 Timeline（时间线）窗口中进行。

在 Timeline（时间线）窗口中设置层的入点和出点，可执行如下的操作：

使用鼠标左键拖动层的两端，如图 3-25 所示。

图 3-25

提示　使用快捷键可以提高工作效率，设置出入点的快捷键如下：
将时间标记移到需要设置层入点的位置，使用组合键 Alt+[，设置层的入点。
将时间标记移到需要设置层出点的位置，使用组合键 Alt+]，设置层的出点。
I 键可以将时间标记快速定位到层的入点，O 键可以将时间标记快速定位到层的出点。
"["键可以将层入点移动到时间标记所在处，"]"键可以将层出点移动到时间标记所在处。

（6）设置音频层。

● 控制音频层的音量

执行【Window（窗口）】→【Audio（音频）】命令或按下快捷键 Ctrl+4，弹出如图 3-26 所示的 Audio（音频）面板。

Audio（音频）面板用于显示播放时音量的级别，并允许用户调整左右声道的音量。另外，通过 Timeline（时间线）窗口和"音频"窗口还可以为音频的音量设置关键帧。

Audio（音频）面板的左侧为音量表，显示音频播放时音量的大小。音量表分为左声道和右声道两个部分。音量表顶部红色区域表示系统所能处理的音量极限。右侧为音量调节滑块。

单击 Audio（音频）面板右上角的选项按钮，选择 Options（选项）命令，调出如图 3-27 所示的 Audio Options（音频选项）对话框。

Units（单位）：设置音量的显示方式。选择 Decibels（dB）（分贝）单选项，以分贝显示音量；选择 Percentage（百分率）单选项，以百分比显示音量。

Slider Minimum（滑块最小值）：选择最小分贝的音量级别，此级别显示在面板上。

用户可以在 Audio（音频）面板中使用三个滑块来控制音频层的音量。

拖动位于中央的滑块，可以一起设置左右声道的音量。

拖动左侧的滑块，或在底部的文本框中输入数值，可以设置左声道的音量。

拖动右侧的滑块，或在底部的文本框中输入数值，可以设置右声道的音量。

图 3-26

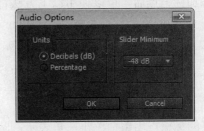

图 3-27

● 预览音频层

音频预览的操作步骤如下：

① 移动时间标记至预览的起始点。

② 执行【Composition（合成）】→【Preview（预览）】→【Audio Preview（Here Forward）（音频预览当前位置）】命令，或按下数字键盘上的"."（小数点）键。

注意　在进行音频预览时，按下数字键盘上的"*"键可以设置音频层的标记点，添加标记点后并不马上显示，在预览结束后才能出现。使用这种方法可以为音乐打拍子，在进行声画对位时有很大帮助。要删除音频标记点时，只需按下 Ctrl 键再单击需要删除的标记点即可。

（7）使用标记点。

为了方便查找合成或层中的某一帧或者方便层与层之间的对齐，可以在合成或层上做标记。

● 为合成添加标记点

用户可以为合成设置标记来进行精确的定位。After Effects CS6 可以在时间标尺上添加 10 个标记点（0~9 之间）。

在时间标尺中添加标记点，可按照以下两种方法来操作：

① 拖动 Timeline（时间线）窗口时间标尺右侧的标记图标，并将其向左拖动至时间标尺需要的位置，如图 3-28 所示。

图 3-28

② 将时间标记定位在需要添加标记点的位置，使用 Shift 键＋主键盘区上的数字键，在时间标尺上会添加一个带有该数字的标记点。

> 提示
>
> 在时间标尺上添加标记点之后，按下主键盘上的数字键，可以跳转到相对应的标记点，这样可以快捷地定位到画面的某一帧。

用户也可以手动移动标记的位置，只需使用鼠标左右拖动标记点至目标位置即可。

在移动层时，按住 Shift 键，这样层就会自动与标记点对齐。

添加标记点后，可以使用以下方法将标记点删除：

① 将要删除的标记点拖到 Timeline（时间线）窗口以外的区域。

② 按住 Ctrl 键再单击需要删除的标记点。

③ 右键单击需要删除的标记点，选择 Delete This Marker（删除此标记）命令即可。

④ 将时间标尺上所有的标记点删除，使用 Delete All Markers（删除全部标记）命令。

● 为层添加标记点

层的标记点用银白色小三角表示，显示在层的时间条上。理论上，层标记点无数目限制，可以在层上设置无限多个标记点。

添加层标记点的操作步骤如下：

① 选择需要添加标记点的层，移动时间标记到需要添加标记点的位置。

② 执行【Layer（层）】→【Add Marker（添加标记）】或按下数字键盘上的"*"键，在层上添加标记点，如图 3-29 所示。

图 3-29

> 提示
>
> 双击层标记，将会弹出如图 3-30 所示的 Layer Marker（层标记）对话框，在该对话框中可以对标记进行命名、链接、注释等设置。

按住 Shift 键再移动层，可以自动对齐其他的标记点；对于已经存在的层标记点，使用鼠标直接拖动即可改变标记点的位置；如果希望层的标记点固定不动，可以将标记点锁定，方法是右键单击层标记点，从弹出的右键菜单中选择 Lock Markers（锁定标记）命令，再次选择可以取消层的锁定；如需删除层标记点，直接将其拖出 Timeline（时间线）窗口之外或按住 Ctrl 键再单击需要删除的层标记点。

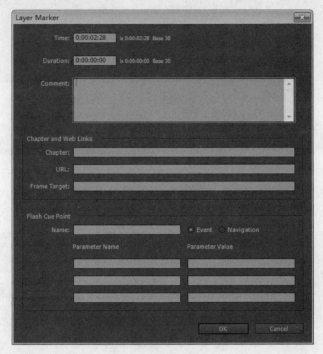

图 3-30

>>3.2.3　关键帧的概念及使用

After Effects CS6 通过关键帧来创建和控制动画。无论哪种动画，至少需要两个关键帧（某些特效和特殊效果带有动画且看不到关键帧的除外），这样才能反映出一个关键帧到第二个关键帧的变化。After Effects 在两个关键帧之间自动计算并插入画面使动画连续。默认情况下，两个关键帧之间使用线性变化。

1．关键帧

在 After Effects CS6 中有无关键帧都可以修改层的属性。如果没有设置关键帧或只设置了一个关键帧，已做修改的属性在整个层的持续时间中都有效。

一个关键帧包含了以下信息：发生变化的时间、发生变化的属性、关键帧所在时间点的参数值、关键帧之间的变化类型、关键帧之间的变化速率。

（1）关键帧记录器。

基本上每个属性（层属性和特效属性）都有一个关键帧记录器，如图 3-31 所示。

如果要对层进行关键帧设置，必须激活该图标。对于指定的层属性，一旦激活关键帧记录器，After Effects CS6 就会在激活关键帧记录器时，在时间标记所在位置插入一个新的关键帧。

取消关键帧记录器的激活，该属性中的所有关键帧都将丢失。如果关键帧记录器未被激活，所设置的参数不会记录关键帧，该设置在整个时间范围都有效。

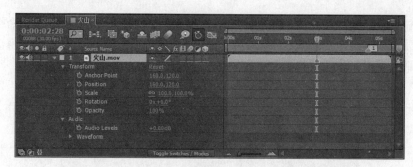

图 3-31

提示　　使用鼠标单击关键帧记录器就可以激活。

（2）关键帧导航器。

当为层属性设置关键帧后，After Effects CS6 将会为该参数显示一个关键帧导航器，如图 3-32 所示。利用该导航器可以方便地移动或删除关键帧。

图 3-32

提示　　使用鼠标右键单击 Timeline（时间线）窗口中的状态栏，在弹出的快捷菜中执行【Column（列）】→【Keys（关键帧）】命令，可以将关键帧导航器单独列在 Keys 栏下。如图 3-33 所示。

图 3-33

从操作证明，只有激活了关键帧记录器，才能出现关键帧导航器。

当关键帧导航器处于带色显示时，表明层属性在当前时间标记所在位置有关键帧；如果关键帧导航器灰色显示时，表明层属性在当前时间标记处没有关键帧。

如果关键帧导航器的两端出现两个黑三角箭头，表明当前关键帧的两端都有关键帧，单击两端的箭头，可以移动到前一个或后一个关键帧上；如果关键帧导航器的两端没有箭头，表明时间标记在关键帧上，该参数中只有这一个关键帧。

提示　　关键帧导航器两端的黑三角箭头分别对应的快捷键是 J 键和 K 键。按 J 键可以移动到前一个关键帧；按 K 键可以移动到后一个关键帧。

（3）关键帧图标。

当层的属性被记录成关键帧后，关键帧图标就显示在 Timeline（时间线）窗口中，其显示的形式取决于两个关键帧之间所选择的插值方式。

如果关键帧的图标一半是灰色的，灰色的一半则表示没有关键帧，也就是说包含一个半灰色的关键帧只会是第一个关键帧或最后一个关键帧，如图 3-34 所示。

提示　　单击 Timeline（时间线）窗口右上角的选项按钮 ，选择 Use Keyframe Indices（使用关键帧指示）命令，允许使用阿拉伯数字表示关键帧，如图 3-35 所示。

图 3-34

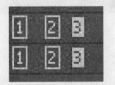
图 3-35

注意　　为某个属性设置了第一个关键帧后（也就是激活关键帧记录器以后），在其他时间点上改变该属性，After Effects CS6 会自动添加关键帧。

添加关键帧而不改变层的属性值，操作步骤如下：

① 在 Timeline（时间线）窗口中选择需要添加关键帧的层，并显示出要添加关键帧的层属性，该属性关键帧记录器必须处于激活状态。

② 移动时间标记到需要添加关键帧的时间点，并选中需要添加关键帧的属性，如图 3-36 所示。

图 3-36

③ 执行【Animation（动画）】→【Add @ Keyframe】（@表示选中的层属性）或单击 Timeline（时间线）窗口中关键帧导航器的灰色菱形按钮，使其有色显示。在当前时间标记所在位置就会添加关键帧，如图 3-37 所示。

图 3-37

提示

2．编辑关键帧

在制作动画的过程中，修改关键帧是必要的过程。After Effects CS6 提供了很多方法来修改关键帧。

（1）选择关键帧。

● 选择一个关键帧

在 Timeline（时间线）窗口中单击关键帧图标；在 Composition（合成）窗口中单击路径上的关键帧图标，使其变为实心状态，如图 3-38 所示。

图 3-38

● 选择多个关键帧

使用 Shift 键并配合鼠标左键单击，在 Timeline（时间线）窗口或 Composition（合成）窗口中可选择多个关键帧。

在 Timeline（时间线）窗口中用鼠标指针拖出一个矩形区域，包括在矩形区域内的关键帧都将被选择，如图 3-39 所示。

图 3-39

● 选择一个层属性中所有的关键帧

单击层的需要选择关键帧的属性的名称，该属性中所包含的关键帧都将被选中。

（2）移动关键帧。

● 移动一个关键帧

选中关键帧后，手动移动关键帧到目标位置，或者先移动时间标记到目标位置，再按住 Shift 键并移动关键帧到时间标记处。

按住 Shift 键来移动的好处是：关键帧会吸附时间标记，这样移动非常的精确。

● 移动多个关键帧

操作步骤如下：

① 在 Timeline（时间线）窗口中选择需要移动的多个关键帧。

② 拖动任意一个关键帧图标到目标位置。移动时，所有的关键帧都保持相对位置不变，如图 3-40 所示。

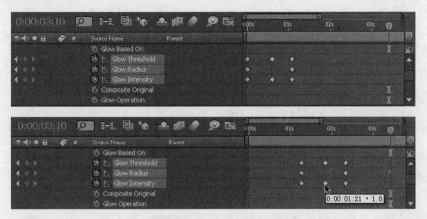

图 3-40

● 拉长或缩短一组关键帧的时间间隔

操作步骤如下：

① 选择多个关键帧（至少 3 个）。

② 按下 Alt 键左右拖动第一个或最后一个关键帧。

（3）复制、粘贴关键帧。

复制和粘贴关键帧在对影视合成的时候能节省非常多的时间。

当要在另一个时间点或另一层使用相同的关键帧时，可以在层的相同属性间复制和粘贴关键帧，也可以在同类数据的不同属性之间复制和粘贴关键帧。

After Effects CS6 可以互相复制的关键帧属性包括：

● 具有相同空间维度的属性。如不透明属性和旋转；遮罩羽化和二维缩放。

● 位置、效果点和轴心点属性。

● 旋转、特效角度控制和特效滑动控制属性。

● 特效色彩属性。

用户只能从一个层中复制关键帧，并且一次只能把它粘贴到一个层中。当粘贴关键帧到另一个层时，在目标层显示对应的属性，最前面的关键帧显示在当前时间标记处，其他的关键帧以相应的顺序跟随其后。粘贴后的关键帧是自动处于选择状态的，以便及时调整。

复制和粘贴关键帧的操作步骤如下：

① 在 Timeline（时间线）窗口中显示要复制的关键帧，选择一个或多个关键帧。

② 执行【Edit（编辑）】→【Copy（复制）】命令，或使用组合键 Ctrl+C。

③ 在 Timeline（时间线）窗口中选择目标层，移动当前时间标记到需要粘贴关键帧的位置。

④ 执行【Edit（编辑）】→【Paste（粘贴）】命令，或者使用组合键 Ctrl+V。

（4）同时改变多个关键帧的值。

用户可以同时修改多个关键帧的数值，但前提是所有的关键帧必须是相同的层属性。

当一次改变多个关键帧的值时，参数值的变化依赖于修改的方法。

如果以数字的方式修改关键帧，所选择的关键帧精确地使用了新值，进行了绝对值的改变。

如果是在 Composition（合成）窗口中以拖动对象的方式直观地改变参数值，则是使用前后的插值来修改其他所有的关键帧，即进行了相对的修改。

（5）删除关键帧。

如果设置了错误的关键帧，或不再需要某个关键帧，可以很容易地将一个或多个关键帧删除。

- 删除一个关键帧

选择需要删除的关键帧，然后选择下列方法之一进行删除：

① 按下键盘上的 Delete 键。

② 执行【Edit（编辑）】→【Clear（清除）】命令。

③ 把时间标记定位在需要删除的关键帧上，取消关键帧导航器的有色显示。

- 删除一个层属性的所有关键帧

方法如下：

① 单击层属性名称左侧的关键帧记录器 ，取消关键帧记录器。

② 单击层属性名称，以选择该属性中的所有关键帧，然后按下 Delete 键。

注意　取消关键帧记录器 ，该属性的所有关键帧将被永久性删除，可以执行【Edit（编辑）】→【Undo（撤消）】命令来恢复操作或使用组合键 Ctrl+Z 来执行"撤消"命令。

3.2.4　关键帧插值

插值法是关键帧在实现非常复杂动画时的左右手，熟练掌握插值法可以让关键帧动画进一步的提升质量。插值法的应用范围非常广泛，功能强大是其显著特点。

1．插值法控制关键帧

插值法，简单地讲就是在两个关键帧之间通过数学运算来加入更多变化的方法。

After Effects CS6 提供了多种插值方法来调整关键帧的变化，并且可以应用到层的任何属性当中。在这些插值法中，有的能在运动中产生突然的变化，有的则可以提供平滑过渡和圆滑的运动曲线。此外，还可以控制关键帧之间的运动速度。

利用不同的插值法，可以精确控制合成中每个层属性关键帧之间的相互作用。

After Effects CS6 主要有时间和空间两种插值法。

- 时间插值法可以应用到所有层的属性控制中，是根据时间在关键帧之间进行插值，使用户能够看到突变和不规则的变化效果。
- 空间插值法可以运用到移动中，如位置、定位点和特效点。

当一个层属性在时间上发生变化时，After Effects CS6 将时间插值的变化结果记录在"时间线"窗口的参数曲线图上。如果层属性还包含空间插值，其空间插值的结果是作为运动路径在"合成"窗口或"层"窗口中显示。用户可以使用"钢笔工具"在运动路径或参数曲线上来添加或删除关键帧。

After Effects CS6 重新设置插值，体现了曲线框、新的界面、曲线清晰、色彩化曲线显示等新功能。较之以前的曲线窗口，简直是一次小飞跃。如图 3-41 所示。

After Effects CS6 提供的所有插值法均基于 Bezier（贝塞尔）曲线类型，并提供了曲线控制柄，可以精确地控制从一个关键帧到另一个关键帧的过渡方式。

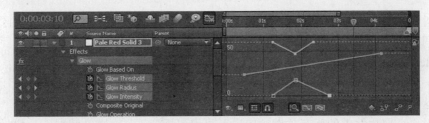

图 3-41

要查看不同插值法对运动路径影响的区别时，可以为一个层属性设置 3 个以上的关键帧，然后不断改变关键帧的插值法，在单列出的曲线窗口中观察它的变化。

（1）Linear interpolation（线性插值法）。

Linear interpolation（线性插值法）在关键帧上产生一致的变化率，使变化节奏比较强，比较机械。

如果对一个层的所有关键帧都使用线性插值，则从第 1 个关键帧开始匀速变化到第 2 个关键帧，到达第 2 个关键帧后，变化率转换为第 2 个关键帧到 3 个关键帧的变化率，匀速变化到第 3 个关键帧。关键帧结束，变化停止。在曲线图中，两个线性插值的连接线是一条直线，如图 3-42 所示。

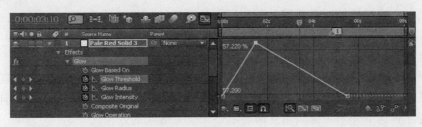

图 3-42

（2）Auto Bezier interpolation（自动贝塞尔插值法）。

Auto Bezier interpolation（自动贝塞尔插值法）在通过关键帧的时候会产生一个平滑的变化率。当改变自动贝塞尔关键帧参数值的时候，After Effects 将自动调整曲线方向控制柄的位置，来保证关键帧之间的平滑过渡。

使用自动贝塞尔插值法，系统将自动调整参数曲线的形状或者关键帧两侧的运动路径。如果上一个和下一个关键帧也使用了自动曲线插值法，那么相应关键帧中的线段也将发生变化；如果以手动方式调节自动曲线的方向控制柄，该关键帧插值将转换为连续贝塞尔插值。

自动贝塞尔插值法的原理是通过保持曲线控制柄的方向，使其平行于上一个关键帧和下一个关键帧之间的连线。

如果一个层属性的所有关键帧都应用了自动曲线插值法，在每个关键帧的进入和离开时就会产生一个平滑的过渡。如果修改自动曲线关键帧的参数值，控制柄也将发生变化，以保持平滑的过渡。

（3）Continuous Bezier interpolation（连续贝塞尔插值法）。

Continuous Bezier interpolation（连续贝塞尔插值法）类似于自动贝塞尔插值法，在经过一个关键帧时也会产生一个平滑的过渡。与自动贝塞尔插值不同的是，连续贝塞尔插值法需要手动设置曲线控制柄的位置，以调节曲线图的形状或关键帧两边的运动路径。

如果对运动路径的所有关键帧应用了连续贝塞尔插值，当在路径上移动一个连续贝塞尔关键帧的时候，After Effects 会自动保持平稳的过渡。沿路径运动的速度是由应用到每个关键帧上的时间插值控制的。

（4）Bezier interpolation（贝塞尔插值法）。

Bezier interpolation（贝塞尔插值法）提供了最精确的控制，各种曲线插值都是基于贝塞尔插值。这种插值法可以随意手动调整曲线的形状或关键帧两侧的路径。

如果对一个层属性中的所有关键帧应用了贝塞尔插值法，在默认情况下，After Effects 在两个关键帧之间产生平滑的过渡，这时控制柄的位置是由自动曲线插值来计算的，可以自由地调整两个方向的手柄，改变曲线形状。

贝塞尔插值法和其他插值法不同的是，贝塞尔曲线插值法可以分别独立操作曲线路径上的两个控制柄。使用贝塞尔曲线插值法可以建立任意形状的曲线路径和直线路径，因为每个关键帧的控制柄都是相互独立的，所以在曲线路径中的关键帧处既可以缓变，也可以突变，并且进入和离开关键帧的方向可以完全不相同。因此，曲线插值法特别适合描绘复杂的路径。

（5）Hold interpolation（保持插值法）。

Hold interpolation（保持插值法）只能用于时间插值。使用它可以在时间上改变层属性的值，但是不会产生渐变的过渡。该插值法适用于特效效果，或者需要让一个层突然出现或突然消失时也可使用。

如果对一个层属性的所有关键帧都应用保持插值法，当参数值发生改变时，保持插值法关键帧的参数值保持不变，而下一个关键帧的参数值却突然改变。反映在曲线图上的，也只是水平的直线。

尽管保持插值法只能应用于时间插值，但运动路径上的关键帧还是可以看到的，只不过这些关键帧之间没有虚线连接，只表示该时间点的位置。当播放动画时，层在当前关键帧位置保持不变，到达下一个关键帧后立即显示下一个关键帧的效果。

2．改变与编辑插值法

（1）改变插值法的方法。

使用 Keyframe Interpolation（关键帧插值）对话框来改变关键帧的插值法。

操作步骤如下：

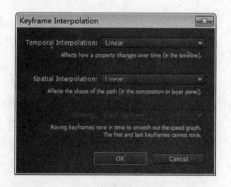

图 3-43

① 在 Timeline（时间线）窗口中选择需要改变插值法的关键帧。

② 执行【Animation（动画）】→【Keyframe Interpolation（关键帧插值）】命令，弹出如图 3-43 所示的 Keyframe Interpolation（关键帧插值）对话框。其中的选项说明如下：

Temporal Interpolation（时间插值）：选择时间插值的类型。有如下选项：

Current settings（当前设置）：使用当前插值设置。

Linear（线性的）：使用线性插值法。

Bezier（贝塞尔）：使用贝塞尔插值法。

Auto Bezier（自动贝塞尔）：使用自动贝塞尔插值法。

Continuous Bezier（连续贝塞尔）：使用连续贝塞尔插值法。

Hold（保持）：使用保持插值法。

Spatial Interpolation（空间插值）：选择空间插值类型，比 Temporal Interpolation（时间插值）少 Hold（保持）一项。空间插值只对位置、定位点、特效点等有效。

Roving（漫游）：选择漫游关键帧使用与否。

Lock To Time（锁定时间）：保持当前关键帧在时间上的位置，只能手动进行移动。

Current Settings（当前设置）：保留当前设置。

Rove Across Time（漫游交叉时间）：以当前关键帧的相邻关键帧为基准，通过自动变化它们在时间上的位置，平滑当前关键帧变化率。

 提示
也可以在需要改变插值法的关键帧上单击鼠标右键，从弹出的快捷菜单中选择 Keyframe Interpolation（关键帧插值）命令。

③ 对于 Temporal Interpolation（时间插值），对所有的属性都有效。

④ 单击 Spatial Interpolation（空间插值）下拉按钮，在弹出的下拉列表中选择需要的插值法。空间插值中的插值法仅对位置、定位点和效果点有效。

⑤ 如果使用了 Spatial Interpolation（空间插值），在 Roving（漫游）的下拉列表中选择决定关键帧位置的方式。

⑥ 单击 OK（确定）按钮，退出 Keyframe Interpolation（关键帧插值）对话框。

（2）编辑插值。

在 Composition（合成）窗口或 Layer（层）窗口中改变关键帧的插值法，操作步骤如下：

① 在 Timeline（时间线）窗口中显示出层属性的关键帧。

② 在工具栏中单击"选择工具" ，按下 Ctrl 键在 Composition（合成）窗口或 Layer（层）窗口单击需要改变插值法的关键帧标记，插值法发生改变，关键帧图标也发生改变。

插值法的变化取决于当前关键帧的插值类型。

● 如果关键帧的当前插值法为线性插值法，那么它将转变为自动贝塞尔插值法，如图 3-44 所示。

● 如果关键帧的当前插值法为自动贝塞尔插值法、连续贝塞尔插值法或贝塞尔插值法，那么它将转变为线性插值法，如图 3-45 所示。

图 3-44   图 3-45

● 如果当前关键帧为自动贝塞尔曲线插值法，拖动控制柄，拉出控制柄的方向线，转变为连续贝塞尔插值，如图 3-46 所示。

● 如果关键帧的当前插值法为线性插值法、连续贝塞尔曲线插值法或自动贝塞

图 3-46

尔曲线插值法，按下 Ctrl 键拖动控制柄，可以将其转变为贝塞尔曲线插值法。

> **提示** 拖动一个控制柄，如果另一个控制柄也追着移动，则该插值为连续贝塞尔插值；如果两个控制柄可以独立运动，则该插值为贝塞尔插值。

也可以根据控制柄的形状来判断插值法。没有控制柄的是线性插值；控制柄没有连线的是自动贝塞尔插值；两个控制柄以直线连接的是连续贝塞尔插值或贝塞尔插值。

在 Composition（合成）窗口和 Layer（层）中能看得见曲线的只有 Position（位置）属性，所以在 Composition（合成）窗口和 Layer（层）窗口不能修改其他属性，此时就要使用 After Effects CS6 带来的曲线窗口了。

在 Timeline（时间线）窗口中使用曲线窗口的操作步骤如下：

① 单击 Timeline（时间线）窗口中的█（曲线编辑器）按钮，显示层持续时间的窗口变成了如图 3-47 所示的窗口。

图 3-47

工具按钮区的功能说明如下：

█：选择哪类属性可以显示在曲线编辑器中。有以下 3 类属性：

- Show Selected Properties（显示选定的属性）：在时间线窗口中，被选中的属性将有资格显示在曲线编辑器中。
- Show Animated Properties（显示动画属性）：在"时间线"窗口中，选中一个属性后，被设置了关键帧的所有属性全部显示到曲线编辑器中。
- Show Graph Editor Set（显示曲线编辑器设置）：显示曲线编辑器的设置项。

> **提示** 上述选项可以同时被选中，互相不影响显示。

█：选择曲线类型选项。有以下选项：

- Auto-Select Graph Type（自动选择曲线类型）：自动选择当前属性显示在曲线编辑器中的曲线类型。
- Edit Value Graph（编辑默认曲线）：在曲线编辑器中编辑当前属性的默认曲线。
- Edit Speed Graph（编辑速度曲线）：在曲线编辑器中编辑当前属性的速度曲线。

> **注意** 曲线类型为单显型，在曲线编辑器中只能同时显示一种，上述为单选项。

- Show Reference（显示涉及曲线）：在曲线编辑器中显示当前属性所涉及的所有曲线。

提示

> 如果用户选中此项且当前选中 Position（位置）属性的话，在曲线编辑器中将显示有 X 轴的曲线、Y 轴的曲线和曲线类型中选中的曲线，其他的参数属性类似。

- Show Audio Waveforms（显示音频波形）：在曲线编辑器中显示出音频层的波形。
- Show Layer In/Out Points（显示层入/出点）：在曲线编辑器显示当前层的入/出点。
- Show Layer Markers（显示层标记）：在曲线编辑器中显示层标记。
- Show Graph ToolTips（显示曲线工具提示）：在曲线编辑器中，使用鼠标指针指向曲线的时候是否弹出提示框。
- Show Expression Editor（显示表达式编辑器）：显示表达式编辑器。
- Allow Keyframes Between Frames（允许所有关键帧在框内）：在编辑曲线时允许所有关键帧在框内。

⬚：激活此按钮，在选中曲线线段时显示出一个变换框。

⬚：激活此按钮，移动关键帧时自动吸附时间标记。

⬚：自动缩放曲线高度。激活此按钮后，在曲线超出曲线编辑器显示区后，编辑显示区会自动缩放将曲线全部显示在其中；否则编辑显示区不发生变化。

⬚：激活此按钮，拉伸选择的曲线到整个编辑显示区。

⬚：激活此按钮，缩放所有曲线到编辑显示区。

⬚：单击此按钮，在被选中的层的属性栏显示坐标参数值。

⬚：编辑选择关键帧，单击它弹出的快捷菜单与使用鼠标右键单击关键帧弹出的相同。

⬚：转换选择的关键帧插值法到保持插值法。

⬚：转换选择的关键帧插值法到线性插值法。

⬚：转换选择的关键帧插值法到自动贝塞尔插值法。

⬚：使用辅助关键帧的 Easy Ease（缓和曲线）功能。

⬚：使用辅助关键帧的 Easy Ease In（缓和曲线进入）功能。

⬚：使用辅助关键帧的 Easy Ease Out（缓和曲线离开）功能。

② 在曲线编辑器中选中需要编辑的关键帧，使用工具按钮区的功能来编辑曲线插值法。

提示

> 按住 Alt 键再配合鼠标在曲线编辑器中单击关键帧，可以将关键帧插值从线性转换到自动贝塞尔或从自动贝塞尔转换到线性。

使用工具栏中的"钢笔工具"组⬚，可以在曲线编辑器中的曲线上添加、删除、转换关键帧。

≫3.2.5 速度控制

建立关键帧路径后，可以通过关键帧更精确地调整层的空间参数和移动速度。在 Timeline（时间线）窗口中，通过 Speed（速度）曲线可以精确调整相对于时间发生的变化。

在合成中，速度曲线提供了所有空间属性的参数值和速度变化信息。

1．影响关键帧速度的因素

在时间上，速度和速率的变化主要受以下 3 种因素的影响。

（1）时间差异。

时间差异是指关键帧在 Timeline（时间线）窗口中不同的时间点之间的间隔。关键帧之间的时间间隔越短，属性的变化越快；间隔越长，属性变化就越慢。

通过移动关键帧的位置来调节两个关键帧之间的距离，可调节变化速度，如图 3-48 所示为时间标记在同一个位置时，改变后一个关键帧位置所产生的影响。

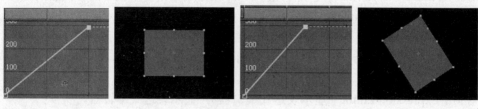

图 3-48

（2）参数值差异。

参数值差异是指两个关键帧之间属性参数的差异。参数值差异越大，属性变化就越快；参数值差异越小，属性变化就越慢。用户可以调整关键帧间的参数值差异，来调整变化速度，如图 3-49 所示。

（3）插值法类型。

如果使用线性插值，那么经过关键帧的时候，就会出现突变；如果应用贝塞尔插值，经过关键帧的时候就会得到平滑的过渡，如图 3-50 所示。

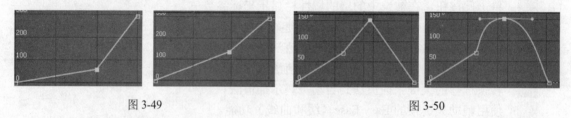

图 3-49   图 3-50

2．调节素材的播放速率

当把空间属性（如位置、定位点、效果点等）设置为动画时，可以在曲线编辑窗口的 Speed（速度）曲线上观看和调节属性的变化速度，同时也可以在 Composition（合成）窗口或"层"窗口的运动路径中观看和调节。在任何一个窗口中调节了速度，在其他窗口中一样可以观看到结果。

在曲线编辑窗口的 Speed（速度）曲线上，曲线高度变化表示速度变化，水平线表示速度不变，曲线升高表示速度增加。在 Composition（合成）窗口中，运动路径关键帧间各点之间的距离代表运动速度，它与合成的帧速率有关，每一个点代表合成的一个帧。均匀分布的点代表匀速运动；较大的间隔表示较快的速度；不均匀的分布表示在做加速或减速运动，如图 3-51 所示。

A：正在做匀速运动。

B：开始做加速运动，当加速后，继续匀速运动。

C：开始做减速运动，当减速后，继续匀速运动。

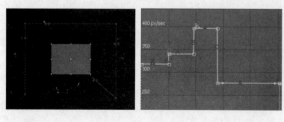

图 3-51

了解了运动速度在路径上的表现形式后，我们可以使用下面的方法来控制层的运动速度。

（1）在 Composition（合成）窗口中控制速度。

在 Composition（合成）窗口中，可以调节运动路径上两个关键帧的空间距离。移动一个关键帧远离相邻关键帧，则可以增加速度；移动一个关键帧靠近相邻关键帧，则可以降低速度。

（2）在 Timeline（时间线）窗口中控制速度。

在 Timeline（时间线）窗口中，可以调整两个关键帧之间的时间差异。移动一个关键帧远离相邻关键帧，则速度降低；移动一个关键帧靠近相邻关键帧，则速度增加。

（3）精确调整速度。

使用 Speed（速度）曲线可以调整运动或参数值的改变来调整速率。通过调整曲线图中曲线的升降，可以控制一个关键帧到另一个关键帧的层属性变化速度。不同时间插值法对于加快速度和降低速度的影响不同。如果调节曲线得不到满意的效果，可以试用其他的插值法。

在速度曲线上使用曲线控制柄来精确调整速度。使用曲线控制柄可以直接地控制加速和减速，对进入和离开关键帧的参数变化既可以同时控制，又可以单独控制。如果向左边拖动进入控制柄，则增加前一个关键帧的影响；向右拖动进入控制柄，则降低前一个关键帧值的影响；向上拖动，增加速度变化（增加参数值）；向下拖动，降低速度变化（降低参数值）。离开控制柄形式与进入控制柄的作用相同，主要是影响下一个关键帧，如图 3-52 所示。

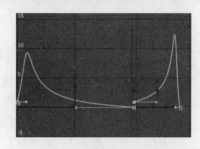

图 3-52

A：进入当前关键帧的控制柄。

B：离开关键帧的控制柄。

C：速度控制点。

精确调整关键帧间的速度，操作步骤如下：

① 在 Timeline（时间线）窗口中打开曲线编辑器，单击 Choose graph type and options（选择曲线类型选项）▣按钮，选择 Edit Speed Graph（编辑速度曲线）显示速度曲线。

② 选中需要修改的关键帧，上下拖动进入或离开的控制柄，设置在进入和离开关键帧时的加速或减速。

注意
　　曲线编辑器窗口左边显示出了速度的单位，属性单位/每秒，方便用户精确调整。如果用户在 Choose graph type and options（选择曲线类型选项）▣中开启了 Show Graph ToolTips（显示曲线工具提示），当鼠标指针每次指向曲线时，会弹出指向曲线段的速度提示面板。

分别调整进入和离开的速度，操作步骤如下：

① 在曲线编辑器窗口中，选择需要调整的关键帧。

② 选择要使用的关键帧插值类型，然后拖动关键帧离开/进入控制柄。

如果用户选择的关键帧控制柄是分开的，证明用户使用了 Liner（线性）、Bezier（贝塞尔）、Hold（保持）其中一种插值法；重新连接分开的控制柄，只需把插值法改为 Continuous Bezier（连续贝塞尔）、Auto Bezier（自动贝塞尔）就可以了。

（4）数字方式改变速度。

After Effects CS6 允许用户通过数字方式精确地指定速度，操作步骤如下：

① 在曲线编辑器窗口中，双击一个关键帧或右键单击关键帧，从弹出的快捷菜单中选择

Keyframe Velocity（关键帧速度）命令或执行【Animation（动画）】→【Keyframe Velocity（关键帧速度）】命令。

②弹出如图 3-53 所示的 Keyframe Velocity（关键帧速度）对话框。

图 3-53

其中的选项说明如下：

Keyframe type：Position（关键帧类型：位置）：显示所选择关键帧的类型。

Incoming Velocity（进入速度）：关键帧进入的速度。

Outgoing Velocity（离开速度）：关键帧离开的速度。

Speed: pixels/sec（速度:像素/秒）：设置速度为多少像素每一秒。

Influence（影响）：指定对前一个关键帧（对进入控制柄而言）或后一个关键帧（对离开控制柄而言）的影响量。

Continuous（连续）：使进入和离开的速度相等，产生一个平滑的过渡。

③单击 OK（确定）按钮来应用设置。

注意

根据所修改速度属性的不同，Keyframe Velocity（关键帧速度）对话框内的单位也有所变化。

Anchor Point（定位点）、Position（位置）：速度_像素/秒。

Mask Shape（遮罩形状）：速度－秒。此值没有单位，如果需要可以使用像素/秒。

Scale（缩放）：速度－百分比/秒。

Rotation（旋转）：速度－度/秒。

Opacity（不透明度）：速度－百分比/秒。

（5）使用漫游关键帧。

使用 After Effects 中的 Roving Keyframes（漫游关键帧）命令，很容易产生经过几个关键帧的平滑运动。

漫游关键帧是指没有被链接到特定时间，其速度和时间是由相邻关键帧决定的关键帧。如果在运动路径中改变相邻关键帧的位置，漫游关键帧的时间将发生变化，漫游关键帧仅对空间属性有效。

漫游关键帧不能是层上第一个关键帧或最后一个关键帧，因为漫游关键帧必须根据前后两个关键帧的插值来计算速度。

如图 3-54 所示为设置漫游关键帧后曲线的形状，左图没有漫游关键帧，其关键帧之间的速度不同，运动效果不平滑；右图设置了漫游关键帧，关键帧之间的速度相同，获得的运动效果非常平滑。

对关键帧使用漫游，操作步骤如下：

①在 Timeline（时间线）窗口或曲线编辑器窗口中选择需要进行漫游设置的关键帧。

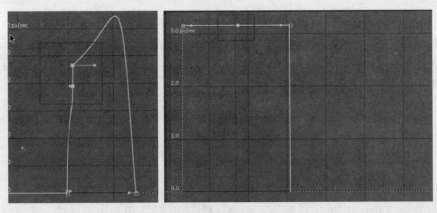

图 3-54

② 执行以下操作之一：

- 在选择的关键帧上单击鼠标右键，从弹出的快捷菜单中选择 Rove Across Time（漫游交叉时间）命令。
- 执行【Animation（动画）】→【Keyframe Interpolation（关键帧插值）】命令，在弹出的对话框的 Roving（漫游）下拉列表中选择 Rove Across Time（漫游交叉时间）命令。

将漫游关键帧转换为普通关键帧，操作步骤如下：

① 左右拖动漫游关键帧，打破自动设置的漫游状态。

② 在 Keyframe Interpolation（关键帧插值）对话框中选择 Lock To Time（锁定时间）选项。

3. 辅助关键帧菜单

【Animation（动画）】→【Keyframes Assistant（辅助关键帧）】菜单，让用户操作关键帧和一些层时能得心应手。

辅助关键帧的 Convert Audio to Keyframes（转换音频到关键帧）命令，能够将音频层的声谱转换为关键帧，让用户可以使用此值根据音乐影响物体，只对音频层有效。

辅助关键帧的 Convert Expression to Keyframes（转换表达式到关键帧）命令，能够将表达式转换为关键帧，让用户可以在其中一帧结束关键帧；而表达式除非经过设置命令停止，否则就要在层持续时间内都生效，只对设置了表达式的属性有效。

辅助关键帧的缓和曲线命令是帮助用户消除属性变化速度的突然变化，从而可以减弱所选关键帧的进入和离开的速度。可以通过拖动控制柄来手动调节关键帧的速度，如果使用辅助关键帧，可以自动完成该工作，提高工作效率。

应用辅助关键帧后，每个关键帧进入和离开的速度为 0，对左右相邻关键帧的影响为 33.33%。也就是说，当靠近关键帧时，对象速度减慢，离开时又缓缓加速，对所有关键帧有效。

Easy Ease（缓和曲线）：减缓进入和离开关键帧的速度。

Easy Ease In（缓和曲线进入）：减缓关键帧的进入速度。

Easy Ease Out（缓和曲线离开）：减缓关键帧的离开速度。

辅助关键帧的 Exponential Scale（指数刻度）命令，能够让用户将 Scale（缩放）动画的每个关键帧间的帧全部打上关键帧，值为动画播放到此帧时的值，只对 Scale（缩放）属性有效。

辅助关键帧的 RPF Camera Import（导入 RPF 摄像机）命令，能够让用户从 RPF 文件中导入摄像机的各种参数，只对 RPF/RLA 文件有效。

辅助关键帧的 Sequence Layers（序列层）命令，与前面讲过的层的自动排序命令相同。

辅助关键帧的 Time Reverse Keyframes（反转关键帧时间）命令，能够让用户反转关键帧在时间线窗口的位置，对所有关键帧有效。

> 💬 **提示**　使用曲线编辑器窗口中的 Edit selected keyframes（编辑选择关键帧）▲ 按钮，也可以完成上述命令的操作。

》》3.2.6　After Effects CS6 的合成

合成是 After Effects CS6 中放置所有动画元件的容纳层，用户也可以将一个合成放到另外的合成中作为层使用，这种情况称之为嵌套。每个合成既可以独立工作，又可以嵌套使用。

1．创建与修改合成

在 After Effects CS6 中，要创建合成后才能开始制作工作。在创建新的合成时，如果没有在 Composition Settings（合成设置）对话框中改变设置，新的合成将使用上一次创建时的设置，也可以在任何时候修改其设置。改变帧速率和像素宽高比会影响最后输出，所以最好一开始就以最终输出的标准来进行设置。

（1）创建合成。

创建合成，按照以下步骤操作：

① 执行【Composition（合成）】→【New Composition（新合成）】命令。

② 在弹出的图 3-55 所示的 Composition Settings(合成设置)对话框中根据需要进行设置。

- Composition Name（合成的名字）：为创建的合成指定名称。在使用时，只需查看其标签即可知该合成图像的内容。如果建立的项目将同时在 Windows 和 Mac OS 上运行，应保证命名兼容两个系统平台。
- Preset（预设）：选择预先设定的影片格式。Adobe 公司为用户提供了从 NTSC、PAL 制式标准电视规格到 HDTV（高清晰度电视）、Film（胶片）等常用的影片格式。用户也可以选择自定义影片格式。
- Width /Height（高/宽）：分别设置合成的宽度和高度。After Effects CS6 以素材的原尺寸显示到 Composition（合成）窗口中，因此在"合成"窗口中可以对素材进行各种编辑操作。为方便编辑，After Effects CS6 给出了帧画面的显示区域和操作区域。画面显示区域在 Composition（合成）窗口的中央，可以通过操作区域对素材进行各种操作，如图 3-56 所示。

> ⚠️ **注意**　如果需要在电视中播放作品，那么高宽值要达到 720×576 像素。

- Lock Aspect Ratio to（锁定外观比）：锁定合成的宽高比。调整一个值时，另外一个值也跟随改变。
- Pixel Aspect Ratio（像素外观比）：设置合成图像像素的宽高比。
- Frame Rate（帧速率）：设置合成的帧速率，即每秒所播放的帧数。
- Resolution（分辨率）：分辨率以像素为单位，它决定了图像的大小，它影响着合成的渲染质量。分辨率越高，其画面质量越好，但渲染的时间会较长，并且对内存的要求也较高。如果影片不是最终输出，可以考虑采用低分辨率输出草稿，这样会提高合成的渲染速度，并降低内存的需求。在右侧的下拉列表中，包括以下 5 个选项：

图 3-55

图 3-56

Full（满分辨率）：渲染合成中的每一个像素。该分辨率可以获得最好的画面质量。

Half（半分辨率）：渲染合成中 1/2 的像素，即图像横的一半和纵的一半。

Third（1/3 分辨率）：渲染合成中 1/3 的像素。

Quarter（1/4 分辨率）：渲染合成中 1/4 的像素。

Custom（自定义）：选择该选项，将弹出如图 3-57 所示的 Custom Resolution（自定义分辨率）对话框，在该对话框中可以自定义渲染分辨率。

- Start Timecode（开始时码）：合成的开始时间。默认情况下合成从 0 秒开始，也可以输入一个时间作为合成的开始时间。
- Duration（持续时间）：设置整个合成的持续时间。
- Background Color（背景颜色）：设置合成的背景颜色，默认为黑色。

(3) 单击 Advanced（高级）标签，将呈现如图 3-58 所示的对话框。

其中的主要选项说明如下：

- Anchor（定位）：设置合成的轴心点。当需要修改合成的尺寸时，轴心点的位置决定了如何显示合成中的影片。新建合成时，该选项处于不可用状态。只有修改合成时，该选项才处于激活状态。
- Preserve frame rate when nested or in render queue（在嵌套和渲染队列中保持当前帧速率）：当前合成嵌套到另外一个合成后或者位于渲染队列的时候，仍然保持原来的帧速率；若取消该复选框，则使用新合成的帧速率。
- Preserve resolution when nested（在嵌套时保持分辨率）：当前合成嵌套到另外一个合成后，仍然保持原来的分辨率；若取消该复选框，则使用新合成的分辨率。
- Shutter Angle（快门角度）：设置运动模糊的视角度。值越大，被镜头抓住的模糊越多，质量越好。
- Shutter Phase（快门相位）：决定运动模糊的方向。
- Render（渲染）：确定在进行三维渲染时使用的渲染插件。

图 3-57 图 3-58

 提示　　用户可以将 Composition Settings（合成设置）对话框中自定义的设置保存起来，以便重复使用。要保存当前设置，选择 Composition Settings（合成设置）对话框 Basic（基本）标签下的 Preset（预设）下拉列表中的 Custom（自定义）项，再单击■按钮，在弹出的如图 3-59 所示的 Choose Name（选择名字）对话框中，输入喜欢的名称后，单击 OK（确定）按钮。以后再使用该设置时直接在 Preset（预设）列表中选择即可。

　　要删除自定义设置，在 Preset（预设）下拉列表中选定该设置后，单击■按钮即可。

　　如果误删了系统预设的项目，可以按住 Alt 键时单击■按钮，所有预设会被重置。

④ 单击 OK（确定）按钮，项目窗口中会出现一个新的合成，同时还将打开一个 Composition（合成）窗口和一个相对应的 Timeline（时间线）窗口。

（2）从"项目"窗口中创建合成。

单击"项目"窗口中的创建合成按钮，可以创建新的合成。

图 3-59

 提示　　将素材直接拖动到"项目"窗口中的"创建新合成"按钮上，After Effects CS6 将自动生成一个与素材尺寸、持续时间、名字、帧速率相同的新合成。

（3）修改合成。

创建合成后，若要对合成的设置进行修改，可按照以下步骤操作：

① 在"项目"窗口中选中需要修改的合成或激活 Composition（合成）窗口。

② 执行【Composition（合成）】→【Composition Settings（合成设置）】命令或使用快捷键 Ctrl+K，在弹出的 Composition Settings（合成设置）对话框中进行修改。

2．合成窗口的设置

Composition（合成）窗口也有许多设置，在前面一章中已经提到了一些，本节将全部介绍 Composition（合成）窗口的设置。Layer（层）窗口和 Composition（合成）窗口是相同的，就不细讲了。但是"克隆工具"、"画笔工具"、"橡皮擦工具"等个别功能只能在 Layer（层）窗口中使用。

（1）设置合成的背景颜色。

Composition（合成）窗口的默认背景颜色是黑色，用户可以随时改变背景的颜色。

当使用嵌套技术时，将一个合成添加到第二个合成，显示的是第二个合成的背景，第一个的背景变为透明；如果要保留第一个合成的背景颜色，在该合成中建立一个固态层作为背景即可。

若要设置合成的背景颜色，操作步骤如下：

① 执行【Composition（合成）】→【Composition Settings（合成设置）】命令，将弹出 Composition Settings（合成设置）对话框，单击【Background Color（背景颜色）】项后的颜色按钮，弹出如图 3-60 所示的 Background Color（背景颜色）对话框。

② 使用鼠标左键单击色块，在弹出的 Color Picker（颜色拾取）面板中选择一种需要的颜色；或单击右侧的吸管按钮再吸取屏幕上的任意颜色，然后单击 OK（确定）按钮。

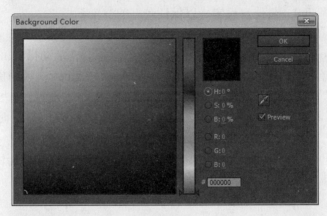

图 3-60

（2）使用线框预览层。

在编辑、移动 Composition（合成）窗口中的对象时，可以使用线框的形式显示各层。单击 Composition（合成）窗口控制区右侧的 Fast Previews（快速预览）按钮，在弹出的快捷菜单中选择 Wireframe（线框），如图 3-61 所示。

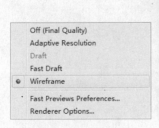
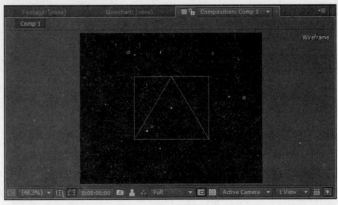

图 3-61

快捷菜单中的选项说明如下：

- Off（关闭）：不使用任何快速预览形式。
- Adaptive Resolution（适应的分辨率）：选择适应的分辨率进行快速预览。
- Draft（草图）：使用草图预览。
- Fast Draft（快速草图）：使用草图快速预览。
- Wireframe（线框）：使用线框快速预览。
- Fast Previews Preferences（快速预览参数设置）：设置快速预览的 OpenGL、Adaptive Resolution limit（动态分辨率）等。

（3）设置合成的分辨率。

单击 Composition（合成）窗口中的分辨率按钮 `Full`，在弹出的下拉列表中可以选择合成的分辨率。分辨率越低，Composition（合成）窗口的刷新速度就越快，工作时占用的内存就越小，但是图像的质量不高；分辨率越高，图像就越清晰。

该设置将影响最终渲染输出的效果。如果是草稿输出，可以选择较低的分辨率；如果是最终输出，建议选择 Full（最佳）设置，以保证较好的渲染效果。

（4）视图选择。

单击 Composition（合成）窗口中的视图 `Active Camera`（活动摄像机）按钮，在弹出的快捷菜单中可以选择不同的视图来观察画面，包括：Active Camera（活动摄像机）、Front（前视图）、Left（左视图）、Top（顶视图）、Back（后视图）、Right（右视图）、Bottom（底视图）、自定义视图 1/2/3 等，如图 3-62 所示。此选项只有在当前合成中有 3D 层时才有效。

（5）视图窗口。

单击 Composition（合成）窗口中的视图窗口 `1 View` 按钮，在弹出的快捷菜单中选择视图窗口的个数及排列位置，如图 3-63 所示。

图 3-62   图 3-63

图 3-63 中视图窗口快捷菜单中的选项说明如下：

1 View：单视图。

2 Views-Horizontal：2 个视图－水平排列。

2 Views-Vertical：2 个视图－垂直排列。

4 Views：4 个视图。

4 Views-Left：4 个视图－左边排列。

4 Views-Right：4 个视图－右边排列。

4 View-Top：4 个视图－顶部排列。

4 Views-Bottom：4 个视图－底部排列。

Share View Options：共享视图选项。

当用户想要选择其中一个视图的时候，单击该视图就可以选中；选中视图后，可以对视图进行"合成"窗口中的所有操作。

（6）修正锁定的边框像素比。

Toggle Pixel Aspect Ratio Correction（修正锁定的边框像素比）█：激活此按钮，可以修正锁定的边框像素比。

（7）激活时间线窗口。

单击 Composition（合成）窗口中的█按钮，可以打开与当前合成相对应的 Timeline（时间线）窗口。

（8）查看流程图。

单击 Composition（合成）窗口中的█按钮，可以打开与当前合成相对应的流程图窗口，如图 3-64 所示。

█（Show Footage 显示素材）：激活此按钮后，在流程图中可以看到素材。

█（Show Solid 显示固体）：激活此按钮后，在流程图中显示固体层。如果█按钮未被激活，此按钮无效果。

█（Show Layer 显示层）：激活此按钮后，在流程图中显示层。如果█按钮未被激活，此按钮无效果。

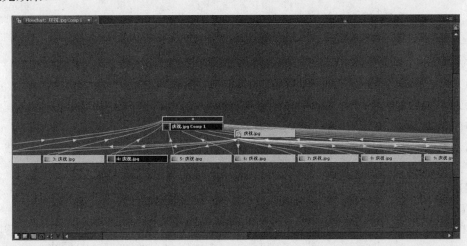

图 3-64

█（Show Effects 显示特效）：激活此按钮后，在使用了特效的层上显示特效名。

█：此按钮决定使用曲线或直线来显示素材间的连接线。

█ █ █：单击此按钮，在弹出的快捷菜单中选择排列方式。

Top to Bottom：从上到下排列。

Bottom to Top：从下到上排列。

Left to Right：从左到右排列。

Right to Left：从右到左排列。

单击窗口右上角的█按钮，弹出如图 3-65 所示菜单列表。使用此菜单中的命令也可以达到上述按钮的作用。

█：单击此按钮，可以激活当前流程图所显示的"合成"窗口，该按钮位于流程图窗口右上角。

（9）曝光度调节。

当使用 32 位色系时，在 Composition（合成）窗口末端会出现图标，在其后有＋0.0 的可调数值，用于调整合成中图像或影片的曝光度。

（10）合成窗口选项菜单。

单击 Composition（合成）窗口右上角的按钮，弹出如图 3-66 所示的菜单列表。

图 3-65

图 3-66

其中的主要选项说明如下：

- View Options（视图选项）：设置合成窗口的视图选项。

- Composition Settings（合成设置）：设置合成。

- Enable Frame Blending（开启帧融合）：开启帧融合功能，和 Timeline（时间线）窗口中的█按钮功能相同。

- Enable Motion Blur（开启运动模糊）：开启运动模糊功能，和 Timeline（时间线）窗口中的█按钮功能相同。

- Draft 3D（3D 草图）：开启 3D 草图功能，开启后视图中不渲染灯光、阴影等效果。和 Timeline（时间线）窗口中的█功能相同。

- Transparency Grid（透明网格）：使用透明网格功能，将黑色透明背景显示为透明。和 Composition（合成）窗口中的█按钮功能相同。

图 3-67

在菜单中选择 View Options（视图选项）命令，将弹出图 3-67 所示的 View Options 对话框。其中的主要选项说明如下：

- Handles（控制柄）：在"合成"窗口中是否显示层的控制柄。

- Effect Controls（特效控制）：在"合成"窗口中是否显示特效控制柄。

- Masks（遮罩）：在"合成"窗口中是否显示遮罩。

- Keyframes（关键帧）：在"合成"窗口中是否显示关键帧。

- Motion Paths（运动路径）：在"合成"窗口中是否显示运动路径。
- Motion Paths Tangents（运动路径切线）：在"合成"窗口中是否显示运动路径上的关键帧控制柄。
- Camera Wireframe（摄像机线框）：在"合成"窗口中是否显示摄像机的线框。
- Spotlight Wireframe（聚光灯线框）：在"合成"窗口中是否显示聚光灯的线框。
- Pixel Aspect Ratio Correction：修正像素边框比。

 注意　选中 Composition（合成）窗口，使用组合键 Ctrl+Alt+U 键，可以弹出 View Options（视图选项）对话框。

（11）嵌套的应用。

嵌套就是将一个完整的合成作为一个素材，加入到另一个合成中。在制作复杂的影片时，可以使用嵌套技术来组织层（使用频率非常高）。利用这种技术，可以制作出多级嵌套，把多个合成放置到其他合成中，然后把该合成再放置到另外的合成中。从而建立了层和合成的分级结构。对于复杂的合成，嵌套是一种简洁的、结构化的工作方式。

 提示　不能将合成添加到自身的合成中。要添加时，可以将合成进行复制，然后再添加到原始的合成上。

3.3　案例表现——翻转动画

接下来，我们来做一个翻转动画的特效，这是比较常用的一种特效。这个特效主要应用了层的 3D 属性，浏览效果如图 3-68 所示。

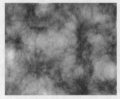  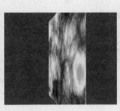 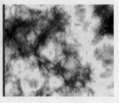

图 3-68

具体操作步骤如下：

① 启动 After Effects CS6，执行【Composition（合成）】→【New Composition（新建合成）】命令，在弹出的 Composition Settings（合成设置）对话框中按照如图 3-69 所示进行设置。单击 OK（确定）按钮。

② 在 Timeline（时间线）窗口的空白位置单击鼠标右键，从弹出的快捷菜单中执行【New（新建）】→【Solid（固体）】命令，在弹出的 Solid Settings（固体设置）对话框中按照如图 3-70 所示进行设置，颜色改为土黄色。单击 OK（确定）按钮。

③ 导入素材。执行【File（文件）】→【Import（导入）】→【File（文件）】命令，在弹出的 Import File（导入文件）对话框中选择需要导入的素材，如图 3-71 所示。单击"打开"按钮。

图 3-69   图 3-70

④ 把"火山.mov"拖到"时间线"窗口中两次，如图 3-72 所示。选中"Deep Orange Solid 1"层，使用快捷键 Ctrl+D 来复制一个层，并将复制好的层放到两个"火山.mov"层之间，改名为"遮挡层"，如图 3-73 所示。

图 3-71

图 3-72

图 3-73

⑤ 在 Timeline（时间线）窗口的空白位置单击鼠标右键，从弹出的快捷菜单中执行【New（新建）】→【Null object（虚拟物体）】命令，如图 3-74 所示。

图 3-74

⑥ 在"时间线"窗口上，把 1~4 层后面的 3D 图层按钮激活，或者在 Timeline（时间线）窗口右击选中这四层，从弹出的菜单中选择 3D Layer（3D 层），将图层效果转换成为 3D 图层，如图 3-75 所示。

图 3-75

⑦ 在 Timeline（时间线）窗口中把 2~4 层的"父子关系"指定给层"Null 1"，如图 3-76所示。

图 3-76

⑧ 对每个图层进行调节。在"时间线"窗口中，分别单击两个"火山.mov"层左侧的 图标，进行如图 3-77 所示的参数设置。

⑨ 将时间标记 定位在 0 秒的位置。在"时间线"窗口中，选中层"Null 1"，并使用快捷键"R"来显示出它的旋转属性，激活 Y Rotation（Y 轴旋转）属性前的关键帧记录器 ，并进行如图 3-78 所示的参数设置，自动生成一个关键帧。

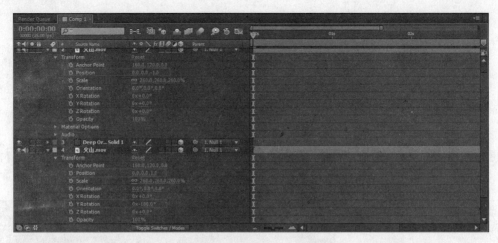

图 3-77

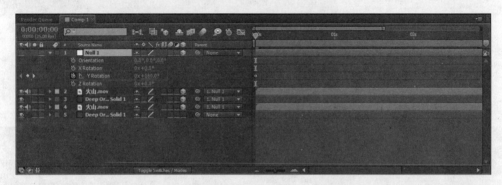

图 3-78

⑩ 将时间标记 定位在 3 秒的位置，进行如图 3-79 所示的参数设置。移动时间标记 到 0 秒 0 帧，按下键盘上的空格键，即可预览动画。

图 3-79

3.4 习题与上机练习

一、填空题

1. 使用 Time Stretch（时间伸缩）命令，可以改变一个素材层、视频层、音频层的_____。

对一个层播放速度的加快或者减慢都称之为_____。

2．Auto Bezier interpolation（自动贝塞尔插值法）在通过关键帧的时候会产生一个_____。当改变自动贝塞尔关键帧参数值的时候，After Effects 将自动调整_____的位置，来保证关键帧之间的平滑过渡。

3．辅助关键帧的_____命令是帮助用户消除属性变化速度的突然变化，从而可以减弱所选关键帧的进入和离开的_____。可以通过拖动_____来手动调节关键帧的速度，如果使用_____，可以自动完成该工作，提高工作效率。

二、简答题

1．After Effects CS6 中如何反转层的播放？

2．怎样用数字的方式来改变素材的速度？

三、上机练习

根据本章实例所讲的左右翻转的方法，自己动手做一个上下翻转的上机练习。同时，读者也可以打开本书配套光盘中本章上机练习中的项目文件或素材文件来进行上机操作。本章上机练习实例的效果图展示如图 3-80 所示。

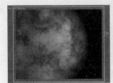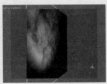

图 3-80

提示

①一定要注意 3D 图层的 Rotation 属性的设置。

②本练习需要加上 spot 灯光，更能突出立体感。

③虚拟层与各素材层之间"父子关系"的设定。

④控制好层的时间的长短，本练习和前面的实例略有不同，前边一层素材变成一条直线后就设置消失，然后第二层素材开始出现，一直到最后，注意转接要自然。

除了用本书所提供的配套素材外，读者做练习时，可以用自己的照片或者其他素材进行制作。做完之后按下键盘上的空格键来预览动画，对照所给的截图来查看是否存在很大的差异。如存在差异，请分析并重新制作该作品；如基本和成片效果接近，请尝试改变参数设置，添加不同的特效，并观察不同参数设置所产生的不同视频效果，以达到触类旁通、举一反三的目的。

第 **4** 章

After Effects CS6 中的运动追踪

- 本章导读
- 要点讲解
- 习题与上机练习

4.1　本章导读

运动追踪在影视特技制作中有着举足轻重的地位，它是根据在一帧中的选择区域匹配像素来追踪后续帧中的运动动画。本章将通过实例的方式对运动追踪的类型进行分析与讲解，从而使读者能轻松地掌握 After Effects CS6 的运动追踪知识。在添加运动追踪后，可以使用 Stabilize Motion（运动稳定器）和 The Smoother（平滑器）进一步调整、设置运动追踪产生的关键帧。

4.2　要点讲解

》》4.2.1　运动追踪的设置

在应用运动追踪时，合成影像中至少有两个层，一个是作为被追踪层；另一个是连接到追踪点的层。

注意　运动追踪只能对影片进行，不能对单帧图片进行追踪。

下面介绍运动追踪的操作及设置：

（1）在 Timeline（时间线）窗口选择需要进行追踪的目标层（被追踪层），执行【Animation（动画）】→【Tracker Motion（轨迹运动）】命令，弹出如图 4-1 所示的面板。

（2）此时将会显示"图层"窗口，在该窗口中出现一个由两个方框和一个十字形组成的对象，该对象为追踪范围框，外方框为搜索区域；内方框为特征区域；十字形为追踪点，如图 4-2 所示。通过设置入点与出点，可以定义运动追踪的时间范围。

图 4-1

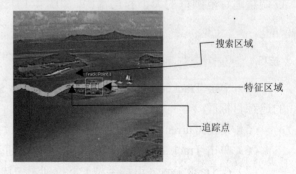

图 4-2

- 搜索区域：定义下一帧的追踪区域。搜索区域的大小与追踪目标的运动速度有关，一般情况下，被追踪目标运动速度越快，搜索区域就越应放大。
- 特征区域：精确定义追踪目标的特征范围。After Effects CS6 记录当前特征区域内的明度、色相、饱和度等信息，在后续关键帧中以个性特征进行匹配追踪。影片的追踪特征一般是在前期拍摄时准备好的，例如，在前期制作拍摄完后，后期就可以使用追踪特征，将一支燃烧的火焰动画连接到追踪点（小岛），这样就可以制作出火焰在运动的镜头，如图 4-3 所示。

图 4-3

● 追踪点：以十字交叉线显示，是追踪范围框和其他层之间的连接点。

（3）在进行运动追踪之前，首先要定义一个追踪范围，追踪范围由搜索区域、特征区域和追踪点构成。根据追踪类型的不同，所出现的追踪范围的数目也不同，但追踪范围框的搜索区域和特征区域都必须位于画面的显示区域之中，搜索区域和特征区域都带有 4 个控制点，通过调节控制点的位置可以调整追踪范围框的大小和长宽比，如图 4-4 所示。

图 4-4

技巧

　　如需移动追踪范围框，将鼠标指针放置在搜索区域和特征区域或特征区域和追踪点之间的空白处拖动鼠标即可。要移动搜索区域、特征区域但不移动追踪点时，按住 Alt 键再拖动特征区域即可。

（4）单击 Tracker（追踪）面板中的 Motion Source（运动来源）下拉按钮，可以改变当前的追踪目标层。

（5）单击 Current Track（当前的轨迹）下拉按钮，可以选择运动轨迹。

（6）单击 Track Type（追踪类型）下拉按钮，弹出下拉列表，选择追踪方式。

（7）在 Track Type（追踪类型）下拉列表中选择 Transform（变换）方式后，下方的 Position（位置）、Rotation（旋转）和 Scale（缩放）复选框被激活。选中 Position（位置）复选框，可以进行位置追踪（单点追踪）；选中 Rotation（旋转）复选框，可以进行旋转追踪（两点追踪），选中 Scale（缩放）复选框，同样可以旋转追踪（两点追踪），如图 4-5 所示。

（8）单击 Edit Target（修改目标）按钮，将弹出如图 4-6 所示的 Motion Target（运动目标）对话框，在该对话框中可以选择连接到追踪点的层。如果需要将追踪点连接到当前层的效果点上，可以选择 Effect Point Control（效果点控制）单选按钮。

Position（位置）

Rotation（旋转）

Scale（缩放）

图 4-5

注意

该单选按钮只能应用于那些具有位置属性的特效。

（9）单击 Tracker（追踪）面板中的 Options（选项）按钮，将弹出如图 4-7 所示的 Motion Tracker Options（运动追踪选项）对话框。

图 4-6

图 4-7

其中的主要选项说明如下：

- Track Name（追踪名称）：为当前追踪轨迹命名。
- Tracker Plug-in（追踪插件）：设定追踪插件用于计算此追踪的追踪数据。依照默认设置，此选项显示 Built-in（内置）。仅使用 After Effects CS6 包含的追踪器。
- Options（选项）：显示追踪器插件选项的对话框，包括追踪器特定选项。内置追踪器插件的选项帮助你精确地调整追踪。
- Channel（通道）：用于确定追踪的比较方法。
- RGB：根据影像的红、绿、蓝 3 个颜色通道进行追踪。
- Luminance（亮度）：在追踪运动区域比较亮度值的差别。
- Saturation（饱和度）：在追踪运动区域查看颜色的饱和程度。
- Process Before Match（在追踪程序前处理）：用于模糊或锐化图像，以增加搜索能力。
- Blur（模糊）：文本框中可以指定进行模糊的像素数，通过模糊可以临时减少素材上的杂点，这样将更有利于追踪特征区域。需要注意的是，模糊仅用于追踪，追踪完毕后，素材恢复原来的清晰度。
- Enhance（提高）：可以锐化图像边界，使其更容易追踪。

- Track Fields（追踪场）：选中该复选框后，将使帧速率加倍，以保证隔行视频的两个视频场都可以追踪。
- Subpixel Positioning（子像素定位）：将特征区域中的像素划分为更小的部分，在帧之间进行匹配，这样获得的追踪精度更高，但需要大量的计算时间。
- Adapt Feature On Every Frame（适应在每一帧上的特征）：在追踪时，能够适应素材特征的变化。如果追踪的对象特征在追踪的过程中改变了形状、颜色或亮度，最好选中这个复选框，以获得更好的追踪效果。
- Adapt Feature If Confidence Is Below_%（如果精确度低于_%）：如果精度低于指定的运动宽容度，则使用惯性推测特征区域的位置。例如，追踪一辆匀速运动的汽车，在某一区域汽车被一物体挡住，After Effects 将根据运动的惯性来推测汽车的位置。
- Continue Tracking（继续追踪）：如果精确度低于_%，继续追踪。
- Stop Tracking（停止追踪）：如果精确度低于_%，则停止追踪。
- Extrapolate Motion（推算运动）：如果精确度低于_%，则推算运动。
- Adapt Feature（适应特征）：如果精确度低于_%，则适应特征来追踪。

（10）设置完毕后，单击 OK（确定）按钮，关闭 Motion Tracker Options（运动追踪选项）对话框。

（11）返回 Tracker Controls（运动追踪）面板，单击 Tracker Controls（追踪控制）面板中的 Analyze（分析）选项下的以下按钮之一：

▶是从当前帧开始往前（结束帧）分析。

◀是从当前帧开始往后（开始帧）分析。

提示：在 Tracker Controls（追踪控制）面板中的 Analyze（分析）选项下还包括▶和◀两个按钮。▶表示向前（结束帧）分析一帧；◀表示向后（开始帧）分析一帧。

（12）配置完追踪参数后，单击 Apply（应用）按钮，将弹出如图 4-8 所示的 Motion Tracker Apply Options（运动追踪应用选项）对话框，单击 OK（确定）按钮应用追踪特效。

其中 Apply Dimensions（应用方向），用于设置追踪图层属性中的 Position（位置）的范围。可选项说明如下：

图 4-8

- X and Y（X 和 Y）：选择该项，追踪图层 Position（位置）属性的 X、Y 轴参数将同时改变。这样可以更准确地追踪对象。
- X only（仅 X）：选择该项，追踪图层 Position（位置）属性中将只对 X 轴进行调整。
- Y only（仅 Y）：选择该项，追踪图层 Position（位置）属性中将只对 Y 轴进行调整。

（13）切换到 Composition（合成）窗口，预览追踪效果。

4.2.2 运动追踪的类型及其实例

运动追踪可以分为以下几种类型：Position（位置）追踪、Rotation（旋转）追踪、Scale（缩放）追踪、Transform（变换）追踪（位置+旋转/缩放）、Parallel Corner Pin（平行边角）追踪和 Perspective Corner Pin（透视边角）追踪。

- Position（位置）追踪：追踪特征区域的位置，可以把一个素材层或某些效果点连接到追踪点上。位置追踪只有一个追踪区域，所以当物体产生倾斜或透视效果时，该追踪不能使连接的素材层发生变化。

- Rotation（旋转）追踪：追踪旋转运动，可以将追踪目标的旋转运动复制到其他层上。旋转追踪具有两个追踪区域，在进行追踪时，两个追踪区域之间的轴线决定了与其连接的素材层的角度。
- Scale（缩放）追踪：追踪物体的放大/缩小，可以将追踪目标的放大/缩小应用到其他层上。
- Transform（变换）追踪（位置+旋转/缩放）：追踪旋转/缩放和位置，具有两个追踪区域，使与其连接的层随着追踪点运动同时沿着指定轴（中心）进行旋转/缩放。
- Parallel Corner Pin（平行边角）：追踪目标层的 3 个点，并以这 3 个点的位置定位出第 4 个点从而构成平行四边形，当这 3 个点移动时，与其连接的层可以变形来模拟倾斜、缩放及旋转。
- Perspective Corner Pin（透视边角）追踪：追踪目标层的 4 个点，是一种最复杂的追踪技术，与其连接的层可以随着 4 个追踪点的变化而模拟出透视变形的效果。

运动追踪这一部分比较难理解，属于 After Effects 的高级使用技术。下面分别以实例来讲解每种运动追踪的使用方法。

1．位置（Position）追踪

操作步骤如下：

① 打开 After Effects CS6 软件。执行【File（文件）】→【Import File（导入文件）】→【Multiple Files（导入多个文件）】命令，将弹出 Import Multiple Files（导入多个文件）对话框，分别导入文件"DV14.AVI"和一组序列图片，如图 4-9 所示。

图 4-9

注意 　　在导入火焰的序列图片时把 Targa Sequence（Targa 序列）复选框选中，这样可以把文件夹内的所有 TGA 图片作为序列图像导入。在单击"打开"按钮后，将弹出如图 4-10 所示的对话框，单击 OK（确定）按钮。

② 将 Project（项目）窗口中的素材"DV14.AVI"选中，然后拖动到窗口下方的 ▣ 按钮上，如图 4-11 所示。这样将按照素材影片的大小新建一个合成。

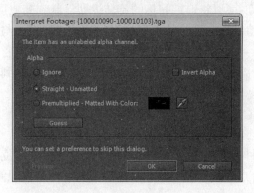

图 4-10 　　　　　　　　　　　　　　　　图 4-11

③ 将 Project（项目）窗口中的序列图片素材拖入 Timeline（时间线）窗口中，如图 4-12 所示。

注意　　做运动追踪动画时，用来替换的素材层尽量比目标层的持续时间长（或相同），或缩短目标层来配合素材层。如果素材层没有目标层的持续时间长，那么追踪应用以后，素材层会突然消失。

④ 在 Timeline（时间线）窗口中将序列图片图层选中，然后将素材成比例缩小，并调整素材的位置，如图 4-13 所示。

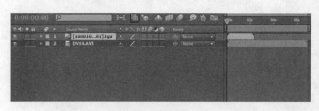

图 4-12 　　　　　　　　　　　　　　　　图 4-13

技巧　　按住 Shift 键并拖动可以按比例缩小。但用户在调整素材大小时，要先将鼠标指针移动到素材的控制点上，按住鼠标右键并拖动鼠标，然后再按住 Shift 键，这样才能成比例缩小素材。如果一开始就将 Shift 键按住将不能对素材进行操作。

⑤ 在 Timeline（时间线）窗口中将"DV14.AVI"选中，执行【Animation（动画）】→【Track Motion（轨迹运动）】命令，这时在 Layer（层）窗口中可以看见追踪范围框，如图 4-14 所示。

⑥ 调整追踪范围框的位置，如图 4-15 所示。

图 4-14   图 4-15

 如果觉得不好寻找，可以将追踪范围框移到所要追踪的对象上以后，再放大"层"窗口来进行细微的调节。

⑦ 单击 Tracker（追踪）面板中的 Edit Target（修改目标）按钮，弹出 Motion Target（运动目标）对话框，在该对话框中将连接到追踪点的层设置为序列图片图层，如图 4-16 所示，然后单击 OK（确定）按钮。

⑧ 在 Tracker（追踪）面板中单击 Analyze（分析）按钮 ，系统进行追踪分析。此时可以看到，追踪范围框随着岛屿的运动开始移动。分析后在 Layer（层）窗口中可以看见追踪的轨迹，如图 4-17 所示。

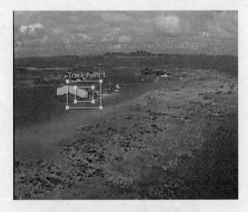

图 4-16   图 4-17

 为使追踪的轨迹更准确，用户可以多试几次以便加强动手能力，同时观察自己所选择的特征区域是否够特殊，当然，用户还可以通过修改关键帧的方式来使追踪轨迹更准确。

⑨ 单击 Tracker（追踪）面板中的 Apply（应用）按钮，将弹出如图 4-18 所示的对话框。这里设置为默认，单击 OK（确定）按钮。

⑩ 切换到 Timeline（时间线）窗口，将追踪轨迹应用到序列图片层的位置属性上，序列图片层的位置属性上将产生大量的关键帧，如图 4-19 所示。

图 4-18   图 4-19

⑪ 切换到 Composition（合成）窗口，单击 Time Controls（时间控制）面板中的"播放"按钮，观看追踪效果，其播放画面如图 4-20 所示。

图 4-20

⑫ 看了上面的效果图，总感觉有点不对，火焰没有完全在小岛上。

⑬ 使用组合键 Ctrl+Z 来撤消应用追踪上一步，选择工具栏中的"平移拖后工具" 。在 Composition（合成）窗口中将火焰的序列图片选中，然后拖动序列图片的中心点，如图 4-21 所示。

⑭ 经过上面的调整后，在 Tracker Controls（追踪）面板中单击 Apply（应用）按钮，在弹出的对话框中单击 OK（确定）按钮。效果如图 4-22 所示。

图 4-21   图 4-22

⑮ 再次播放来观看效果，如图 4-23 所示。

图 4-23

2．旋转（Rotation）追踪

操作步骤如下：

① 执行【File（文件）】→【New（新建）】→【New Project（新建项目）】命令，创建一个新的项目。

② 执行【File（文件）】→【Import（导入）】→【Multiple Files（导入多个文件）】命令，将火焰序列图片导入 Project（项目）窗口，然后再将"时钟.mov"导入 Project（项目）窗口中。

③ 在 Project（项目）窗口中将素材"时钟.mov"选中，然后将其拖动到 Project（项目）窗口下方的创建合成按钮 上，将自动新建一个与素材大小和持续时间相同的合成。

④ 将 Project（项目）窗口中的火焰的序列图片拖入 Timeline（时间线）窗口中，将时间标记 拖动到火焰序列图片持续时间的最后，如图 4-24 所示。

图 4-24

⑤ 按 N 键播放出点，确定合成的持续时间。然后执行【Composition（合成）】→【Trim Comp to Work area】（修剪合成适配工作区域）命令，修剪后的结果如图 4-25 所示。

图 4-25

⑥ 切换到 Composition（合成）窗口中，调整火焰序列图片的位置，如图 4-26 所示。

⑦ 将 Timeline（时间线）窗口中的"时钟"层选中，在 Tracker（追踪）面板中单击 Track

Motion（追踪运动）按钮，激活该对话框中的追踪设置选项。

⑧ 在 Track Type（追踪类型）下拉列表中选择"变换"（Transform）类型，选中 Rotation（旋转）复选框，并清除"位置"（Position）复选框，如图 4-27 所示。

图 4-26

图 4-27

⑨ 在 Layer（层）窗口将会出现两个运动追踪框，如图 4-28 所示。

⑩ 将追踪框 Track Point 1 定位到钟下方蓝银色的小球上，并调整追踪框的搜索区域和特征区域；将追踪框 Track Point 2 定位到钟表盘的银色区域上，调整追踪框的搜索区域和特征区域，如图 4-29 所示。

图 4-28

图 4-29

⑪ 在 Tracker（追踪）面板中单击 Edit Target（修改目标）按钮，在弹出的 Motion Target（运动目标）对话框中将连接到追踪点的层设置为序列图片层，如图 4-30 所示，单击 OK（确定）按钮。

⑫ 单击 Analyze（分析）按钮 ，系统进行追踪分析。同时可以看到追踪框 Track Point 1 将随着钟摆的蓝银色和特征点一起摆动，如图 4-31 所示。

图 4-30

图 4-31

13 单击 Tracker（追踪）面板中的 Apply（应用）按钮，将追踪轨迹应用到火焰序列图片层的旋转属性上，如图 4-32 所示。

图 4-32

14 切换到 Composition（合成）窗口，单击 Time Controls（时间控制）面板中的"播放"按钮，观看追踪效果，如图 4-33 所示。

图 4-33

15 在 Timeline（时间线）窗口中选中序列图片层，按 Ctrl+D 键将该层复制一份，如图 4-34 所示。

图 4-34

16 在合成影像窗口中分别将两个火焰放置到钟的左右两侧，如图 4-35 所示。

17 预览影片，可以看到两个火焰都继承了钟的旋转属性。如果觉得火焰不漂亮，可以自己手动更换一个正方形的形状。

图 4-35

注意

旋转追踪的追踪点固定在第一个特征区域的中心，要调节连接到追踪点层的位置，必须是在应用了追踪后。同样，也可以通过调整层的定位点来改变层的旋转轴心。

3. 缩放（Scale）追踪

操作步骤如下：

1 执行【File（文件）】→【New（新建）】→【New Project（新建项目）】命令，创建一个新的项目。

2 执行【File（文件）】→【Import（导入）】→【Multiple Files（导入多个文件）】命令，导入火焰的序列图片和"DV09.AVI"视频文件。

③ 执行【Composition（合成）】→【New Composition（新建合成）】命令，将弹出 Composition Settings（合成设置）对话框，按照如图 4-36 所示进行设置，然后单击 OK（确定）按钮。

④ 将 Project（项目）窗口中的素材"DV09.AVI"添加到 Timeline（时间线）窗口中。在 Composition（合成）窗口中调整素材的大小，如图 4-37 所示。

图 4-36   图 4-37

⑤ 将火焰序列图片添加 Timeline（时间线）窗口中，如图 4-38 所示。

图 4-38

⑥ 将 Project（项目）窗口中火焰序列图片拖入 Timeline（时间线）窗口中，将时间标记 拖动到火焰序列图片持续时间的最后，如图 4-39 所示。

图 4-39

⑦ 按 N 键播放出点，确定合成的持续时间。然后执行【Composition（合成）】→【Trim Comp to Work area（修剪合成适配工作区域）】命令，修剪后的结果如图 4-40 所示。

图 4-40

⑧ 在 Composition（合成）窗口中调整序列图片的位置，如图 4-41 所示。

⑨ 下面开始制作追踪动画。将火焰序列图片层选中后，在 Tracker（追踪）面板中单击 Track Motion（追踪运动）按钮，然后在面板中按照如图 4-42 所示进行设置。

图 4-41 图 4-42

⑩ 在 Layer（层）窗口中将会出现两个运动追踪框，如图 4-43 所示。调整两个运动追踪框，如图 4-44 所示。

⑪ 将时间标记 拖动到开始位置，在 Tracker（追踪）面板中单击 Analyze（分析）栏的按钮 ，开始进行运动追踪。

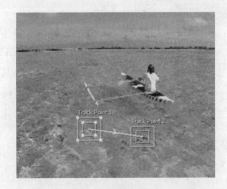

图 4-43 图 4-44

⑫ 在 Tracker（追踪）面板中单击 Edit Target（修改目标）按钮，在弹出的 Motion Target（运动目标）对话框中选择目标图层，如图 4-45 所示。

⑬ 单击 Apply（应用）按钮，将运动追踪特性应用到"火焰序列帧"层的 Scale（缩放）属性中，如图 4-46 所示。

图 4-45

图 4-46

⑭ 单击 Time Controls（时间控制）面板中的"播放"按钮，在 Composition（合成）窗口中就可以看到效果，如图 4-47 所示。

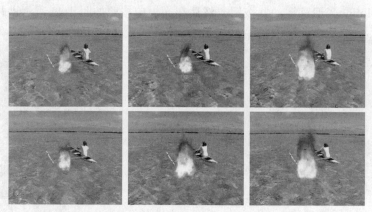

图 4-47

4. 变换（Transform）追踪

变换追踪包括位置、旋转和缩放追踪，这种类型的追踪特别适合于特征区域中包括多种运动的情况。下面以一个实例来学习变换追踪的应用方法。

操作步骤如下：

① 新建一个项目文件。

② 执行【File（文件）】→【Import（导入文件）】→【Multiple Files（导入多个文件）】命令，将"球体.mov"和"DV28.AVI"导入到 Project（项目）窗口中。

③ 将素材"球体.mov"选中，并将其拖动到 Project（项目）窗口下方的"创建合成"按钮 上，创建一个与素材大小和持续时间相同的合成。

④ 如图 4-48 所示，新建固态层，并用"星形遮罩工具"画一个星星。

图 4-48

⑤ 选中固态层，然后选择工具箱中的"平移拖后工具" ，移动素材的中心点，如图 4-49 所示。

⑥ 选中"球体"层，在 Tracker（追踪）面板中单击 Track Motion（追踪运动）按钮，激活该面板中的追踪设置选项。

⑦ 在 Track Type（轨迹类型）下拉列表中选择 Transform（变换）类型，选中下方的 Position（位置）和 Rotation（旋转）复选框，如图 4-50 所示。

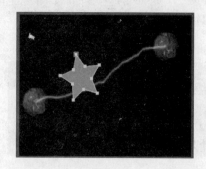

图 4-49

图 4-50

⑧ 在 Layer（层）窗口，将会出现两个运动追踪框，如图 4-51 所示。

⑨ 将追踪框 Track Point 1 定位在左边的球上，将追踪框 Track Point 2 定位在右边的球上，如图 4-52 所示。

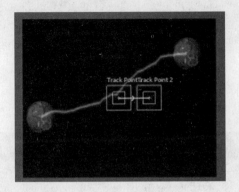

图 4-51

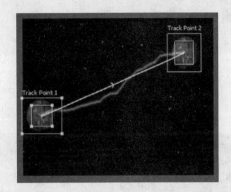

图 4-52

⑩ 单击 Edit Target（修改目标）按钮，在弹出的 Motion Target（运动目标）对话框中，将连接到追踪点的层设置为固态层，如图 4-53 所示。单击 OK（确定）按钮。

⑪ 单击 Options（选项）按钮，在弹出的 Motion Tracker Options（运动追踪选项）对话框中按照如图 4-54 所示进行设置。单击 OK（确定）按钮。

图 4-53

⑫ 在 Tracker（追踪）面板中单击 Analyze（分析）选项区的"分析"按钮，系统进行追踪分析，如图 4-55 所示。

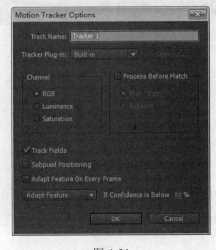

图 4-54

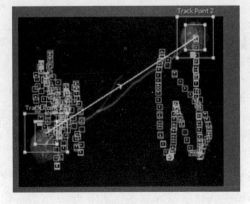

图 4-55

⑬ 分析完毕之后，如果觉得效果可以了，就可以单击 Apply（应用）按钮，弹出如图 4-56 所示的对话框。单击 OK（确定）按钮，将追踪轨迹应用到固态层的位置和旋转属性上，如图 4-57 所示。

图 4-56   图 4-57

⑭ 切换到 Timeline（时间线）窗口中，将"球体"图层隐藏。在 Time Controls（时间控制）面板中单击"播放"按钮，观看追踪效果，如图 4-58 所示。

图 4-58

⑮ 上面的是制作后的效果，看起来似乎比较单调。增加一个背景再观察一下。导入素材 DV28.AVI，然后将其拖到 Timeline（时间线）窗口中，最后在 Time Controls（时间控制）面板中单击"播放"按钮，观看追踪效果，如图 4-59 所示。

图 4-59

⚠ 注意　　由于变换种类"位置+缩放"、"旋转+缩放"、"位置+旋转+缩放"与"位置+旋转"都相同，只是属性不同，在这里就不一一讲述了。

5．平行边角（Parallel corner pin）追踪

平行边角追踪可以追踪素材中的 3 个点，由这 3 个锚点来决定未激活的第四个点的位置。当 3 个点移动时，层模拟倾斜、缩放和旋转等操作，但不能产生透视效果，素材中的两对边永远平行。平行边角追踪和透视边角追踪的操作方法几乎相同，只是不能获得透视效果。如图 4-60 所示，在 Tracker（追踪）面板中的 Track Type（追踪类型）下拉列表中即可选择 Parallel corner pin（平行边角）追踪。

对于平行边角追踪的使用方法，请参见下面的透视边角追踪实例。

图 4-60

6. 透视边角（Parallel corner pin）追踪

Perspective corner pin（透视边角）追踪：追踪目标层的 4 个点，是一种最复杂的追踪技术，与其连接的层可以随着 4 个追踪点的变化而模拟出透视变形的效果。下面以一个小实例来介绍透视边角追踪的应用。

操作步骤如下：

① 新建一个项目。

② 导入"micallef.mov"和"DV09.AVI"。

③ 将"micallef.mov"拖动到 Project（项目）窗口下方的"创建新合成影像"按钮■上，创建一个和素材相同大小相同属性的合成，如图 4-61 所示。

④ 将 Project（项目）窗口中的素材"DV09.AVI"添加到 Timeline（时间线）窗口中，如图 4-62 所示。

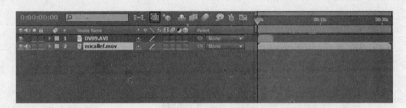

图 4-61   图 4-62

⑤ 将时间标记■拖动到 13 秒 08 帧处，缩短视频素材"micallef.mov"的持续时间，如图 4-63 所示。

图 4-63

⑥ 将视频素材"micallef.mov"向左拖动，与视频素材"DV09.AVI"对齐，将时间标记■移动到视频素材"DV09.AVI"的最后，然后按 N 键，如图 4-64 所示。

图 4-64

⑦ 在 Timeline（时间线）窗口将"micallef.mov"层选中，单击 Tracker（追踪）面板中的 Track Motion（追踪运动）按钮，激活该对话框中的追踪设置选项。

⑧ 在 Track Type（追踪类型）下拉列表中选择 Perspective corner pin（透视边角）类型，如图 4-65 所示。

⑨ 在 Layer（层）窗口中将会出现 4 个运动追踪框，如图 4-66 所示。

图 4-65

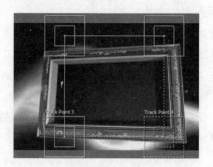

图 4-66

⑩ 调整 4 个追踪框，如图 4-67 所示。

注意

> 在调整追踪框时尽量靠近电视的边缘，跟踪点现在是定位替换素材的四个角的中心。

⑪ 单击 Edit Target（修改目标）按钮，在弹出的 Motion Target（运动目标）对话框中将连接到追踪点的层设置为"DV09.AVI"层，如图 4-68 所示。

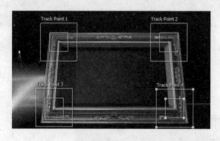

图 4-67

图 4-68

注意

> 正常情况下，Motion Target（运动目标）会自动被锁定为追踪图层上方图层中的素材。如果当前 Timeline（时间线）窗口中有多个视频，用户可以在 Motion Target（运动目标）对话框中选择。

⑫ 在 Tracker（追踪）面板中单击 Analyze（分析）选项区的"分析"按钮，系统进行追踪分析。

⑬ 单击 Tracker（追踪）面板中的 Apply（应用）按钮，将追踪轨迹应用到"DV09.AVI"上，并且在"特效/滤镜/效果"（Effect）参数下还自动添加了一个 Corner Pin（拐角）特效，如图 4-69 所示。

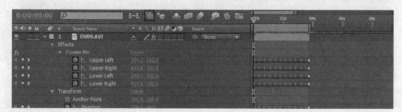

图 4-69

14 切换到 Composition（合成）窗口，单击 Time Controls（时间控制）面板中的"播放"
按钮，观看透视追踪效果，如图 4-70 所示。

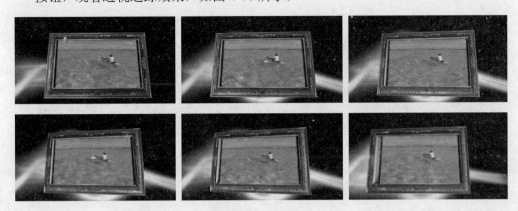

图 4-70

注意　　为了使追踪点层中的素材更好地融入追踪图层素材中，可以根据追踪图层素材来调节一下追踪点层中的素材。

7．运动稳定器（Stabilize Motion）

如果用户所编辑的视频影片是由手持或肩扛摄像机拍摄的，在播放影片时可能会出现镜头晃动的现象。此时可以使用运动稳定器来清除晃动现象。

与运动追踪一样，运动稳定器可以追踪位置、旋转、变换。如果追踪位置，运动稳定器产生层定位点的关键帧，并移动对象的位置。如果追踪旋转，则产生旋转关键帧；如果追踪缩放，则产生缩放关键帧。

使用运动稳定器的步骤操作如下：

① 在 Timeline（时间线）窗口中选择需要使用的素材。

② 单击 Tracker（追踪）面板中的 Stabilize Motion（稳定运动）按钮，激活该面板中的跟踪设置选项。

③ 在 Track Type（追踪类型）下拉列表中选择 Stabilize（稳定）类型，如图 4-71 所示。

④ 根据影片的不稳定因素，执行不同的操作方法，下面列举几种情况：

- Position/Rotation/Scale（位置/旋转/缩放）：追踪影片的位置移动/旋转方向/比例缩放。

- Position+Rotation+Scale、Position+Rotation、Position+Scale、Rotation+Scale（位置+旋转+缩放、位置+旋转、位置+缩放、旋转+缩放）：选中需要的多个复选框，适合于追踪多种不稳定因素的情况。

图 4-71

⑤ 在运动跟踪窗口中定位需要追踪的目标。

⑥ 单击 Options（选项）按钮，定义其他的跟踪设置。

⑦ 单击 Analyze（分析）按钮，对影片开始分析追踪。

⑧ 分析完毕，单击 Apply（应用）按钮，将追踪轨迹应用到影片的属性上，如图 4-72 所示。

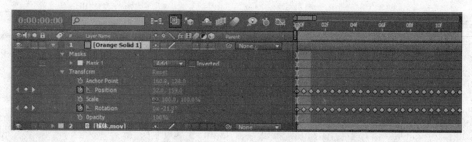

图 4-72

注意　　如果影片层的尺寸与合成影像的尺寸相同，或者比合成影像小，使用稳定运动进行追踪后，层边框可能会显示出来。

≫≫4.2.3　平滑器（The Smoother）

使用 Tracker Motion（运动追踪）或 Motion Sketch（运动勾画）功能会在"时间线"窗口中产生大量的关键帧，给 CPU 造成严重的负荷，造成系统处理速度严重下降，此时可以使用 After Effects CS6 中的 The Smoother（平滑器）工具来简化复杂的关键帧。在平滑关键帧时，根据设置会清除许多的关键帧，这原来的关键帧路径就被会打破，但 After Effects CS6 会自动对每个关键帧应用 Bezier（贝塞尔曲线）插值，来保持原来的关键帧路径。

使用 The Smoother（平滑器）的操作步骤如下：

① 在 Timeline（时间线）窗口中选择至少 3 个以上的关键帧，如图 4-73 所示。

② 执行【Windows（窗口）】→【Smoother（平滑器）】命令，弹出如图 4-74 所示的 Smoother（平滑器）面板。

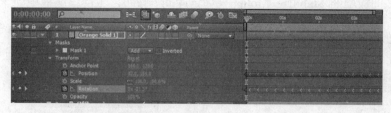

图 4-73

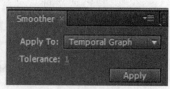

图 4-74

其中的主要选项说明如下：

● Apply To（应用于）：在该下拉列表中有两个选项，表示将指定的平滑器应用到何种轨迹中。

注意　　系统会根据所选择的关键帧属性，自动选择轨迹类型。

Spatial Path（空间运动路径）：如果选择的关键帧是随空间变化的（如位置）。

Temporal Graph（时间曲线图）：如果选择的关键帧是依时间变化的（如透明）。

- Tolerance（容差）：设置平滑的容差度，容差值越高，所产生的曲线越平滑，清除的关键帧就越多，相对的也就有可能会使关键帧路径变形。

③ 单击 Apply（应用）按钮，应用平滑效果，可以看到关键帧明显减少，如图 4-75 所示。

图 4-75

提示　如果属性参数的关键帧太多，调整时会很不方便。在上面我们制作的实例中，如果要调节关键帧的位置，就可以在应用了平滑器以后再进行调节，相对来说就简单很多。

4.3　习题与上机练习

一、填空题

1．After Effects CS6 中运动追踪只能对_____进行，不能对_____进行追踪。

2．在进行运动追踪之前，首先要定义一个_____，追踪范围由_____、_____和_____构成。

3．运动稳定器可以追踪_____、_____、_____。如果追踪位置，运动稳定器产生_____关键帧，移动对象的位置。如果追踪旋转，则产生_____关键帧；如果追踪缩放，则产生_____关键帧。

4．使用 Tracker Motion（运动追踪）或 Motion Sketch（运动勾画）功能会在"时间线"窗口中产生大量的_____，给 CPU 造成严重的负荷，造成系统处理速度严重下降，此时可以使用 After Effects 中的_____工具来简化复杂的关键帧。在平滑关键帧时，根据设置会_____许多的关键帧，这原来的_____就被会打破，但 After Effects 会自动对每个关键帧应用_____插值，来保持原来的关键帧路径。

二、简答题

1．After Effects CS6 中平滑器（The Smoother）的作用是什么？

2．After Effects CS6 中的运动追踪共分为哪几大类？

三、上机练习

读者可以参照下面的提示，打开本书配套光盘中的素材来练习运动追踪的操作应用。也可以打开配套光盘中提供的本章上机练习的项目文件来查看其制作方法。

（1）打开 After Effects CS6，导入所给的跟踪素材和被跟踪素材，如图 4-76 所示。

（2）利用所学的追踪知识，将追踪素材追踪到被追踪素材画面中的某一点上，如图 4-77 所示，追踪素材"烟雾"追踪到被追踪素材画面中的人物像呼吸管上。

图 4-76

提示

①为使追踪的轨迹更准确，用户可以多试几次以加强动手能力，并观察自己所选择的特征区域是否够特殊，当然，用户还可以通过修改关键帧的方式来使追踪轨迹更准确。

②如需移动追踪范围框，将鼠标指针放置在搜索区域和特征区域或特征区域和追踪点之间的空白处拖动鼠标即可。要移动搜索区域、特征区域但不移动追踪点时，按住 Alt 键再拖动特征区域即可。

③做运动追踪动画时，用来替换的素材层尽量比目标层持续时间长（或相同），或缩短目标层来配合素材层。如果素材层没有目标层的持续时间长，那么追踪应用以后，素材层会突然消失。

读者还可以根据本章正文所介绍的几种追踪方式分别进行练习，体会每种追踪方法的不同与特点，以加深理解，从而熟练地掌握追踪技术。

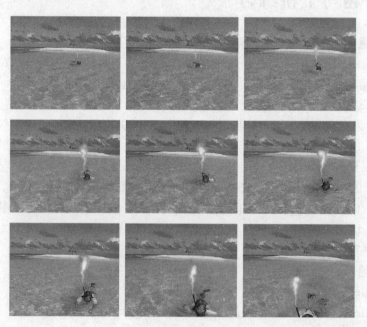

图 4-77

第 **5** 章

After Effects CS6 中的抠像特效

- 本章导读
- 要点讲解
- 案例表现——蓝屏抠像之海洋天空
- 习题与上机练习

5.1 本章导读

本章主要讲解了 After Effects CS6 中的抠像特效 Keying（键控）特效组中各抠像特效的应用方法。在介绍 Keying（键控）特效组中的各特效时，都带有一个小实例，通过各个实例对相应的应用进行了详细的讲解，这样可以让用户在了解特效后，马上应用到实践中，更易于读者记住这些特效的用法。

5.2 要点讲解

≫5.2.1 特效的应用与控制

After Effects CS6 的效果大部分都是由特效的参数变换得来的，所以掌握好各种特效就等于有了丰富的动画来源。

Adobe 公司的众多软件都具有非常简明的界面和易于操作的特点，After Effects CS6 也是如此。在 After Effects CS6 中应用和控制特效非常的容易，可以随心所欲制作出自己想要的效果。

1．特效的应用

如果需要将特效应用到层上，可以执行如下任意一种操作方式：

- 在"时间线"窗口中选中需要施加特效的层，单击 Effect（特效）菜单然后选择需要的特效，就可以应用到层上。
- 在"时间线"窗口中选中需要施加特效的层，双击 Effects&Presets 面板中需要的特效或选中特效后再拖动到"合成"窗口中，就可以应用到层上。

2．特效的控制

为某层应用特效后，After Effects CS6 默认在"项目"窗口的位置会弹出 Effect Controls（特效控制）面板，如图 5-1 所示。在 Effect Controls（特效控制）面板中就可以对特效所有的参数进行调整，调整后的效果会实时显示在"合成"窗口中。

提示　　在"时间线"窗口中选中层后，按键盘上的 F3 键可以弹出 Effect Controls（特效控制）面板。

应用特效后，在"时间线"窗口中单击层编号前方的▶按钮，将展开层的卷展栏。在其中有 Effects（特效）选项，如图 5-2 所示。接着单击各选项前面的▶按钮将继续展开卷展栏，最后就可以对特效的各项参数进行调整。

图 5-1

图 5-2

提示

如果层应用了某种特效，选中层后再按键盘上的 E 键，将在"时间线"窗口中直接弹出特效的卷展栏。

注意

特效渲染的先后顺序是由使用特效的先后顺序（也就是特效在"特效控制"面板中由上到下的排列顺序）决定的，每添加一个新的特效，该特效会出现在上一个特效的下方。用户如需改变特效的渲染顺序，可以在"特效控制"面板中将特效上下拖动，来改变其排列顺序。

我们使用 After Effects CS6 中的特效组 Keying 为素材抠像。Keying 特效组包含了 9 种特效。

5.2.2　Color Difference Key（色差键）

Color Difference Key（色差键）具有非常强大的抠像功能，可将图像分阶段处理并且最终合成在一起。它特别适合处理含有透明区域的图片，如烟雾、阴影、玻璃等。如图 5-3 所示为 Color Difference Key（色差键）特效的参数设置面板。其中的主要选项说明如下：

图 5-3

- View（视图）：切换预览图像窗口的显示，以便调整各预览图。
- Key Color（键控色）：选择需要从图像中删除的颜色。
- Color Matching Accuracy（颜色匹配精度）：设置颜色的匹配精度。选择 Faster 表示匹配的精度低；选择 More Accurate 表示匹配的精度高。

①原始图像：显示未做任何更改的原始图像，以便从中选中需要键出的颜色。

②预览图像：对原始图像做的所有修改都将在此预览。

③图像参数设置：控制图像各部分的属性，在参数设置中凡带有字母 A 的选项将对应⑤中的 A ；在参数设置中凡带有字母 B 的选项将对应⑤中的 B ；在参数设置中凡带有单词 Matte 的选项将对应⑤中的 α 。

- Partial A In Black-Partial A Out White：精确调整 A 的参数。输入黑色参数可以调整透明值，也可以使用黑色吸管；输入白色可以调整不透明值，也可以使用白色吸管；伽马参数控制透明度值与线性级别的密切程度——值为 1 时，级数是线性的，其他值产生非线性级数。

- Partial B In Black-Partial B Out White：精确调整 B 的参数。
- Matte In Black-Matte Gamma：精确调整 Alpha α 的参数。

④ ✐ 键控吸管：从原始图像中选择需要删除的颜色。

✐ 黑色吸管：从原始图像中选择透明区域。

✐ 白色吸管：从原始图像中选择不透明区域。

提示　以上三个吸管可分别对 A B α 进行使用，每次吸取的值将取代前次，不同的预览图不会互相影响，吸取值只影响最终结果。

⑤ 预览图按钮 A B α：选择不同的预览图进行操作。

应用该特效的操作方法如下：

① 执行【File（文件）】→【New（新建）】→【New Project（新建项目）】命令，新建一个项目文件。

② 执行【File（文件）】→【Import（导入）】→【File（文件）】命令，在弹出的 Import File（导入文件）对话框，将 "001.avi" 和 "BA-034.jpg" 同时选中，单击 "打开" 按钮。

③ 在素材导入 Project（项目）窗口后，将素材 "001.avi" 选中，然后将其拖动到窗口下方的 "创建合成" 按钮 上，创建一个与素材大小和持续时间相同的合成。

④ 将素材 "001.avi" 和 "BA-034.jpg" 添加到 Timeline（时间线）窗口中。

⑤ 在 Timeline（时间线）窗口中将素材 "001.avi" 选中，然后在该图层上单击鼠标右键，从弹出的快捷菜单中选择【Effect（效果）】→【Keying（键控）】→【Color Difference Key（色差键）】命令，为该图层添加特效。

⑥ 切换到 Effect Controls（特效控制）面板，将 Key Color（键控色）设置项中的 按钮选中，然后单击原始图像中的绿色，如图 5-4 所示。之后再按照如图 5-5 所示来设置其他参数。

⑦ 设置完成后，"合成" 窗口就会变为如图 5-6 所示。

图 5-4

图 5-5

图 5-6

⑧ 最终效果如图 5-7 所示。

图 5-7

5.2.3　Color Key（色键）

此特效能键出图像中所有与指定键出颜色相近的颜色。如图 5-8 所示为 Color Key（色键）特效的参数设置面板。其中的主要选项说明如下：

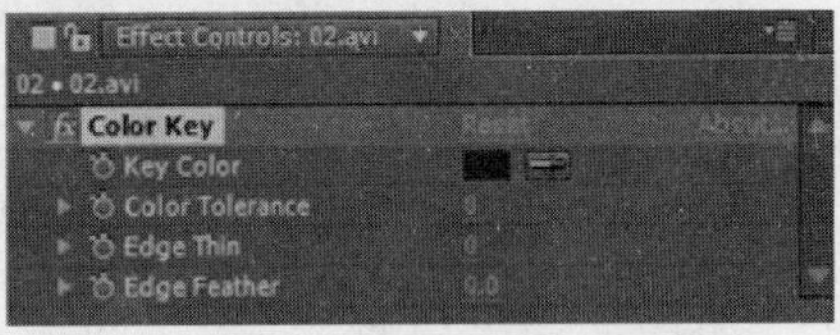

- Key Color（键控色）：从图像选择需要透明的颜色。

图 5-8

- Color Tolerance（色彩容差）：指定与键出颜色匹配的颜色精度。该值越高，键出的颜色范围就越大；该值越低，只有与键出颜色非常接近的颜色才被键出。
- Edge Thin（边缘宽度）：控制键出区域的边界。正值表示边界在透明区域外，即扩大透明区域；负值表示减少透明区域。
- Edge Feather（羽化边缘）：设置键出区域边界的羽化程度。

应用该特效的操作方法如下：

① 新建一个项目文件。执行【File（文件）】→【Import（导入）】→【File（文件）】命令，在弹出的 Import File（导入文件）对话框，将素材 "02.avi" 和 "BA-068.jpg" 同时选中，然后单击 "打开" 按钮。

② 从 Project（项目）窗口中将素材 "BA-068.jpg" 选中，拖动到窗口下方的 "创建合成" 按钮 图 上，创建一个与素材大小和持续时间相同的合成。

③ 单击 Timeline（时间线）窗口中的 "BA-068.jpg" 层，单击鼠标右键并从弹出的快捷菜单中选择【Effect（效果）】→【Color Correction（色彩校正）】→【Hue/Saturation（色调/饱和度）】命令，在 Effect Controls（特效控制）面板中按照如图 5-9 所示进行设置。

④ 将素材 "02.avi" 添加到 Timeline（时间线）窗口中，在该图层上单击鼠标右键，从弹出的快捷菜单中选择【Effect（效果）】→【Keying（键控）】→【Color Key（色键）】命令，在 Effect Controls（特效控制）面板中单击 Color Key（键控色）设置项中的 按

钮，然后单击 Composition（合成）窗口中视频的黄色，并进行设置，如图 5-10 所示。

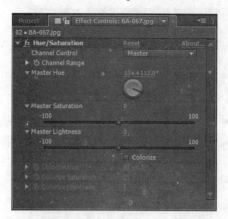

图 5-9 图 5-10

5 单击"02.avi"图层，在其 Effect Controls（特效控制）面板中使用组合键 Ctrl+V，将
Hue/Saturation（色调/饱和度）粘贴到该图层。最终效果如图 5-11 所示。

图 5-11

▶▶5.2.4 Color Range（颜色范围）

此特效可以在 Lab、YUV 或 RGB 色彩空间中键出指定的颜色范围，从而产生透明区域。
Color Range（颜色范围）常用于前景与背景颜色相差较大，并且背景颜色不单一的图像。如

图 5-12 所示为 Color Range（颜色范围）特效的参数设置面板。其中的主要选项说明如下：

- 键控吸管 ▨：从图中单击来吸取需要键出的颜色。
- 加吸管 ▨：增加键控颜色范围。
- 减吸管 ▨：减少键控颜色范围。
- Fuzziness（模糊）：控制边界的柔化程度。
- Color Space（色彩空间）：选择键控基于何种色系。Lab 基于亮度变化，即绿红色轴和蓝黄色轴；YUV 是欧洲电视标准，包括一个亮度信号和两个色差信息；RGB 是红、绿、蓝通道。
- Min/Max（最小/最大）：精确调节颜色范围的起点（最小）和终点（最大）的颜色。

应用该特效的操作方法如下：

① 新建一个项目文件。执行【File（文件）】→【Import（导入）】→【File（文件）】命令，导入文件 "BA-032.jpg" 和 "03.avi"。

图 5-12

② 将素材 "03.avi" 拖动到 Project（项目）窗口下方的"创建合成"按钮 ▨ 上，创建一个与素材大小和持续时间相同的合成。

③ 将图片素材 "BA-032.jpg" 添加到 Timeline（时间线）窗口中，如图 5-13 所示。

图 5-13

④ 在 Timeline（时间线）窗口中的 "03.avi" 层上单击鼠标右键，从弹出的快捷菜单中选择【Effect（效果）】→【Keying（键控）】→【Color Range（颜色范围）】命令。

⑤ 在 Effect Controls（特效控制）面板中单击键控吸管 ▨，然后在 Composition（合成）窗口中单击视频中的洋红色，如图 5-14 所示。

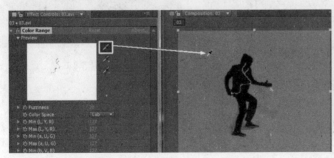

图 5-14

⑥ 将时间标记 ▨ 向后拖动，在 Composition（时间线）窗口中可以看到还有一些洋红色，这时可以选择加吸管 ▨，再单击视频中的洋红色，如图 5-15 所示。

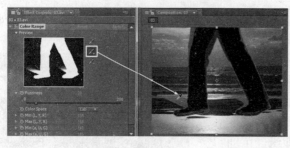

图 5-15

⑦ 经过上述操作后，视频中大部分的洋红色被删除，但可以看见舞者边缘还有一些。这时可以设置 Fuzziness（模糊）参数继续对视频进行调整，最终效果如图 5-16 所示。

图 5-16

>>> 5.2.5　Difference Matte（差异蒙版）

此特效将原始层和差别层进行比较，然后在原始层上抠出与差别层位置和颜色相同的区域，建立透明区域。利用该特效可以有效地去除运动物体后面的背景。如图 5-17 所示为 Difference Matte（差异蒙版）特效的参数设置面板。其中的主要选项说明如下：

图 5-17

- View（视图）：选择在"合成"窗口中显示的视图，以便观察键出情况。
- Difference Layer（差异层）：选择和原层进行颜色对比的层。
- If Layer Sizes Differ（如果层尺寸不一致）：如果差异层比原层小，可以选择拉伸差异或让差异层居中。
- Matching Tolerance（匹配容差度）：设置该值进行对比键出，值越大受影响的图像就越多。
- Matching Softness（匹配柔和度）：设置图像的柔和度。
- Blur Before Difference（差异前模糊）：在比较前对两个图层进行模糊处理，清除图像中的一些杂点，将不会影响最后的输出结果。

例如：打斗戏的拍摄。拍摄演员在场景中打斗，可以将摄像机固定拍摄一段前景。打斗完毕后，不要移动摄像机，然后再拍摄一段静止的场景。在后期制作时，通过静止的场景图像作为对比层，可以使用 Difference Matte（差异蒙版）将背景图像抠出，最后留下的就只有演员了。

注意　此特效非常适合于场景内物体颜色都较多的图像。

应用该特效的操作方法如下：

① 新建一个项目文件，导入素材"BA-008.jpg"和"04.avi"，如图 5-18、图 5-19 所示。

图 5-18

图 5-19

② 将素材"04.avi"拖动到 Project（项目）窗口下方的"创建合成"按钮 上，创建一个与素材大小和持续时间相同的合成。

③ 将图片素材"BA-008.jpg"添加到 Timeline（时间线）窗口中，如图 5-20 所示。

图 5-20

④ 在 Timeline（时间线）窗口中的"04.avi"图层上单击鼠标右键，从弹出的快捷菜单中选择【Effect（效果）】→【Keying（键控）】→【Difference Matte（差异蒙版）】命令。

⑤ 在 Effect Controls（特效控制）面板的 Difference Layer（差异层）下拉列表中选择图片素材层，如图 5-21 所示。

图 5-21

图 5-22

⑥ 经过步骤 5 的操作后，视频中大部分的紫色被消除。继续对 Effect Controls（特效控制）面板中的参数进行设置，如图 5-22 所示。最终效果如图 5-23 所示。

图 5-23

▶▶5.2.6　Extract（抽取）

此特效能够抽取单个通道的颜色使其透明。如图 5-24 所示为 Extract（抽取）特效的参数设置面板。其中的主要选项说明如下：

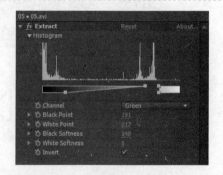

图 5-24

- Histogram（柱形图）：从暗到亮显示各个等级的像素数量。
- Channel（通道）：选择要抽取的通道，当选择通道后，Histogram（柱形图）将显示当前通道的图形。
- Black Point（黑点）：设置黑点数量，使小于黑点的像素透明。
- White Point（白点）：设置白点数量，使小于白点的像素不透明。
- Black Softness（黑色柔度）：调节暗色区域的柔和度。
- White Softness（白色柔度）：调节亮色区域的柔和度。
- Invert（反相）：反转颜色抽出区域。

该特效的操作方法如下：

① 新建一个项目文件，导入 "BAA-016.jpg" 和 "05.avi"。

② 将"05.avi"视频选中，然后将其拖动到 Project（项目）窗口下方的"创建合成"按
钮 上，创建一个与素材大小和持续时间相同的合成。

③ 将素材"BAA-016.jpg"拖入 Timeline（时间线）窗口
中，如图 5-25 所示。

④ 在"05.avi"图层上单击鼠标右键，从弹出的快捷菜
单中选择【Effect（效果）】→【Keying（键控）】→
【Extract（抽取）】命令，为该图层添加特效。

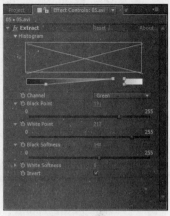

图 5-25　　　　　　　　　　　　　　　　图 5-26

⑤ 在 Effect Controls（特效控制）面板中按照如图 5-26 所示进行设置。最终效果如
图 5-27 所示。

图 5-27

>>>5.2.7　Inner/Outer Key（内/外键）

此特效需要使用遮罩来定义内边缘和外边缘，再根据内外遮罩进行图像差异比较，从而
键出对象。利用该特效能将纤细的头发从背景中键控出来。如图 5-28 所示为 Inner/ Outer Key
（内/外键）特效的参数设置面板。其中的主要选项说明如下：

- Foreground（Inside）（内前景）：为特效选择内边缘的前景遮罩。
- Additional Foreground（附加前景）：指定更多的前景遮罩。对于复杂的画面，可以不断添加遮罩，进行不同区域的键出。
- Background（Outside）（外背景）：为特效选择外边缘的背景遮罩。
- Additional Background（附加背景）：指定更多的背景遮罩。
- Single Mask Highlight Radius（单一遮罩加亮半径）：仅使用一个遮罩时，通过调整该参数可以扩展遮罩的范围。
- Cleanup Foreground（清除前景）：根据指定的遮罩路径，清除前景色。可以指定多个遮罩路径进行清除设置。

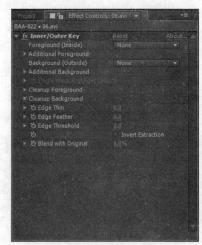

图 5-28

- Cleanup Background（清除背景）：根据指定的遮罩路径，清除背景色。可以指定多个遮罩路径进行清除设置。
- Edge Thin（边界减淡）：对键出后的边界进行减淡操作，让图像不至于太生硬。
- Edge Feather（边界羽化）：对键出后的边界进行羽化。
- Edge Threshold（边界极限）：控制键出边界阈值。
- Blend with Original（混合原图）：控制原图像与键出后的图像间的混合百分比。

应用该特效的操作方法如下：

① 新建一个项目文件，导入"BAA-022.jpg"和"06.avi"。
② 将 Project（项目）窗口中的素材"06.avi"拖动到 Project（项目）窗口下方的"创建合成"按钮上，创建一个与素材大小和持续时间相同的合成。
③ 将图片素材"BAA-022.jpg"拖入 Timeline（时间线）窗口中，如图 5-29 所示。

图 5-29

④ 选择工具箱中的"钢笔工具"，在 Composition（合成）窗口中绘制一个图形，如图 5-30 所示。
⑤ 在"06.avi"层上单击鼠标右键，从弹出的快捷菜单中选择【Effect（效果）】→【Keying（键控）】→【Inner/Outer Key（内/外键）】命令。
⑥ 在 Effect Controls（特效控制）面板中，按照如图 5-31 所示进行设置。在 Composition（合成）窗口中可以看到最终效果，如图 5-32 所示。

图 5-30

图 5-31

图 5-32

5.2.8　Linear Color Key（线性颜色键）

此特效能够根据 RGB、Hue（色调）和 Chroma（饱和度）信息与所指定的键控颜色进行比较来创建透明效果。如图 5-33 所示为 Linear Color Key（线性颜色键）特效的参数设置面板。其中的主要选项说明如下：

- 键控吸管：从图像中吸取键控色。
- 加吸管：为键控色增加颜色范围。
- 减吸管：减少键控色的颜色范围。
- Preview（预览）：显示在左边的是原始图像，在右边的为 View（视图）下拉列表中选择的视图。
- View（视图）：选择出现在右预览窗口中的视图。
- Key Color（键控色）：选择需要键出的颜色。
- Match Colors（匹配颜色）：指定键控色的颜色空间。
- Matching Tolerance（匹配容差度）：控制透明颜色的容差度。较低的数值产生的透明少，较高的数值产生的透明多。

图 5-33

- Matching Softness（匹配柔和度）：调整透明区域与不透明区域之间的柔和程度。
- Key Operation（键控运算）：指定键控色的类型，选择键出或者保留。

应用该特效的操作方法如下：

① 新建一个项目文件，导入"BAA-018.jpg"和"07.avi"。
② 将视频素材"07.avi"拖动到 Project（项目）窗口下方的"创建合成"按钮上，创建一个与素材大小和持续时间相同的合成。

139

③ 将图片素材"BAA-018.jpg"拖入 Timeline（时间线）窗口中。

④ 在"07.avi"层上单击鼠标右键，从弹出的快捷菜单中选择【Effect（效果）】→【Keying（键控）】→【Linear Color Key（线性颜色键）】命令，为该图层添加一个特效。

⑤ 单击 Effect Controls（特效控制）面板中的 ✒ 键控吸管，然后单击 Composition（合成）窗口中视频素材的黄色，如图 5-34 所示。

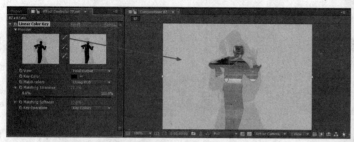

图 5-34

⑥ 在如图 5-34 所示的效果图片中，可以看到人物的边缘上还有黄色。下面就为视频除去这些黄色。

⑦ 在 Timeline（时间线）窗口中的"07.avi"图层上单击鼠标右键，从弹出的快捷菜单中选择【Effect（效果）】→【Color Correction（色彩校正）】→【Hue/Saturation（色相/饱和度）】命令，然后在 Effect Controls（特效控制）面板中按照如图 5-35 所示进行设置即可。

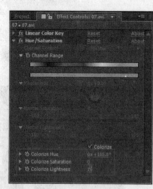

图 5-35

▶▶5.2.9　Luma Key（亮度键）

此特效可以键出与选择类型相近的信息。如图 5-36 所示为 Luma Key（亮度键）特效的参数设置面板。其中的主要选项说明如下：

- Key Type（键出类型）：选择键出类型。
- Threshold（阈值）：指定键出的亮度值。
- Tolerance（容差）：指定键出亮度的容差度。
- Edge Thin（边界减淡）：调节遮罩的边界。正值扩大透明区域，负值减少透明区域。
- Edge Feather（边界羽化）：指定键出区域边缘的柔和度。

图 5-36

应用该特效的操作方法如下：

① 新建一个项目文件，导入视频文件"09.avi"。

② 执行【Composition（合成）】→【New Composition（新建合成）】命令，或使用组合键 Ctrl+N。在弹出的 Composition Settings（合成设置）对话框中按照如图 5-37 所示进行设置。单击 OK（确定）按钮。

③ 将 Project(项目)窗口中的素材"09.avi"拖入 Timeline(时间线)窗口中，在 Compositions（合成）窗口中设置视频素材的大小，如图 5-38 所示。

图 5-37

图 5-38

④ 在 Timeline（时间线）窗口中的"09.avi"上单击鼠标右键，从弹出的快捷菜单中选择【Effect（效果）】→【Keying（键控）】→【Luma Key（亮度键）】命令，然后在 Effect Controls（特效控制）面板中按照如图 5-39 所示进行设置。在 Composition（合成）窗口中可以看到效果，如图 5-40 所示。

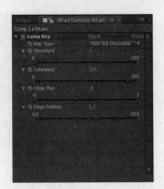

图 5-39

图 5-40

⑤ 下面为视频添加一个背景，导入"BA-112.jpg"，然后将其添加到 Timeline（时间线）窗口中，如图 5-41 所示。最终效果如图 5-42 所示。

图 5-41

图 5-42

>>5.2.10   Spill Suppressor（溢出抑制）

如图 5-43 所示为 Spill Suppressor（溢出抑制）特效的参数设置面板。其中的主要选项说明如下：

- Color To Suppress（抑制的颜色）：选择溢出颜色。
- Color Accuracy（颜色精度）：选择溢出的精度方式。
- Suppression（抑制）：设置抑制的值。

应用该特效的操作方法如下：

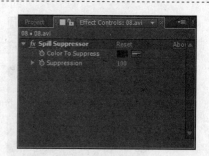

图 5-43

① 新建一个项目文件，导入视频素材文件 "08.avi"。

② 将 Project（项目）窗口中的素材 "08.avi" 直接往 Timeline（时间线）窗口处拖动，这样同样可以创建一个与素材大小相同的合成。

③ 在 Timeline（时间线）窗口的图层上单击鼠标右键，从弹出的快捷菜单中选择【Effect（效果）】→【Keying（键控）】→【Spill Suppressor（溢出抑制）】命令，为图层添加一个特效。

④ 在 Effect Controls（特效控制）面板中单击 Color To Suppress（抑制的颜色）设置项下的 ，然后单击 Composition（合成）窗口视频中的紫色，如图 5-44 所示。可以看到图像的背景色发生了变化。

图 5-44

5.3 案例表现——蓝屏抠像之海洋天空

本节将利用上面所介绍的知识，讲解在 After Effects CS6 中抠像的方法。本实例是将海洋的天空替换为流动的蓝天白云。

➤➤5.3.1 添加素材文件

具体操作步骤如下：

① 运 行 软 件 After Effects CS6， 执 行【Composition （ 合 成 ）】 →【 New Composition（新建合成）】命令，或使用组合键 Ctrl+N 键，在弹出的 Composition Settings（合成设置）对话框中按照如图 5-45 所示进行设置。单击 OK（确定）按钮。

② 执行【File（文件）】→【Import（导入）】→【File（文件）】命令，或使用组合键 Ctrl+I，在弹出的 Import File（导入文件）对话框中选择"DV11.AVI"和"5.AVI"素材，素材如图 5-46 所示。

图 5-45

图 5-46

③ 单击"打开"按钮，这时素材会自动添加到 Project（项目）窗口中，在"项目"窗口将两个素材选中并拖动到 Timeline（时间线）窗口中，如图 5-47 所示。

图 5-47

操作步骤如下：

① 在 Timeline（时间线）窗口中选中"DV11.AVI"，执行【Effect（特效）】→【Keying（键控）】→【Keylight1.2（键控光）】命令，在 Effect Controls（特效控制）面板中按照如图 5-48 所示进行设置，此时效果如图 5-49 所示。

图 5-48

图 5-49

② 执行【Effect（特效）】→【Generate（生成）】→【Lens Flare（镜头光晕）】命令，在 Effect Controls（特效控制）面板中按照如图 5-50 所示进行设置，此时效果如图 5-51 所示。

图 5-50

图 5-51

③ 在 Timeline（时间线）窗口中选中"DV11.AVI"图层，按 E 键展开其特效属性，再单击 Lens Flare（镜头光晕）特效前面的 ▶ 按钮，将时间标记 ▊ 定位在 0 秒 0 帧处，然后在展开的特效属性中选择 Flare Center（光晕亮度）属性，单击前面的 ▊ 按钮，添加一个关键帧，然后按照如图 5-52 所示进行设置。

图 5-52

④ 定位时间标记 ▊ 在 3 秒 24 帧，将 Flare Center（光晕亮度）属性按照如图 5-53 所示进行设置。

图 5-53

⑤ 按键盘上的空格键来准备预览动画，随后便在内存中预演动画，预演完成后就会自动播放，其播放画面如图 5-54 所示。

图 5-54

5.4 习题与上机练习

一、填空题

1. After Effects 的效果大部分都是由特效的_____得来的，所以掌握好各种特效就等于有了丰富的动画来源。

2．特效渲染的先后顺序是由_____的先后顺序决定的，每添加一个新的特效，该特效会出现在上一个特效的_____。用户如需改变特效的渲染顺序，可以在"特效控制"面板中将特效上下拖动，改变_____。

3．Difference Matte（差异蒙版）将_____和_____进行比较，然后在原始层上抠出与差别层_____和_____相同的区域，建立_____区域。利用该特效可以有效地去除运动物体_____。

二、简答题

1．根据本章所讲的内容，简述一下 Color Difference Key（色差键）特效的使用方法。

2．After Effects CS6 中如何进行特效的控制？

三、上机练习

本上机练习主要是利用键控特效组来替换背景图。读者可利用本书配套光盘里的视频素材进行抠像练习，也可以找一些如图 5-55 所示的具有大面积纯色背景的视频素材，利用本章所学，用不同的抠像方法进行抠像。如果有条件的话，可以用视频拍摄设备以纯色为背景自己去拍摄一段视频，然后进行抠像练习。

图 5-55

一定要将每个抠像方法都进行练习，并且一定要把背景抠干净。如果比较难抠的话，可以将几种方法配合使用，以使抠像效果达到最佳程度。

第 6 章

After Effects CS6 中的遮罩技术

- 本章导读
- 要点讲解
- 案例表现——替换天空
- 习题与上机练习

6.1 本章导读

遮罩是在后期合成中不可或缺的部分，本章将为读者介绍 After Effects CS6 中的遮罩功能。首先是对透明度与遮罩的关系进行介绍，然后对遮罩的概念与类型，以及如何创建与编辑遮罩进行深入的讲解，使读者能更深层次地掌握遮罩技术。

6.2 要点讲解

6.2.1 关于图层的透明度

在 After Effects CS6 中，当素材层的某部分透明时，透明信息被存放在 Alpha 通道中。当层的 Alpha 通道不能满足需要时，可以使用遮罩、蒙版、键控来显示或隐藏层的不同部分，也可以通过组合层来达到某种视觉效果。应用层模式来控制颜色的强度、透明度或亮度，使用一个层的颜色通道信息可在另一个层上产生效果，利用层及遮罩的组合，使用这些方法可以产生各种类型的效果。

1．透明度的类别与来源

通过将不同的画面叠加在一起可产生透明效果，位于上方的每幅画面都有透明的部分。注意，透明这个词在不同的媒体和软件中的叫法不同。

After Effects CS6 通过专业术语来描述透明区域。

Alpha 通道：一个包含在层或素材中，用来定义透明区域的不可见通道。对于输入的素材，Alpha 通道提供了在一个文件中既能存储素材文件，又能存储透明度信息的方法，而且不干扰素材的颜色通道。在 After Effects CS6 中，每个层都提供了一个 Alpha 通道。

当使用含有 Alpha 通道的素材时，Alpha 是 4 个通道中的一个，是 8 位或 16 位的通道，其余 3 个通道是视频素材的 Red（红）、Green（绿）、Blue（蓝）通道，也是 8 位或 16 位。当一个素材中包含有 Alpha 通道时，它的图像被定义为共含有 32 位或 64 位，或者使用 Millions of Colors+ 或 Trillions of Colors+ 来表示。一个 Alpha 通道和视频合成中的抠像有相同的功能，都是用来描述图像中的透明区域。

2．透明度与遮罩的应用

Mask（遮罩）：一个路径或轮廓图，用于修改层的 Alpha 通道。当要在 After Effects 中画出透明区域时，就需要使用遮罩。遮罩属于一个特殊的层，但是每个层又可以包含多个遮罩。

Matte（蒙版）：是一个层或层上的任意通道，用来定义该层或其他层的透明区域。当有了一个通道或一个层时，或者素材中不包含 Alpha 通道时，使用蒙版来定义透明区域比使用 Alpha 通道所获得的效果要好。

Keying（键控）：通过图像中所包含的特殊颜色（颜色键控）或亮度值（亮度键控）来定义透明区域。使用键控可以删除单一颜色的背景，如蓝色背景。

>>>6.2.2 遮罩的产生

在 After Effects CS6 中，可以为每个层建立一个或多个遮罩。在 Composition（合成）窗口和 Timeline（时间线）窗口中，可以建立和查看遮罩，在 Timeline（时间线）窗口中可以设置遮罩的属性，通过遮罩路径上的控制点，还可以为遮罩的形状建立动画。

1. 查看遮罩的方法

有以下几种方法。

（1）在 Composition（合成）窗口中查看遮罩。

单击 Composition（合成）窗口右上角的选项按钮▤，从弹出的菜单中选择 View Options（视图选项）命令，在弹出的 View Options（视图选项）对话框中，将 Masks（遮罩）复选框选中，如图 6-1 所示。

（2）在层窗口中查看遮罩。

单击层窗口的 View（视图）下拉列表，从弹出的菜单中选择 Masks（遮罩）或 Anchor Point Path（定位点路径）命令，如图 6-2 所示。

（3）管理层的多个遮罩。

当在一个层上建立多个遮罩后，遮罩的名称将按照建立的顺序出现在"层"窗口的 Target（目标）下拉列表中，如图 6-3 所示。

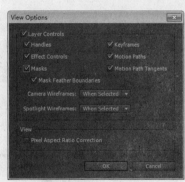

图 6-1

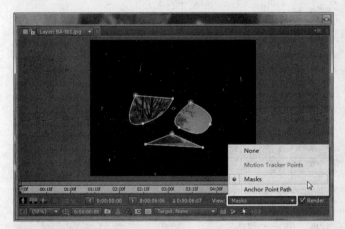

图 6-2

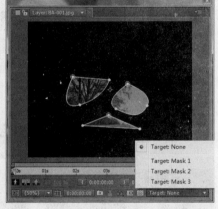

图 6-3

当在层上建立新遮罩时，必须在 Target（目标）列表中选择 None（无）。否则，新建立的遮罩会把 Target（目标）列表中选中的遮罩替换掉。

2. 遮罩的类型

在 After Effects CS6 中可以创建以下几种遮罩：

● Rectangle（矩形）：遮罩的形状为矩形，也可以是方形。

● Ellipse（椭圆）：遮罩的形状为椭圆形，也可以绘制成正圆形。

● Rounded Rectangle（圆角矩形）：遮罩的形状为圆角矩形，也可以绘制成圆角正方形。

● Polygon（多边形）：遮罩的形状为多边形。

● Star（星形）：遮罩的形状为星形。

- Bezier（贝塞尔曲线）：使用"钢笔工具"绘制的路径遮罩，可以建立任意形状的遮罩。
- RotoBezier（曲线）：选择工具栏中的"钢笔工具"，并选中工具栏左下角的 RotoBezier（曲线）复选框，在 Composition（合成）窗口中单击确立遮罩的开始点，然后单击并拖动鼠标来自由移动控制点的位置，可以创建出 RotoBezier（曲线）类型的遮罩。RotoBezier（曲线）与 Bezier（贝塞尔曲线）遮罩不同的是，Bezier（贝塞尔曲线）通过曲线控制柄来确定遮罩弯角处的曲率，而 RotoBezier（曲线）以控制点的位置来自动调整路径的形状。

如图 6-4 所示为 7 种不同类型的遮罩（矩形、椭圆形、圆角矩形、多边形、星形、贝塞尔曲线、曲线）。

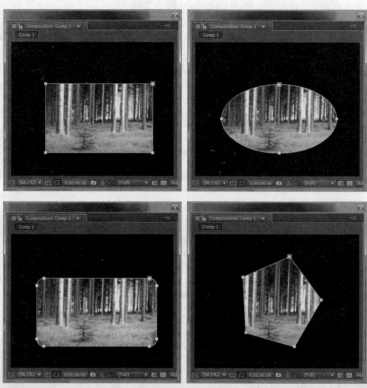

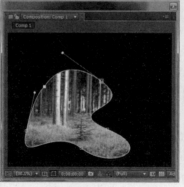

图 6-4

3．创建遮罩

在 After Effects 中可以使用以下几种方法来创建遮罩。

- 使用工具栏中的工具来绘制遮罩。
- 在"遮罩形状"对话框中以"数字方式"定义遮罩。
- 使用运动路径来创建遮罩。
- 将 Alpha 通道转换为遮罩。
- 将文本转换为遮罩。
- 从 Illustrator 或 Photoshop 中导入遮罩。

（1）创建矩形、圆角矩形、椭圆形、多边形和星形遮罩。

使用工具栏中的"矩形工具"或"椭圆形工具"可以方便地建立遮罩。操作步骤如下：

① 在 Composition（合成）窗口中选择一个层，或打开一个素材的层窗口。

② 在工具栏中选择"矩形工具"▢、"圆角矩形工具"▣、"椭圆形工具"◯、"多边形工具"⬠或"星形工具"★。

③ 将光标放置在 Composition（合成）窗口或层窗口，拖动鼠标来绘制遮罩，如图 6-5 所示。

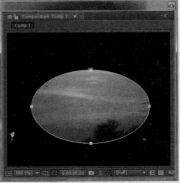

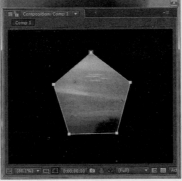
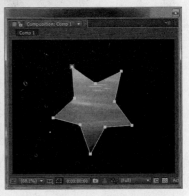

图 6-5

注意　　选择工具箱中的"矩形遮罩工具"，绘制遮罩时按下 Shift 键，可以绘制正方形遮罩；使用"椭圆工具"绘制遮罩时按下 Shift 键，可以绘制正圆形遮罩；使用"圆角矩形工具"绘制遮罩时按下 Shift 键，可以绘制圆角正方形；使用"多边形工具"绘制遮罩时按下 Shift 键，可以绘制正多边形，绘制时多边形不可以旋转；使用"星形工具"绘制遮罩时按下 Shift 键，可以绘制出正星形，绘制时星形也是不可转动的。

（2）以整个层的尺寸来建立遮罩。

操作步骤如下：

① 在 Composition（合成）窗口中选择一个层，或在层窗口中显示一个层。

② 双击工具箱中的"矩形工具"，建立与层同大的矩形遮罩；双击"圆角矩形工具"，建立以层的四个边框为切线的圆角矩形遮罩；双击"椭圆形工具"，建立以层的四个边框为切线的椭圆形遮罩；双击"多边形工具"，建立以层的顶边框为切线的多边形；双击"星形工具"，建立以层的顶边框为切线的星形遮罩，如图 6-6 所示。

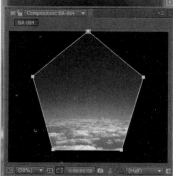

图 6-6

（3）以数字方式创建遮罩。

操作步骤如下：

① 在 Composition（合成）窗口中选择一个层。

② 执行【Layer（层）】→【Mask（遮罩）】→【New Mask（新建遮罩）】命令，一个新遮罩出现在 Composition（合成）窗口中，且这个遮罩在画面的边缘外带有控制点。

③ 执行【Layer（层）】→【Mask（遮罩）】→【Mask Shape（遮罩形状）】命令。

④ 弹出的如图 6-7 所示的 Mask Shape（遮罩形状）对话框，以下是对其选项的介绍。

- Bounding box（范围框）：设置遮罩的上下左右边界。
- Units（单位）：选择所需要使用的单位。

图 6-7

● Shape（形状）：选择遮罩的形状。Rectangle——矩形，Ellipse——椭圆形。

⑤ 设置完毕后，单击 OK（确定）按钮。

（4）使用"钢笔工具"绘制遮罩。

After Effects CS6 中的遮罩是由线段和控制点构成的路径，线段是连接两个控制点的直线或曲线，控制点定义了两个线段的开始点和结束点。

在曲线路径上，每个控制点通过延伸出来的控制柄对曲线形状提供了进一步的控制，通过拖动控制柄可以改变曲线的曲率。

另外，创建的遮罩可以是封闭的，也可以是开放的。开放的路径有不同的开始点和结束点。例如，直线就是一条开放路径。封闭的曲线是连续的，没有开始点和结束点。圆形遮罩和矩形遮罩就是封闭路径。开放路径不能在层上产生透明，但可以作为特效的参数。例如，利用 Stroke 特效可以产生可见的线段或形状。

使用"钢笔工具"可以制作任何形状的遮罩，包括带有任意角度的直线或平滑流畅的曲线。"钢笔工具"提供了最精确的遮罩绘制手段。

通过拖动控制点或控制手柄，可以很容易地调整曲线的形状，也可以添加或删除点，或改变控制点的类型。

● 绘制直线遮罩

操作步骤如下：

① 选择工具箱中的"钢笔工具" 🖊️。

② 在 Composition（合成）窗口中单击鼠标，建立控制点。

③ 在第一个控制点之外再次单击，建立第二个控制点，两个控制点之间将自动建立一条直线段，如图 6-8 所示。

④ 连续单击，产生其他控制点，如图 6-9 所示。

⑤ 结束路径，执行以下操作之一。

● 绘制开放路径，停止画图。

● 绘制封闭路径，直接双击鼠标；或执行【Layer（层）】→【Mask（遮罩）】→【Closed（封闭）】命令；或将鼠标指针定位在第一个控制点的位置，当光标变为🖊️。状态时再单击，路径即可闭合，如图 6-10 所示。

  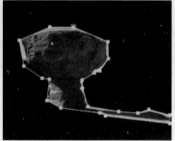

图 6-8   图 6-9   图 6-10

● 绘制曲线遮罩

在"使用钢笔工具"绘制路径时，拖动钢笔可以产生贝塞尔曲线遮罩。对于直线段，控制点处决定了方向，形成弯角；在贝塞尔曲线线段上，是由控制点上的手柄来改变方向的，曲线的形状依赖于控制点两端的手柄，当线段接近于下一个控制点时，曲线的形状会受到下一个控制点的影响，移动控制点可以重新修改曲线形状。曲线可以平滑地改变方向。

控制柄在控制点处和曲线接触，控制柄的角度和长度决定了曲线在该点的形状。

连续的曲线路径是由平滑的控制点连接的，不平滑的曲线路径是由角点连接的，如图 6-11 所示为绘制的曲线遮罩。

当移动平滑点上的一个控制柄时，该点两侧的曲线同时受到影响；当移动角点上的一个控制柄时，只有和控制柄同一侧的曲线受到影响。

 注意　在工具箱面板中选择"调整节点工具" ，单击路径中的控制点，该控制点就在角点和平滑点之间切换，如图 6-12 所示为转换后的效果。

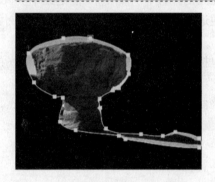 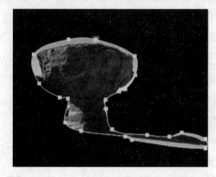

图 6-11　　　　　　　　　　　　　　　　　图 6-12

（5）使用运动路径来建立遮罩。

用户可以复制位置、定位点、效果点等关键帧，然后将这些关键帧作为遮罩粘贴到层中。操作步骤如下：

① 在 Timeline（时间线）窗口或 Composition（合成）窗口中，将图层的 Position（位置）属性选中，如图 6-13 所示。在如图 6-14 所示的画面中可以看到对象运动的轨迹。

图 6-13　　　　　　　　　　　　　　　　　图 6-14

② 执行【Edit（编辑）】→【Copy（复制）】命令。

③ 在 Timeline（时间线）窗口中选择需要应用遮罩的层（也可以选择自身层）。

④ 如果使用关键帧作为新遮罩，执行【Layer（层）】→【Mask（遮罩）】→【New Mask（新建遮罩）】命令。

⑤ 选择要替换的遮罩。在 Timeline（时间线）窗口中展开 Mask（遮罩）属性，选择 Mask Path（遮罩路径）参数名称，如图 6-15 所示。

⑥ 执行【Edit（编辑）】→【Paste（粘贴）】命令，效果如图 6-16 所示。

图 6-15　　　　　　　　　　　　　　　　图 6-16

注意　用户也可以将遮罩粘贴为运动路径。

4．编辑遮罩

创建遮罩后，可以对其进行编辑操作，如重新命名、改变颜色、选择、缩放、旋转、羽化等。

（1）选择遮罩。

在修改一个遮罩或对一个遮罩制作动画时，必须知道如何选择它们，特别是一个层上有多个遮层时。

与层操作不同，遮罩有多级选择，可以选择一个遮罩作为一个路径，以便移动遮罩和设置遮罩的尺寸。如果改变一个遮罩的形状，就要选择遮罩上的一个或多个控制点，所选择的点为实心，未选择的点是空心。

选择工具箱中的"选择工具"，或者按下 V 键。

操作方法如下：

- 如果要选择遮罩的一个控制点，直接使用鼠标单击所要选择的控制点。
- 如果要选择遮罩中的某个线段，使用鼠标单击所要选择的线段。
- 要选择整个遮罩，按下 Alt 键，再单击遮罩；选择多个遮罩，按下 Alt+Shift 键，再依次单击要选择的遮罩。
- 按下 Shift 键，框选控制点或遮罩。

（2）在 Timeline（时间线）窗口中选择遮罩。

在 Timeline（时间线）窗口中展开遮罩层的属性卷展栏，或按 M 键，展开层的遮罩属性列表，如图 6-17 所示。

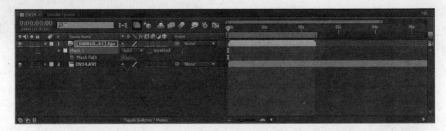

图 6-17

操作方法如下：

- 单击遮罩的名称，这样可以将该遮罩选中。

● 要选择多个相邻的遮罩，可以配合 Shift 键再去单击第一个遮罩和最后一个遮罩。
● 要选择多个不相邻的遮罩，可以配合 Ctrl 键再分别单击要选择的遮罩。

注意　　在 Timeline（时间线）窗口中选择遮罩时，会将整个遮罩选中。如果用户需要选择遮罩其中一部分时，请参见上一小节讲述的进行操作。

（3）从选择集中取消选择遮罩。

操作方法如下：

● 选择工具箱中的"选择工具" ，在要取消选择的遮罩上拖动鼠标，框选需要取消选择的控制点。
● 对于已选择的遮罩层，在需要删除的遮罩上拖动框选时按下 Shift 键。
● 使用"选择工具"再配合 Shift 键，单击需要取消选择的遮罩。

注意　　如果要选择一个层上的全部遮罩，执行【Edit（编辑）】→【Select All（选择全部）】命令。

（4）更改遮罩名称。

操作步骤如下：

① 在 Timeline（时间线）窗口中选中遮罩名称。
② 按下 Enter 键，输入新的名称。
③ 按下 Enter 键确认。

（5）复制遮罩。

操作步骤如下：

① 在 Timeline（时间线）窗口中选择要复制的遮罩。
② 执行【Edit（编辑）】→【Copy（复制）】命令。
③ 选择要复制到的目标位置。
④ 执行【Edit（编辑）】→【Paste（粘贴）】命令。

（6）更改遮罩颜色。

操作步骤如下：

① 在 Timeline（时间线）窗口选择需要改变颜色的遮罩。
② 单击遮罩名称左侧的颜色图标□。
③ 在弹出的 Mask Color（遮罩颜色）对话框中选择需要的颜色，如图 6-18 所示。更改颜色后，在 Timeline（时间线）窗口中如图 6-19 所示。

图 6-18

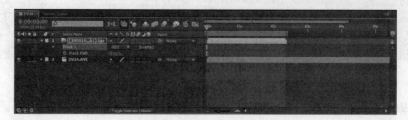

图 6-19

注意　　更改遮罩图层的颜色图标后，在 Composition（合成）窗口中遮罩的控制点和线段都将变为更改后颜色图标的颜色。

（7）反复应用遮罩。

可以将一个精心绘制并且以后经常用的遮罩保存起来，在以后使用时直接调用即可。遮罩存储于 Composition（合成）窗口中，在保存时要保存整个项目。当再次需要调用遮罩时，直接从项目中调用即可。

● 保存遮罩

操作步骤如下：

①　在 Timeline（时间线）窗口中展开遮罩属性。

②　执行以下操作。

　● 要保存一个遮罩动画，请选择需要保存的关键帧。

　● 仅保存遮罩而不保存动画，在遮罩属性列表中选择遮罩路径。

③　执行【Edit（编辑）】→【Copy（复制）】命令。

④　执行【Layer（层）】→【New（新建）】→【Solid（固态层）】命令，或使用组合键 Ctrl+Y。

⑤　在 Timeline（时间线）窗口内选中创建的固态层，执行【Edit（编辑）】→【Paste（粘贴）】命令。

⑥　保存固态层。

● 应用保存的遮罩

操作步骤如下：

①　打开包含遮罩的项目。

②　展开包含遮罩的层，然后展开遮罩属性。

③　在 Timeline（时间线）窗口或 Composition（合成）窗口中选择遮罩路径，或在 Timeline（时间线）窗口中选择遮罩动画关键帧。

④　执行【Edit（编辑）】→【Copy（复制）】命令。

⑤　在 Timeline（时间线）窗口中选择需要应用遮罩的层。

⑥　执行【Edit（编辑）】→【Paste（粘贴）】命令。

（8）旋转或缩放遮罩。

使用 Free Transform Points（自由变换点）命令，可以缩放、旋转整个遮罩，也可以拉伸、旋转一个或多个遮罩上的控制点。在使用该命令时，出现一个自由变换控制框包围着所选择的点，在自由变换控制框的中心有一个定位点，该点决定当前的变换效果，如图 6-20 所示。

　　　　　　　　　　　　　　　　　── 为自由变换控制框选择点

　　　　　　　　　　　　　　　　　── 为自由变换控制框定位点

　　　　　　　　　　　　　　　　　── 为自由变换控制框控制柄

图 6-20

要移动、缩放、旋转遮罩或控制点，其操作步骤如下：

① 利用"选择工具"，执行以下操作：

- 选择需要变换的遮罩控制点，执行【Layer（层）】→【Mask and Shape Path（遮罩与形状路径）】→【Free Transform Points（自由变换点）】命令。
- 变换整个遮罩，在 Timeline（时间线）窗口中选择遮罩，执行【Layer（层）】→【Mask and Shape Path（遮罩与形状路径）】→【Free Transform Points（自由变换点）】命令。

② 出现一个自由变换控制框包围着所选择的点，如图 6-21 所示。将"选择工具"移动到定位点的上方，当光标变为图中状态时，拖动鼠标即可移动定位点。

图 6-21

③ 移动遮罩或所选择的控制点，将鼠标指针放置在自由变换控制框内，按下鼠标左键然后拖动鼠标，如图 6-22 所示。

图 6-22

④ 缩放遮罩或者所选择的控制点，将鼠标指针放置在自由变换控制框的控制点上，当光标变作为双向箭头时，按下鼠标左键然后拖动鼠标即可获得一个新尺寸，如图 6-23 所示。

图 6-23

⑤ 旋转遮罩或所选择的控制点，将鼠标指针放置在自由变换控制框外，当光标变为曲线箭头状态时，按下鼠标左键然后拖动鼠标即可进行旋转，如图 6-24 所示。

图 6-24

 注意 　在 Composition（合成）窗口中的任意位置双击鼠标，即可取消自由变换控制框，并且应用修改效果。

（9）改变遮罩形状。

在 Composition（合成）窗口中可以任意改变遮罩的形状。变形后的遮罩会显示在 Composition（合成）窗口中。要改变遮罩的形状，可以移动、删除或者添加控制点，可以建立更为复杂的遮罩形状，甚至可以通过改变遮罩的形状来制作动画，某些修改需要使用到工具栏中的"钢笔工具组"。

● 以数字方式改变遮罩

操作步骤如下：

① 选择需要改变形状的遮罩。

② 在 Timeline（时间线）窗口中展开遮罩属性。

③ 单击 Mask Path（遮罩形状）属性旁带有下划线的 Shape（形状）命令，弹出如图 6-25 所示的 Mask Shape（遮罩形状）对话框。

④ 在该对话框中指定变化参数，单击 OK（确定）按钮。

● 删除遮罩

操作步骤如下：

① 在 Timeline（时间线）窗口中选择需要删除的遮罩。

② 按 Delete 键。

图 6-25

 注意 　要删除一个层的所有遮罩，可选中该层，再执行【Layer（层）】→【Mask（遮罩）】→【Remove All Masks（移除所有遮罩）】命令。

● 移动一个控制点

操作步骤如下：

① 选择工具箱中的"选择工具"。

② 在 Composition（合成）窗口按住鼠标左键并拖动需要移动的控制点，如图 6-26 所示。

（10）在遮罩上添加控制点。

操作步骤如下：

① 在工具箱的"钢笔工具组"中选择"添加节点工具" 📶。

② 单击两控制点之间的线段，就可以添加控制点。

图 6-26

（11）在遮罩上删除控制点。

操作步骤如下：

① 选择工具箱内"钢笔工具组"中的"删除节点工具" ，单击需要删除的点。

② 选择工具箱中的"选择工具" ，单击需要删除的控制点，按 Delete 键或执行【Edit（编辑）】→【Clear（清除）】命令。

（12）调整曲线的形状。

操作步骤如下：

① 选择工具箱中的"选择工具" 。

② 拖动控制点的位置。

③ 拖动曲线控制柄。如果不是曲线控制点，使用工具栏内"钢笔工具组"中的"转换控制点工具"进行转换。

④ 直接拖动曲线控制点，如图 6-27 所示。

（13）把控制点由拐角点转换为平滑点。

操作步骤如下：

① 使用工具栏内"钢笔工具组"中的"转换控制点工具"，单击控制点。

② 配合 Ctrl 键并使用"选择工具"，单击控制点。

（14）羽化遮罩。

使用遮罩的 Feather（羽化）属性可以将遮罩的边缘转换为软边缘。羽化的宽度横跨遮罩边，一半在遮罩内，一半在遮罩外。如图 6-28 所示为羽化效果。

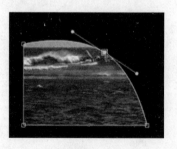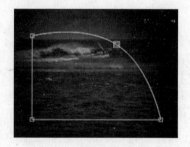

图 6-27 图 6-28

遮罩羽化仅出现在层的画面区域内，因此，一个羽化遮罩应该小于层区域。如果遮罩的羽化区域超出了层区域，羽化边缘会突然结束。

在 Timeline（时间线）窗口中拖动或输入参数，可以精确调整进行遮罩的羽化。

● 输入精确的参数值调整羽化

操作步骤如下：

① 选择需要羽化的遮罩。

② 执行【Layer（层）】→【Mask（遮罩）】→【Mask Feather（遮罩羽化）】命令。

③ 在弹出的如图 6-29 所示的 Mask Feather（遮罩羽化）对话
框中进行以下设置。

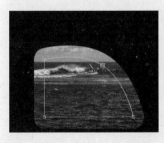

- Horizontal（水平的）：设置水平的羽化范围。
- Vertical （垂直的）：设置垂直的羽化范围。
- Lock（锁定）：将水平羽化值和垂直羽化值锁定，使其
  相等。

④ 单击 OK（确定）按钮应用效果。

图 6-29

● 在 Timeline（时间线）窗口中直接调节

操作步骤如下：

① 展开需要调整的层，然后展开遮罩属性。

② 左右拖动 Mask Feather（遮罩羽化）右边列里带有下划线的参数值。

注意　如果 Mask Feather（遮罩羽化）右侧列里显示出　图标，表示水平和垂直值处于锁定状态，调整其中一个值另一个也会随之变化。单击　图标，使其消失，即可将锁定状态取消。

（15）调整遮罩边缘。

通过 Mask Expansion（遮罩扩展）属性，可以对当前遮罩进行扩展或收缩。当数值为正值时，遮罩范围在原基础上扩展；当数值为负值时，遮罩范围在原基础上收缩，如图 6-30 所示。

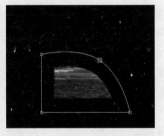

图 6-30

操作步骤如下：

① 在 Timeline（时间线）窗口中展开需要调整的遮罩属性。

② 执行以下操作：

- 使用鼠标左键左右拖动 Mask Expansion（遮罩扩展）属性右侧带有下划线的参数值。
- 执行【Layer（层）】→【Mask（遮罩）】→【Mask Expansion（遮罩扩展）】命令，
  在弹出的 Mask Expansion（遮罩扩展）对话框中设置扩展数量，单击 OK（确定）
  按钮应用效果。

注意　同调整遮罩羽化的值一样，调整遮罩边缘在 Timeline（时间线）窗口中的遮罩属性中，可以对其进行调整。

（16）调节遮罩不透明度。

通过设置遮罩的不透明度，可以控制遮罩内图像的不透明程度。遮罩不透明度只影响遮罩内的图像，不影响遮罩外的图像，如图 6-31 所示。

图 6-31

① 在 Timeline（时间线）窗口中展开要调整的遮罩属性。

② 执行以下操作：

- 使用鼠标左键拖动 Mask Opacity（遮罩不透明度）属性后带有下划线的参数值。
- 使用鼠标右键单击 Mask Opacity（遮罩不透明度）属性后带有下划线的参数值，执行 Edit Value（编辑值）命令，或执行【Layer（层）】→【Mask（遮罩）】→【Mask Opacity（遮罩不透明度）】命令，在弹出的 Mask Opacity（遮罩不透明度）对话框输入数值，单击 OK（确定）按钮。
- 单击 Mask Opacity（遮罩不透明度）最后属性后带有下划线的参数值，直接输入新的数值，输入完毕后按 Enter 键确认。

（17）为遮罩应用运动模糊。

任何层上的遮罩都可以应用运动模糊功能。运动模糊只对 Composition（合成）窗口中运动的层有效，对素材画面中的内容无效。如果想要看到运动模糊效果，必须开启 Timeline（时间线）窗口中的运动模糊开关 。

操作步骤如下：

① 选择一个或多个遮罩。

② 执行【Layer（层）】→【Mask（遮罩）】→【Motion（运动模糊）】→【On（打开）/Same as Layer（与层一致）】命令。

- Same as Layer（与层一致）：遮罩的运动模糊自动受层运动模糊控制。
- On（打开）：不管层是否使用运动模糊，只要合成的运动模糊开关打开，就渲染遮罩的运动模糊。

③ 根据以上所选，确定是否启用 Timeline（时间线）窗口的运动模糊开关和层的运动模糊开关。

（18）反转遮罩。

默认情况下，遮罩范围内显示当前层图像，范围外透明。如果要在遮罩区域产生一个图案，在图案显示下面层的内容，图案为当前层图像，可以使用遮罩的 Inverted（反转）功能，如图 6-32 所示。

注意

一个遮罩在合成中要么正常显示，要么反转显示，不能使用关键帧改变遮罩的状态。

操作方法如下：

① 选择需要反转的遮罩。

② 执行【Layer（层）】→【Mask（遮罩）】→【Inverse（反转）】命令。或者在 Timeline（时间线）窗口中遮罩名称的右侧选中 Inverted（反转）复选框。

图 6-32

（19）遮罩动画。

使用关键帧可以将遮罩的所有属性制作成动画，使其从一个形状变化到另一个形状。再加上 Free Transform Points（自由变换点）功能，可以制作多种复杂的遮罩变化效果。

如果要对不同数目的控制点设置动画，应该先从控制点少的时间开始，然后逐步增加。例如，在 0 秒时是一个复杂的遮罩形状，在 5 秒时以一个简单的三角形结束，则应该在 5 秒钟处设置遮罩，然后再返回到 0 秒钟制作复杂的动画遮罩。

为遮罩属性设置动画，执行如下操作：

① 在 Timeline（时间线）窗口或 Composition（合成）窗口中选择需要设置动画的遮罩。

② 将时间标记移动到动画开始的位置。

③ 展开遮罩属性，并选择需要制作动画的属性。

④ 设置遮罩属性的参数值。

⑤ 按下关键帧记录器，设置一个初始关键帧。

⑥ 移动时间标记到要设置第二个关键帧的位置。

⑦ 设置属性的参数值，产生第二个关键帧。

⑧ 重复步骤⑥、步骤⑦的操作，设置多个动画关键帧。

注意

　　在为遮罩制作变形动画时，两个遮罩形状的变形是根据遮罩的首个控制点为依据，第一个遮罩的首个控制点仍然作为第二个遮罩的首个控制点。After Effects CS6 默认情况下将初始关键帧中的顶点控制点作为首个控制点，其他控制点依次按照递增顺序进行编号，然后将后续关键帧相对应的控制点进行同样的编号。在多个遮罩之间进行变形时，After Effects CS6 默认的首个控制点有时不符合我们所期望的变形效果，此时可以自定义遮罩的首个控制点。

要将某个控制点指定为遮罩的首个控制点，执行如下操作：

① 选择遮罩的某个控制点。

② 执行【Layer（层）】→【Mask（遮罩）】→【Set First Vertex（设置首个控制点）】命令。

（20）精确遮罩插值。

Mask Interpolation（智能遮罩插值）是制作遮罩动画的辅助工具，利用该功能可以制作出更平滑、逼真的动画效果。

需要使用 Mask Interpolation（智能遮罩插值）制作遮罩动画，执行如下操作：

① 执行【Window（窗口）】→【Mask Interpolation（智能遮罩插值）】命令，调出如图 6-33 所示的 Mask Interpolation（智能遮罩插值）面板。

② 根据情况进行设置。其中的主要选项说明如下：

图 6-33

- Keyframe Rate（关键帧速率）：决定在所选择的两个关键帧之间每秒钟能生成多少个关键帧。如果选择 15per，则关键帧按 1/15 秒的间隔生成；如果选择了 Auto，则所产生关键帧的速率和当前合成的速率相同；如果下拉列表中没有你所需要的速率，可以在文本框中直接输入数值。

- Keyframe Fields（double rate）（关键帧域）：选择该复选框，关键帧的数量就会增加两倍。

- Use Linear Vertex Paths（使用线性顶点路径）：选中该复选框，第一个关键帧上的点将沿着直线路径移动到第二个关键帧上所对应的点。否则，会沿着曲线运动。

- Bending Resistance（抗弯曲性）：设置遮罩插值受影响的程度。值越接近 100，遮罩的形状越不弯曲；值越接近 0，则越弯曲。

- Quality（质量）：设置从一个关键帧到另一个关键帧，遮罩插值匹配顶点的精确程度。参数为 0 时，表示第一个关键帧必须与第二个关键帧中的对应点相匹配。参数为 100 时，在第一个关键中的顶点可以与第二个关键帧中的任意顶点相匹配。

- Add Mask Shape Vertices（添加遮罩形状顶点）：选中该复选框，将通过添加顶点来改进遮罩插值。决定点数量的方法有 3 种。

- Pixels Between Vertices（顶点间的像素）：定义每两个点之间的间隔，并添加点。如果所设置的值为 10，则表示第 10 个像素增加一个点。

- Total Vertices（总顶点数）：决定点的总数。如果值为 100，则表示由 100 个点组成一个遮罩。

- Percentage Of Outline（轮廓百分比）：把遮罩长度的百分比定为界线，来决定要添加点的个数。如果是 5%，则表示把遮罩长度的 5%定为一个界线，每个界线上就会出现一个点。设置为 5%的时候会生成 20 个点；设置为 1%，则会生成 100 个点。

- Matching Method（匹配方法）：选择在匹配一个遮罩上的顶点和另一个遮罩上的顶点时，所使用的算术方法。包含 3 种算法。Auto（自动）——如果两个被选择的关键帧含有曲线部分，那么就为曲线应用匹配运算法则。Curve（曲线）——在遮罩上没有曲线，只有直线的时候使用。Polyline（多线）——在遮罩上没有曲线，只有直线的时候使用。

- Use 1:1 Vertex Matches（使用 1：1 顶点匹配）：选中该复选框，强迫一个遮罩上的顶点和另一个遮罩上相对应的点匹配。

- First Vertices Match（首控制点匹配）：选中该复选框，则会找出两个遮罩中的首个（开始）点并进行计算。不使用该复选框，则选择两个遮罩中最接近的点作为开始点。

③ 单击 Apply（应用）按钮，应用效果。

（21）多个遮罩的相互作用。

After Effects CS6 为遮罩提供了混合模式，该模式可以控制在同一层中多个遮罩之间的影响关系。默认情况下，所有遮罩设置为 Add（增加）模式。每个遮罩都可以应用不同的模式，但遮罩的模式不能随时间改变。

对于创建的第一个遮罩，它与层的 Alpha 通道相互影响。如果该层不包含 Alpha 通道，则与层的框架相互影响。同时在 Timeline（时间线）窗口的层列表中，遮罩名称排列靠上的将影响下面的遮罩。

● 应用遮罩混合模式

操作步骤如下：

① 展开层列表，或按下 M 键，显示出 Mask（遮罩）列表。

② 单击遮罩名称后面的 Add（增加）下拉列表，选择需要应用的混合模式，如图 6-34 所示。

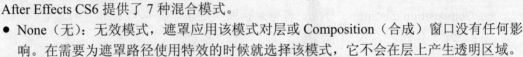

图 6-34

● 遮罩的混合模式

After Effects CS6 提供了 7 种混合模式。

● None（无）：无效模式，遮罩应用该模式对层或 Composition（合成）窗口没有任何影响。在需要为遮罩路径使用特效的时候就选择该模式，它不会在层上产生透明区域。

● Add（增加）：将选择的遮罩区域添加到其他遮罩中，在 Composition（合成）窗口中显示所有遮罩内容。如果多个遮罩相交，则所有遮罩的不透明度叠加在一起。

● Subtract（减法）：从 Timeline（时间线）窗口位于上面的遮罩中减去当前遮罩。

● Intersect（交错）：只显示所选遮罩与其他遮罩相交的部分。如果有多个遮罩相交时，则所有遮罩的不透明度相加。

● Lighten（变亮）：与所选遮罩上面的所有遮罩叠加，在 Composition（合成）窗口中显示所有遮罩的内容，在相交部分使用最大的不透明值。因此，不透明度会增加。

● Darken（变暗）：在该遮罩上面的所有遮罩添加遮罩，在 Composition（合成）窗口中只显示该遮罩和上面遮罩的相交区域；当有多个遮罩相交时，使用最高的透明度值，所以透明度不增大。

● Difference（差异）：在该遮罩上面的添加遮罩，在 Composition（合成）窗口中显示相交部分以外的遮罩区域。

（22）锁定遮罩。

为防止对遮罩进行误操作，可以将遮罩进行锁定。遮罩被锁定后，所有属性将不可以再被修改。锁定遮罩的操作步骤如下：

① 在 Timeline（时间线）窗口中展开遮罩属性。

② 单击遮罩名称旁边的■图标，使其变为🔒状态，如图 6-35 所示。

图 6-35

> **注意**　如需要取消遮罩的锁定，只需单击🔒图标，使其变为▇状态即可。

6.3　案例表现——替换天空

本节将为读者介绍如何在实际应用中，利用遮罩来控制层的方法。其实，遮罩也可以作为一种抠像方法使用。本实例就是将一幢楼房的天空背景替换为流动的蓝天白云。

操作步骤如下：

① 首先启动 After Effects CS6，执行【File（文件）】→【Import（导入）】→【File（文件）】命令，或使用组合键 Ctrl+I，在弹出的 Import File（导入文件）对话框中选择"0167.jpg"和"5.AVI"素材，如图 6-36 所示。

② 执行【Composition（合成）】→【New Composition（新建合成）】命令，在弹出的 Composition Settings（合成设置）对话框中按照如图 6-37 所示进行设置。单击 OK（确定）按钮。

图 6-36

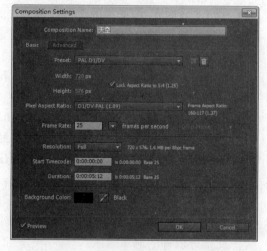
图 6-37

③ 在"项目"窗口内将"0167.jpg"和"5.AVI"两个素材选中，并拖动到 Timeline（时间线）窗口中，如图 6-38 所示。

图 6-38

④ 在 Timeline（时间线）窗口内选中"5.AVI"，点击"钢笔工具"🖊在"合成"窗口上把天空描下来，如图 6-39 所示。画 Mask 的时候一定要细心，把画面放大一些，并且

一定要把细节扣准，这样做出来的效果才会好，画的最后一个描点要和第一个描点连接起来。

⑤ 在 Timeline（时间线）窗口把"5.AVI"放在"0167.jpg"的上边，变成如图 6-40 所示。

⑥ 移动时间标记 <img_1>到 0 秒 0 帧，按键盘上的空格键来预览动画，就可以看到运动的云彩了，很简单吧。

图 6-39

图 6-40

6.4　习题与上机练习

一、填空题

1．在 After Effects CS6 中，当素材层某部分透明时，透明信息被存放在_____中。

2．After Effects CS6 中的遮罩是由_____和_____构成的路径，_____是连接两个控制点的直线或曲线，_____定义了两个线段的开始点和结束点。

3．在 Composition（合成）窗口中可以任意改变遮罩的_____。变形后的遮罩会显示在 Composition（合成）窗口中。要改变遮罩的形状，可以_____、_____或者_____控制点，可以建立更为复杂的遮罩形状，甚至可以改变遮罩的形状来制作_____，某些修改需要使用到工具栏中的_____工具组。

4．After Effects CS6 为遮罩提供了混合模式，该模式可以控制在_____中_____之间的影响关系。默认情况下，所有遮罩设置为_____模式。每个遮罩都可以应用不同的模式，但遮罩的模式不能_____改变。

二、简答题

1．什么是 Alpha 通道？

2．如何使用"钢笔工具"来绘制遮罩？

三、上机练习

本章上机练习的目的是让读者利用本章及前面所学的知识制作一个遮罩转场动画。效果如图 6-41 所示。另外，读者也可以打开本书配套光盘中提供的本章上机练习项目文件来查看其制作方法。

图 6-41

提示

①新建合成，并建立一个黄色固态层。
②建一个蓝色固态层，并用"星形遮罩工具"画出一个五角星 MASK。
③给 MASK 做缩放动画，从黄色固态层转场到蓝色固态层。
读者还可以自己来绘制不同的遮罩进行练习，进而尝试不同的效果的变化。

第 **7** 章

After Effects CS6 中的
调色特效

 学 习 重 点

- 本章导读
- 要点讲解
- 案例表现——黑白电影效果
- 习题与上机练习

7.1　本章导读

本章讲解的是 After Effects CS6 调色特效的应用效果与参数设置。通过对 After Effects CS6 特效组 Color Correction（颜色校正）中 24 种调色特效的介绍，让读者了解在 After Effects CS6 软件中都可以对视频进行哪些方式的颜色调整，从而更有利于视频编辑。

7.2　要点讲解

7.2.1　Auto Color（自动色彩）

应用特效前后的对比效果如图 7-1 所示。

此特效能够自动扫描并调整层的色彩，如图 7-2 所示为 Auto Color（自动色彩）特效的参数设置面板。

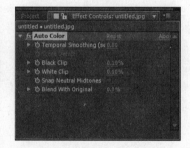

图 7-1　　　　　　　　　　　　　　　　　　　图 7-2

其中的主要选项说明如下：

- Temporal Smoothing（Seconds）（实时平滑）：设置实时平滑度，单位为秒。
- Scene Detect（场景检测）：当设置 Temporal Smoothing（实时平滑）值后才能激活该选项。
- Black Clip（黑色修正）：设置黑色修正。
- White Clip（白色修正）：设置白色修正。
- Snap Neutral Midtones：切断不确定影像。
- Blend With Original（混合原图）：混合原始图像。

7.2.2　Auto Contrast（自动对比度）

应用该特效前后的对比效果如图 7-3 所示。

此特效的参数设置和 Auto Color（自动色彩）完全相同，这里就不再重复讲述。

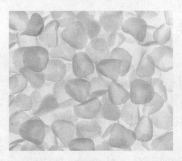
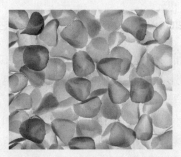

图 7-3

>>> 7.2.3 Auto Levels（自动色阶）

应用该特效前后的对比效果如图 7-4 所示。

图 7-4

此特效的参数设置和 Auto Color（自动色彩）完全相同。

>>> 7.2.4 Brightness & Contrast（亮度&对比度）

应用该特效前后的对比效果如图 7-5 所示。

此特效通过设置图像的亮度和对比度来改变图像颜色。如图 7-6 所示为 Brightness& Contrast（亮度&对比度）特效的参数设置面板。

图 7-5　　　　　　　　　　　　　　　　　　图 7-6

其中的主要选项说明如下：

- Brightness（亮度）：设置图像的亮度，负值变暗，正值变亮。
- Contrast（对比度）：设置图像的对比度，负值降低对比度，正值提高对比度。

▶▶7.2.5　Broadcast Colors（广播级颜色）

应用该特效前后的对比效果如图 7-7 所示。

此特效改变影片像素的颜色值，使其在电视中能够准确的播放。电脑中采用红、绿、蓝的混合来表现色彩，而电视设备运用不同的合成信号来表现色彩。电视设备仅能表现某个幅度以下的信号（信号振幅以 IRE 为单位，120IRE 是最大可能的传输振幅），而计算机产生的色彩极易超出电视设备的控制范围。使用该特效，就可以将影片的亮度和饱和度缩减到安全范围内。如图 7-8 所示为 Broadcast Colors（广播级颜色）特效的参数设置面板。

图 7-7　　　　　　　　　　　　　　　　　　　　图 7-8

其中的主要选项说明如下：

- Broadcast Locale（广播标准）：用来选择广播的制式。
- How to Make Color Safe（如何获得安全色彩）：选择用什么方式降低信号的范围，Reduce Luminance 选项可以缩减像素的亮度；Reduce Saturation 选项可以缩减图像的饱和度，以减少图像的色彩；Key Out Unsafe 选项使不安全的像素透明；Key Out Safe 选项使安全的像素透明。
- Maximum Signal Amplitude（IRE）（最大信号振幅）：确定信号的范围，超过该范围的像素需要改变，默认为 110IRE。

▶▶7.2.6　Change Color（改变颜色）

应用该特效前后的对比效果如图 7-9 所示。

此特效对颜色区域的色调、饱和度和亮度进行调整，可以指定一种基准颜色和相似的参数值来选择颜色的范围，如图 7-10 为 Change Color（改变颜色）特效的参数设置面板。

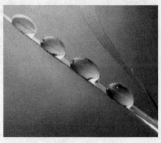
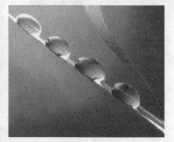

图 7-9　　　　　　　　　　　　　　　　　　　　图 7-10

其中的主要选项说明如下：

- View（视图）：选择在"合成"窗口中的显示效果。Corrected Layer（校正的层）——用于显示调整后的效果；Color Correction Mask（颜色校正遮罩）——用于将层上颜色发生改变的部分显示为遮罩。
- Hue Transform（色调变换）：调节所选颜色的色调值。
- Lightness Transform（亮度变换）：调节颜色的亮度变化。
- Saturation Transform（饱和度变换）：调节颜色的饱和度。
- Color To Change（用于改变的颜色）：指定被调整的颜色。
- Matching Tolerance（匹配容差度）：控制颜色在基色影响前的匹配程度。
- Matching Softness（匹配柔和度）：控制颜色的柔和度。
- Match Colors（匹配颜色）：选择匹配颜色的颜色空间。
- Invert Color Correction Mask（反转颜色校正遮罩）：反转应用校正后的颜色遮罩。

7.2.7　Change to Color（替换颜色）

应用该特效前后的对比效果如图 7-11 所示。

此特效能够使用特定的色调来替换图像中已经被选中的颜色。如图 7-12 所示为 Change to Color（替换颜色）特效的参数设置面板。

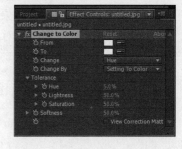

图 7-11　　　　　　　　　　　　　　　　　图 7-12

其中的主要选项说明如下：

- From（从）：选择需要被替换的颜色。
- To（到）：选择替换的颜色。
- Change（改变）：选择颜色的基准色系。
- Change By（改变自）：设置颜色的替换方式。
- Softness（柔和）：调节替换后颜色的融合程度。
- View Correction Matte（视图蒙版修正）：勾上复选框后可将替换后的颜色变为蒙版覆盖在原图像上，以便读者察看和较正。

7.2.8　Channel Mixer（通道混合）

应用该特效前后的对比效果如图 7-13 所示。

此特效能够使用当前颜色通道的混合值来修改一个颜色通道，能够生成其他调色工具难以实现的效果。如图 7-14 所示为 Channel Mixer（通道混合）特效的参数设置面板。

图 7-13

在"特效控制"面板中，红色开头的参数最终效果在红色通道；绿色开头的最终效果在绿色通道；蓝色开头的最终效果蓝色通道。

其中的主要选项说明如下：

- Red-Red（红－红）：设置原始红色通道的数值用于最终效果的红色通道中的值。

Red-Green（红－绿）：设置原始绿色通道的数值用于最终效果的红色通道中的值。

Red-Blue（红－蓝）：设置原始蓝色通道的数值用于最终效果的红色通道中的值。

Red-Const（红－常数）：设置一个常数，决定各原始通道的数值，以相同的数值加到最终效果的红色通道中。最终效果的红色通道就是这 4 项设置计算结果的和。

Monochrome（单色的）：对所有输出通道应用相同的数值，产生灰度图像。

图 7-14

▶▶7.2.9　Color Balance（色彩平衡）

此特效通过调节画面暗部/中间调/高光的颜色强度来改变画面的颜色。如图 7-15 所示为 Color Balance（色彩平衡）特效的参数设置面板。

其中的主要选项说明如下：

- Shadow/Midtone/Hight RGB Balance（暗部/中间调/高光 RGB 平衡）：调节 RGB 在暗部/中间调/高亮区域的色彩平衡。

图 7-15

- Preserve Luminosity（保持亮度）：当改变颜色时，保持画面的平均亮度。

▶▶7.2.10　Color Balance （HLS）[色彩平衡（HLS）]

此特效和 Color Balance（色彩平衡）特效类似，但此特效改变的颜色信息不是 RGB 而是 HLS（色调、亮度、饱和度）。如图 7-16 所示为 Color Balance（HLS）（色彩平衡）特效的参数设置面板。

其中的主要选项说明如下：

图 7-16

- Hue（色调）：调节图像的色调值。
- Lightness（亮度）：调节图像的亮度。
- Saturation（饱和度）：调节图像的饱和度。

7.2.11 Color Link（颜色链接）

应用该特效前后的效果对比如图 7-17 所示。

此特效使用选中层的各种颜色信息平均后叠加于层上，使得图像再次被着色。如图 7-18 所示为 Color Link（颜色链接）特效的参数设置面板。

图 7-17   图 7-18

其中的主要选项说明如下：
- Source Layer（源层）：选择需要调取颜色信息的层。
- Sample（范例）：选择需要调节的颜色范围。
- Clip（修剪）：影响调节程度。
- Opacity（不透明度）：设置所调节颜色的不透明程度。
- Blending Mode（混合模式）：选择所调节颜色和原图像的混合模式。

7.2.12 Color Stabilizer（颜色稳定器）

应用该特效前后的对比效果如图 7-19 所示。

此特效从一个参考画面或轴心点画面的指定区域中对色彩曝光进行采样，然后来调整其他画面的曝光。使用该特效能够删除由于光照所引起的画面抖动，以及有效平衡色彩的曝光。如图 7-20 所示为 Color Stabilizer（颜色稳定器）特效的参数设置面板。

图 7-19   图 7-20

其中的主要选项说明如下：
- Stabilize（稳定）：选择执行稳定的方法。

- Brightness（亮度）：在整个影片中设置，亮度被稳定。可以在画面中定义一点来设置该参数值；Curves（曲线）：稳定轴心点画面中的黑点、白点和中点。
- Black Point（黑点）：如果选择稳定亮度，使用 Black Point（黑点）可以设定一个保持不变的点。
- Mid Point（中点）：在颜色或亮度的两个参数之间定义一个保持不变的点，只有选择了Curves（曲线）才可以激活该选项。
- White Point（白点）：设置一个保持不变的亮点。
- Sample Size（采样尺寸）：使用半径、像素或采样区域来设定尺寸。

▶▶7.2.13　Colorama（彩光）

应用特效前后的对比效果如图 7-21 所示。

图 7-21

此特效允许优化选择的像素，以其为基准进行平滑的周期填充，产生彩虹般效果。如图 7-22 所示为 Colorama（彩光）特效的参数设置面板。

其中的主要选项说明如下：

- Input Phase（输入相位）：对彩光的相位进行设置。
- Output Cycle（输出色环）：选择或设置彩光的多种色系样式。
- Use Preset Palette（使用预置调色板）：选择彩光的预置效果。
- Output Cycle（输出色环）：该栏包括一个色轮和一个颜色控制条。色轮决定了图像中彩光的颜色。拖动色轮上的三角形颜色块，可以改变颜色的面积和位置。在色轮的任意区域单击，将会弹出"颜色"对话框，用户可以在该对话框中添加颜色到色轮上，同时也相应地在色轮上添加了三角形颜色块。双击三角形颜色块，也可以改变颜色。如果要删除三角形颜色块，只需将其拖离色轮即可。颜色块另一头所连接的控制条可以调节颜色的不透明度。使用者只需拖动不透明控制滑块，即可改变颜色的不透明度。
- Cycle Repetitions（循环次数）：控制彩光颜色在图像中循环的次数。

图 7-22

- Interpolate Palette（增添调色板）：取消该复选框，以 256 色产生彩光。
- Modify（修改）：调节彩光特效。在右侧的列表中可以选择彩光如何影响当前层的颜色信息。
- Pixel Selection（选定像素）：指定彩光在当前层上所影响的像素范围。
- Matching Color（匹配颜色）：选择当前层上彩光所影响的颜色。
- Matching Tolerance（匹配容差度）：设置受彩光影响的颜色范围。
- Matching Softness（匹配柔和度）：设置受彩光影响的像素和未受影响像素之间的柔和过渡。
- Matching Mode（匹配模式）：指定所使用的颜色模式。
- Blend With Original（用原图混合）：设置改变后的图像与原始图像的混合程度，利用此参数可以设置图像淡入淡出动画。

>>> 7.2.14　Curves（曲线）

应用该特效前后的对比效果如图 7-23 所示。

图 7-23

此特效通过 RGB、Alpha 通道来调整画面的色彩。如图 7-24 所示为 Curves（曲线）特效的参数设置面板。

其中的主要选项说明如下：

- Channel（通道）：指定调节的颜色通道。
- 曲线工具～：在曲线上单击，以添加控制点。通过拖动控制点，可以对画面进行调整。将控制点拖动到坐标区域外，可以将控制点删除。
- 铅笔工具　：在坐标区域中拖动它，可以直接绘制一条曲线，该曲线将会对画面造成直接影响。
- 打开　：打开所存储的曲线文件。
- 保存　：将调节完成的曲线保存，以便再次使用。

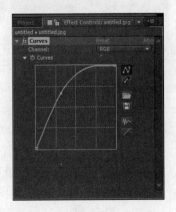

图 7-24

- 平滑工具　：选择此工具，可以平滑曲线。
- 直线工具　：单击它，可以将坐标区域中调得乱七八糟的曲线恢复为直线状态。

注意　　在默认的对角斜线上，所有像素都具有相同的输入值和输出值。坐标区域中水平轴代表像素的原始亮度级别，纵向轴表示亮度值。曲线上最多可容纳 18 个控制点。

>>7.2.15　Equalize（均衡）

此特效能够使图像的色阶平均化。它会自动找出图像中最亮的像素值，以白色取代；找出最暗的像素，以黑色取代；介于最亮和最暗之间的像素，则平均分配白色与黑色之间的阶调。如图 7-25 为 Equalize（均衡）特效的参数设置面板。

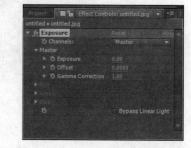

图 7-25

其中的主要选项说明如下：

- Equalize（均衡）：选择一种平均化方法。RGB 基于红、绿、蓝通道来平均图像；Brightness（亮度）基于每个像素的亮度；Photoshop Style（Photoshop 风格）使用 Photoshop 的风格来平均图像中的像素。
- Amount to Equalize（均衡的总量）：设置均衡器在画面中平均的百分比总量。

>>7.2.16　Exposure（曝光）

应用该特效前后的对比效果如图 7-26 所示。

此特效用于调节画面的曝光程度，可对 RGB 通道分别曝光。如图 7-27 所示为 Exposure（曝光）特效的参数设置面板。

图 7-26

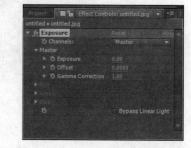

图 7-27

其中的主要选项说明如下：

- Channels（通道）：选择需要曝光的通道。选择 Individual Channels（单个通道）可激活下方的 RGB。
- Master（主控）：对它的设置将应用在整个画面中。
- Exposure（曝光）：设置曝光程度。
- Offset（偏移）：设置曝光偏移量。
- Gamma（伽马）：设置图像伽马较准度。
- Red/Greed/Blue（红/绿/蓝）：同 Master（主控）。

>>7.2.17　Gamma/Pedestal/Gain（伽马/基准/增益）

此特效能够调整每个参数的反映曲线，这样可以分别对某种颜色进行输出曲线控制。对于 Pedestal（基准）和 Gain（增益）效果而言，0 代表完全关闭，1 代表完全打开。如图 7-28 为 Gamma/Pedestal/Gain（伽马/基准/增益）特效的参数设置面板。

其中的主要选项说明如下：

- Black Stretch（黑色拉伸）：拉伸图像中的黑色像素。
- Red/Green/Blue Gamma（红/绿/蓝 伽马）：控制颜色通道曲线的形状。
- Red/Green/Blue Pedestal（红/绿/蓝 基准）：设置通道的最小输出值。主要影响图像的阴影区域。
- Red/Green/Blue Gain（红/绿/蓝 增益）：设置通道的最大输出值。主要影响图像的高亮区域。

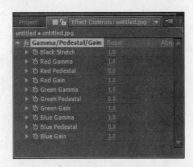

图 7-28

▶▶7.2.18　Hue/Saturation（色调/饱和度）

此特效能够调节图像中单个颜色的色调和饱和度。如图 7-29（左）所示为 Hue/Saturation（色相/饱和度）特效的参数设置面板。

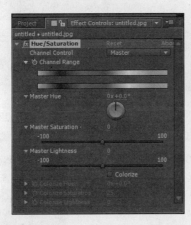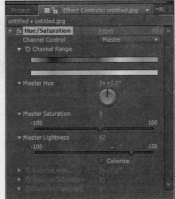

图 7-29

其中的主要选项说明如下：

- Channel Control（通道控制）：指定要调节的颜色通道。选择 Master（主控）选项，可以调节所有颜色。
- Channel Range（通道范围）：显示颜色色谱，用来控制通道的范围。上方的色谱表示调节前的颜色；下方的色谱表示在全饱和度下进行调节后的颜色。当对单独的通道进行调整时，会出现控制滑块，拖动矩形滑块可以调整颜色的范围；拖动三角滑块可以调整羽化程度，如图 7-29（右）所示。效果的对比如图 7-30 所示。

图 7-30

179

- Master Hue（主色调）：设置从 Channel Control（通道控制）列表上所选通道的总色调，此处为 Master。
- Master Saturation（饱和度控制）：调整颜色通道总的饱和度。
- Master Lightness（亮度控制）：调整颜色通道总的亮度。
- Colorize（色彩化）：对灰度图增加颜色，转换为 RGB 图或对 RGB 图增加颜色。
- Colorize Hue（色彩化色调）：调节双色图的色调。
- Colorize Saturation（色彩化饱和度）：调节双色图的饱和度。
- Colorize Lightness（色彩化亮度）：调节双色图的亮度。

▶▶7.2.19 Leave Color（颜色预留）

应用该特效前后的对比效果如图 7-31 所示。

图 7-31

此特效能够将图像中指定的颜色保留，而将其他颜色转换为灰度显示。在广告或电影中经常使用此种手段来突出主题，使目标对象一目了然。如图 7-32 所示为 Leave Color（颜色预留）特效的参数设置面板。

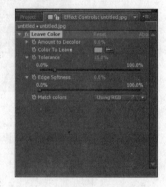

图 7-32

其中的主要选项说明如下：

- Amount to Decolor（脱色数量）：设置删除的颜色百分比率。
- Color To Leave（预留的颜色）：指定图像中需要保留的颜色。
- Tolerance（容差）：控制色彩的容差度。该值越大，被保留的颜色就越多。
- Edge Softness（柔化边缘）：设置保留颜色边缘的柔和程度。
- Match colors（匹配颜色）：使用颜色信息的模式。

▶▶7.2.20 Levels（色阶）

应用该特效前后的对比效果如图 7-33 所示。

此特效用于改变整体或单一通道的亮度范围，能够调节画面的亮度、对比度和伽马值，通过调节伽马值来影响灰度色调中间范围的亮度值，且不明显改变画面的高亮和阴影部分。如图 7-34 所示为 Levels（色阶）特效的参数设置面板。

其中的主要选项说明如下：

- Channel（通道）：选择需要调节的颜色通道。
- Histogram（柱状图）：显示像素值在图像中的分布情况，水平轴表示亮度值，纵向轴表示在每个亮度级别中像素的数量。

- Input Black（输入黑色）：指定输入图像黑色值的阈值，在黑色级别下输入的黑色被映射为输入图像的黑色。
- Input White（输入白色）：指定输入图像白色值的阈值，低于白色输入级别的像素被映射为输入图像的白色。

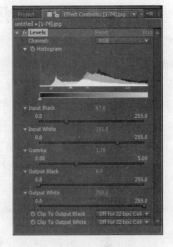

图 7-33   图 7-34

- Gamma（伽马）：设置输入输出的对比度，由柱状图下方中间的三角滑块表示。
- Output Black（输出黑色）：设置输出的黑色像素。
- Output White（输出白色）：设置输出的白色像素。
- Clip To Output Black（修剪黑色输出）：修剪黑色输出。
- Clip To Output White（修剪白色输出）：修剪白色输出。

⟫⟫7.2.21　Photo Filter（照片过滤器）

应用该特效前后的对比效果如图 7-35 所示。

此特效用于调整照片一类的图片，例如经过扫描仪扫描的图片，可以使其看上去更逼真。如图 7-36 所示为 Photo Filter（照片过滤器）特效的参数设置面板。

图 7-35   图 7-36

其中的主要选项说明如下：

- Filter（过滤器）：选择需要的过滤的色彩模式或自定义。
- Color（颜色）：只有在 Filter（过滤器）中选中 Custom（自定义）才可以激活此项。
- Density（密度）：设置过滤器与照片混合的密度。
- Preserve Luminosity（保持亮度）：保持图像的亮度区域。

⫸7.2.22　PS Arbitrary Map（PS 专用贴图）

此特效能够让选择的层应用一个 Photoshop 的 Arbitrary Map 文件。如图 7-37 所示为 PS Arbitrary Map 特效的参数设置面板。

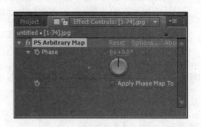

其中的主要选项说明如下：

- Phase（相位）：调节颜色相位。
- Apply Phase Map to Alpha（应用相位图到 Alpha）：应用一个相位图到 Alpha 通道中。

图 7-37

⫸7.2.23　Shadow/Highlight（阴影/高光）

在图像中，Shadow 和 Highlight 的搭配能显示出画面的层次。如图 7-38 所示为 Shadow/Highlight（阴影/高光）特效的参数设置面板。

其中的主要选项说明如下：

- Auto Amounts（自动数量）：勾上复选框后，Shadow Amount（阴影数量）和 Highlight Amount（高光数量）不可用。
- Temporal Smoothing（Seconds）（即时平滑度）：设置图像即时平滑功能，以秒为单位。
- Scene Detect（现场检测）：检测图像。
- More Options（更多的选项）：更多的设置选项。
- Shadow Tonal Width：设置阴影扩散宽度。
- Shadow Radius：设置阴影半径。
- Highlight Tonal Width：设置高光扩散宽度。
- Highlight Radius：设置高光半径。
- Color Correction：设置色彩校正。
- Midtone Contrast：设置中间调对比度。
- Black Clip：黑修剪。
- White Clip：白修剪。
- Blend With Original（用原图混合）：使用原图混合。

图 7-38

⫸7.2.24　Tint（色彩）

应用该特效前后的对比效果如图 7-39 所示。

此特效能够将图像上的像素映射为用户选定的颜色，并将两种颜色进行合成。如图 7-40 所示为 Tint（色彩）特效的参数设置面板。

其中的主要选项说明如下：

- Map Black to（图像黑像素被映射为）：选择映射黑色到指定的颜色。
- Map White to（图像白像素被映射为）：选择映射白色到指定的颜色。
- Amount to Tint（色彩化强度）：控制颜色的混合程度。

图 7-39   图 7-40

7.3   案例表现——黑白电影效果

通过学习本章的调色特效知识后，接下来根据下面给出的分析与提示，来学会运用 After Effects CS6 将影片调整成老黑白电影和胶片影像效果。

我们首先来看一下原影片的部分预览图片，如图 7-41 所示。

图 7-41

▶▶7.3.1 黑白电影效果

操作步骤如下：

① 首先用调色特效组里的 Hue/Saturation（色调/饱和度）将影片调整为黑白，如图 7-42 所示。

② 我们在电视上看一些老电影时经常会看到片子有点光动，为了达到这种效果，这里使用 Strobe Light（闪光灯）特效。

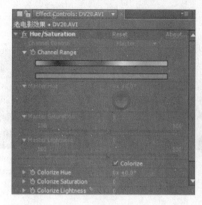

图 7-42

③ 老片由于放的时间过长，片子的质量不好，经常会有一些雪花。用 Noise（噪波）特效可以模拟老片雪花的效果，如图 7-43 所示。

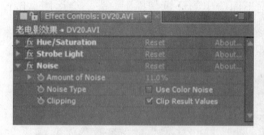

图 7-43

④ 为了使制作的影片更贴近老电影的模样，加影片增添一些白条。首先新增两个 Solid（固态层），图层一黑一白，白色 Solid（固体）图层的宽为 1。然后使用特效 Particle Playground（粒子运动场），最终效果如图 7-44 所示。

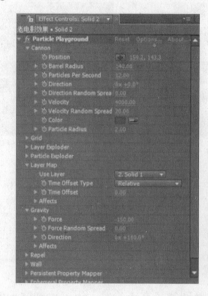

图 7-44

⑤ 大家看到图 7-42 所示中的白条，会觉得不太自然，"白条"太硬。有的读者可能会想

到使用模糊特效，模糊可以使对象看起来柔和，但这里使用模糊类型的特效与背景的雪花组合起来就不太协调了。这里我们可以使用 Noise（噪波）特效，如图 7-45 所示。

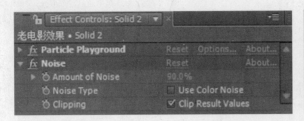

图 7-45

这样黑白老电影的效果就完成了。读者可以给不同的视频做成这种效果，是不是很有趣。

》》7.3.2　电影胶片效果

根据图 7-46 中给出的提示，尝试制作图 7-47 所显示的电影胶片效果。给素材添加 Tritone（三种颜色替换）特效和 Photo Filter（照片过滤器）特效。

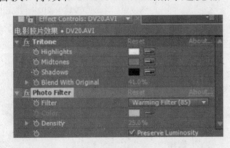

图 7-46　　　　　　　　　　　　　　　图 7-47

添加特效后的视频效果如图 7-48 所示。

图 7-48

怎么样，效果很奇妙吧，读者还可以用素材视频多做几种调色和特效的尝试。

7.4　习题与上机练习

一、填空题

1. Brightness&Contrast（亮度&对比度）特效通过设置图像的_____和_____来改变图像颜色。

2. Broadcast Colors（广播级颜色）特效改变影片像素的_____，使其在_____中能够准确的播放。

3. Color Balance（色彩平衡）特效通过调节画面_____/_____/_____的颜色强度来改变画面的颜色。

二、简答题

1. 简述一下 Change Color（改变颜色）特效可以做出什么效果。

2. 简述一下 Equalize（均衡）可以进行的创作思路。

三、上机练习

视频中的颜色在播放中不停的变化，很奇妙吧。下面根据本章所学的知识来做这个练习吧。把本书配套光盘本章上机练习文件夹中提供的视频素材导入 After Effects CS6，拖到时间线上，并添加 Hue/Saturation（色相/饱和度）特效，在视频中进行调节，效果如图 7-49 所示。另外，也可以打开配套光盘中提供的本练习的项目文件来进行学习。

图 7-49

做完之后进行预览，对照所给的截图查看效果是否存在很大的差异。如存在差异，请分析并重新制作该作品，如基本和截图效果接近，请尝试改变参数设置，并观察不同参数设置所产生的不同视频效果，从而达到触类旁通、举一反三的目的。

第 **8** 章

After Effects CS6 中的
文字特效

● 本章导读

● 要点讲解

● 案例表现——变化的字幕

● 习题与上机练习

8.1　本章导读

在 After Effects CS6 中，文字是一个重要的视频制作元素，它常被用来制作电视广告的广告语、预告篇文字、文字片头、电视剧片头文字等。本章将讲解在 After Effects CS6 软件中"文本工具"的使用方法，并在其间穿插文字制作实例的训练，以进一步加强读者对"文本工具"的使用和熟练度。

8.2　要点讲解

▶▶8.2.1　After Effects CS6 的"文本工具"

After Effects CS6 的"文本工具"是 After Effects CS6 几个主要工具之一，它用来制作文字素材和文字图形，用 After Effects CS6 制作字效也是在影视后期、广告制作中常用的方法，所以认真掌握"文本工具"的操作和应用是非常必要的。

1．文字的输入与编辑训练

操作步骤如下：

① 启动 After Effects CS6 软件，新建一个 720×576 的合成。

② 单击工具栏中的"文本工具" ，再单击工具栏中新出现的锁定字符和段落面板 按钮，在弹出的 Character（字符）面板中设置文字的属性；如果输入多行文本，可以在 Paragraph（段落）面板中设置段落文本的属性，如图 8-1 所示。

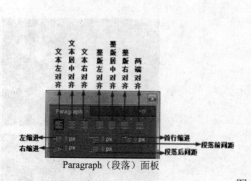

图 8-1

③ 使用鼠标左键单击 Composition（合成）窗口，然后输入文字。或者按下鼠标左键后，在 Composition（合成）窗口中拖出一个文字区域，再输入文字，如图 8-2 所示。

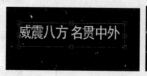

图 8-2

④ 在 Composition（合成）窗口中单击后，在 Timeline（时间线）窗口中将自动生成一个文字层，并且会以输入的文字命名，如图 8-3 所示。

图 8-3

⑤ 在 Composition（合成）窗口中选中文字，可以在 Character（字符）面板与 Paragraph（段落）面板中更改文字的字符属性或段落属性。

2．变换文字

创建文字后，在 Timeline（时间线）窗口中单击文字层左侧的▶图标，展开文字层的属性列表，再单击 Text（文本）左侧的▶图标，可以看到 Source Text（源文本）属性，如图 8-4 所示。该属性可以制作出字符变换的动画。

图 8-4

操作步骤如下：

① 将时间标记 定位在 0 秒的位置。选择"文本工具"，在 Composition（合成）窗口中输入汉字"四海兄弟"，并设置字体、字号等属性，如图 8-5 所示。

图 8-5

② 在 Timeline（时间线）窗口中展开文字层的属性列表，找到 Source Text（源文本）属性。激活 Source Text（源文本）属性前的关键帧记录器 ，定义一个关键帧。

③ 移动时间标记 到第 15 帧（00:00:00:15），单击关键帧导航器中的 图标来插入新关键帧，使用"文本工具"将 Composition（合成）窗口中的"四海兄弟"更改为"友谊为上"，如图 8-6 所示。

图 8-6

④ 按下组合键 Alt+Shift+J，在弹出的 Go To Time（跳转）对话框中输入"+15"，单击 OK（确定）按钮，如图 8-7 所示。

图 8-7

提示
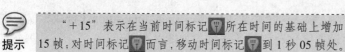
"+15" 表示在当前时间标记 所在时间的基础上增加 15 帧，对时间标记 而言，移动时间标记 到 1 秒 05 帧处。

⑤ 单击关键帧导航器中的 图标来插入新关键帧，在 Composition（合成）窗口中使用"文本工具"将"友谊为上"更改为"和平共处"，如图 8-8 所示。

图 8-8

⑥ 使用步骤④的操作来移动时间标记 ，使用步骤⑤的操作将 Composition（合成）窗口中的文字"和平共处"改为"世界大同"，如图 8-9 所示。

图 8-9

⑦ 移动时间标记 到 0 秒 0 帧，按键盘上的空格键来预览动画。

8.2.2 After Effects CS6 的文字属性

本节通过小实例向读者讲述如何在 After Effects CS6 中通过路径和文本的参数设置来制作文本动画。

1. 文字的属性

文字的动画属性相当的多，通过 After Effects CS6 中的各种属性相加产生的效果更是数不胜数，文字属性如图 8-10 所示。

图 8-10

其中的主要选项说明如下：

● Text（文本）：使用 Source Text（源文本）属性可以更改文字。

● Animate（动画）：单击后方的按钮，将弹出可添加到文字上的各种属性菜单，通过它们的协助可以让文字动画更具有活力。

- Path Options（路径选项）：如果在 Composition（合成）窗口中有路径，在这里可以将路径指定给文字，文字会沿路径排列。
- More Options（增加选项）：在其下可以设置定位点分组基于何种方式、组排列、填充和描边、字符间的混合模式。
- Transform（变换）：这是一个层的基本属性组，在前面的章节中已经讲解过了，这里不再赘述。

2．文字路径

用户可以将绘制的路径指定给文字，文字将根据路径的形状进行排列分布。再通过设置 Path Options（路径选项），可以制作出文字动画效果。

操作步骤如下：

① 创建一个 720×576 的合成，持续时间自定。

② 在工具栏中选择"文本工具"，在 Composition（合成）窗口中输入一行文本，如"2012 年伦敦奥运会"，并设置文字的字体、字号等属性，效果如图 8-11 所示。

③ 在工具栏中选择"钢笔工具"，在 Composition（合成）窗口中绘制一条路径，如图 8-12 所示。

图 8-11 图 8-12

④ 在 Timeline（时间线）窗口中展开文字层的 Path Options（路径选项）属性，单击 Path（路径）右侧的 None 按钮，选择刚才所绘制的路径 Mask 1，Composition（合成）窗口的文字将随着路径排列，如图 8-13 所示。

图 8-13

⑤ 此时在 Path（路径）下，显示出了可供调节文字在路径上排列方式的设置选项，如图 8-14 所示。

图 8-14

其中的主要选项说明如下：

- Reverse Path（反转路径）：将路径上的文字进行反转，如图 8-15 所示。
- Perpendicular To Path（垂直于路径）：将文本垂直于路径，如图 8-16 所示。

图 8-15 图 8-16

- Force Alignment（强制对齐）：将文字强制对齐于路径两端，如图 8-17 所示。
- First Margin（首字缩进）：设置首字的缩进程度，如图 8-18 所示。

图 8-17 图 8-18

- Last Margin（末字缩进）：设置末字的缩进程度。

⑥ 将时间标记 🔲 定位在 0 秒，调节 First Margin（首字缩进）属性的值，直到文字消失在 Composition（合成）窗口中，激活 First Margin（首字缩进）属性的关键帧记录器，如图 8-19 所示。

图 8-19

⑦ 定位时间标记 🔲 在 5 秒处，在 Timeline（时间线）窗口中调节 First Margin（首字缩进）属性的值，直到看见文字沿路径走到另一端并消失在 Composition（合成）窗口中。

⑧ 移动时间标记 🔲 到 0 秒，按下空格键，即可看到文字依附路径运动的效果。

3．文字动画

使用 Animate（动画）可以向文字添加很多的属性，用其制作动画可以实现很多文字动画效果。

操作步骤如下：

① 创建一个 720×576 的 Composition（合成）。

② 在工具栏中选择"文本工具" ，在 Composition（合成）窗口中输入文字"武林盟主"，并设置文字的字体、字号等属性，效果如图 8-20 所示。

③ 在 Timeline（时间线）窗口中展开文字层的属性列表，单击 Animate（动画）右侧的 按钮，从弹出的菜单中选择 Scale（缩放）命令，如图 8-21 所示。

图 8-20

图 8-21

④ 在出现的 Animator 1 属性下展开 Range Selector 1（范围选择 1）属性，调节 End（结束）值为 25%，使第二个光标出现在"武"字后面，如图 8-22 所示。

图 8-22

 提示　　当选中 Range Selector 1 属性后，可以使用鼠标在 Composition（合成）窗口中拖动字符选择线，鼠标指针显示为 状态。

⑤ 单击 Animator 1 后方 Add（添加）后的 按钮，从弹出的菜单中选择 Property（属性）项，再从子菜单中选择 Position（位置）项，如图 8-23 所示。

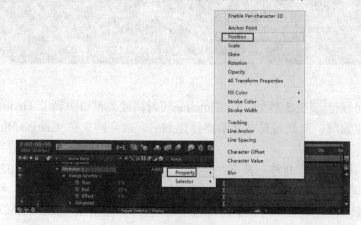

图 8-23

⑥ 调节添加到 Animator 1 属性组中的 Position（位置）的值，使"武"字显示在以前位置的正下方，如图 8-24 所示。

图 8-24

⑦ 调节 Animator 1 属性组中 Scale（缩放）的值，使用文本工具将"武"字变大，读者自调节大小，如图 8-25 所示。

图 8-25

⑧ 单击 Animator 1 后方的 Add（添加）按钮，从弹出的菜单中执行【Property（属性）】→【Character Offset（字符偏移）】命令。

⑨ 调节刚添加进来的参数，如图 8-26 所示。

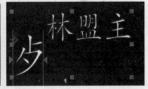

图 8-26

提示   Composition（合成）窗口有无显示"武"字均可，只要读者调节了 Character Offset 的值就行。

⑩ 确定时间标记 位于 0 秒 0 帧处，单击 Range Selector 1 属性组下 Offset（偏移）的关键帧记录器来设置一个关键帧，如图 8-27 所示。

图 8-27

⑪ 移动时间标记 到 3 秒的位置，设置 Offset（偏移）的值为 100%，系统会自动插入关键帧来记录这一改变，如图 8-28 所示。

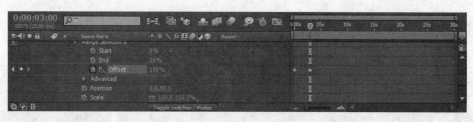

图 8-28

⑫ 按键盘上的空格键来预览动画，动画播放画面如图 8-29 所示。

图 8-29

> 播放画面因调节值的不同会有所不同，但大致和图 8-29 相似。

4．文字抖动

使用抖动可以为文字添加多种效果，如颜色、位置、大小、不透明度等。

操作步骤如下：

① 创建一个 720×576 的 Composition（合成）。

② 单击工具栏中的"文本工具"，然后在 Composition（合成）窗口中输入"ABCDEFG"，字体、字号自定，再将文字的颜色设为纯白色，效果如图 8-30 所示。

图 8-30

③ 在 Timeline（时间线）窗口中展开文字层的属性列表，单击 Animate（动画）右侧的 按钮，从弹出的菜单中选择 Position（位置）命令，在 Timeline（时间线）窗口中将 Position（位置）属性值设置为 100，-200，如图 8-31 所示。

图 8-31

④ 单击 Animator 1 后的 Add 按钮，从弹出的菜单中执行【Property（属性）】→【Fill Color（填充）】→【RGB】，如图 8-32 所示。

⑤ 单击 Animator 1 后的 Add 按钮，从弹出的菜单中执行【Property（属性）】→【Skew（倾斜）】命令。

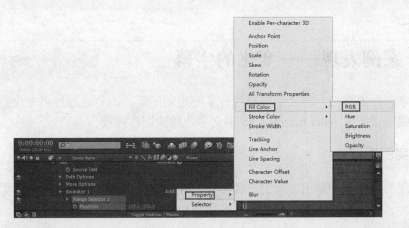

图 8-32

⑥ 单击 Animator 1 后的 Add 按钮，从弹出的菜单中执行【Property（属性）】→【Blur（模糊）】命令。

⑦ 单击 Animator 1 后的 Add 按钮，从弹出的菜单中执行【Selector（选择器）】→【Wiggly（抖动的）】命令。

⑧ 在"时间线"窗口中分别调节各属性的值，直到满意为止，如图 8-33 所示。

图 8-33

⑨ 读者可根据字体的实际情况来调节属性值，调节好以后，按键盘上的空格键来预览动画。

⑩ 播放画面如图 8-34 所示。

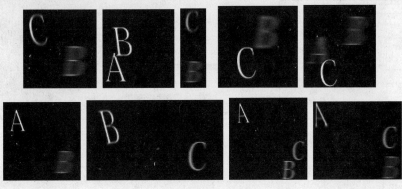

图 8-34

8.3 案例表现——变化的字幕

通过本章前面的学习，对文字的特效有了一定的了解，本节将通过"变化的字幕"这一实例，来详细地讲解在 After Effects CS6 中文字特效的制作过程。

8.3.1 实例观察

本例表现的是片头字幕出现时的一种形式，片头字先以淡入、模糊进入界面中，然后文字沿 Z 轴开始，并通过灯光效果，使文字产生阴影，浏览效果如图 8-35 所示。

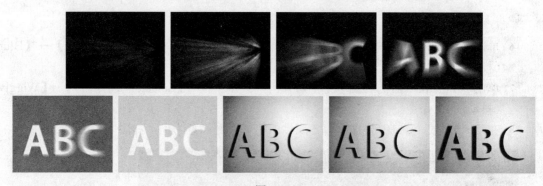

图 8-35

8.3.2 使用 Photoshop 制作素材图片

操作步骤如下：

① 启动 Photoshop 软件，执行【File（文件）】→【New（新建）】命令，或使用组合键 Ctrl+N，在"新建"对话框中按照如图 8-36 所示进行设置。单击"确定"按钮。

② 按照如图 8-37 所示为背景图片添加"云彩"滤镜效果，效果如图 8-38 所示。

图 8-36

图 8-37

图 8-38

注意　　如果读者对第一次使用"云彩"滤镜效果不满意，可以多运用几次，重复上一次滤镜效果可以使用组合键 Ctrl+F。

③ 执行【File（文件）】→【Save As（存储为）】命令，或使用组合键 Shift+Ctrl+S，在
弹出的"存储为"对话框中输入文件名称为"烟"，并选择文件格式为.jpg，如图 8-39
所示。单击"保存"按钮。

图 8-39

▶▶8.3.3 把文本做成动画文字

操作步骤如下：

① 关闭 PhotoShop 软件，启动 After Effects CS6 软件，然后在 Project（项目）窗口上单
击鼠标右键，从弹出的快捷菜单中选择 New Composition（新建合成），在弹出的
Composition Settings（合成设置）对话框中按照如图 8-40 所示进行设置，然后单击
OK（确定）按钮。

② 将前面制作的"烟"图片导入到 Project（项目）窗口中，并拖入 Timeline（时间线）
窗口中，如图 8-41 所示。

图 8-40

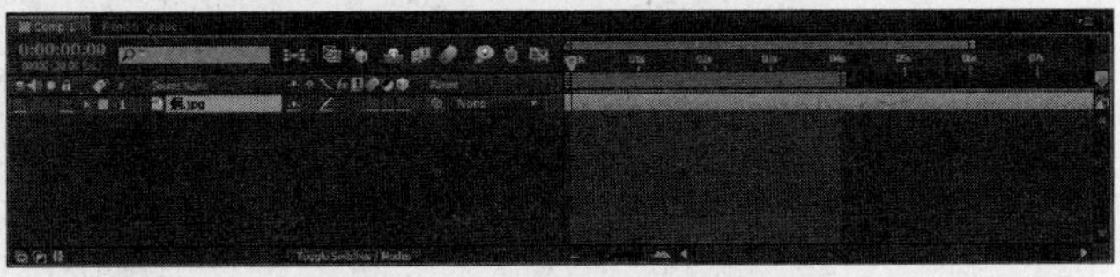

图 8-41

③ 在 Timeline（时间线）窗口上单击鼠标右键，从弹出的快捷菜单执行【New（新建）】→【Text（文本）】命令，然后在 Composition（合成）窗口中输入文本"ABC"，如图 8-42 所示。

④ 单击 Timeline（时间线）窗口中图层"烟"对应的◉，将该图层隐藏。

⑤ 在文本层"ABC"上单击鼠标右键，从弹出的快捷菜单中执行【Effect（特效）】→【Distort（扭曲）】→【Displacement Map（位移映射）】命令，在弹出的 Effect Controls（效果控制）面板中单击 Displacement Map Layer（位移映射层）下拉列表，选择"烟"层作为映射层，如图 8-43 所示。

图 8-42   图 8-43

⑥ 将时间标记▮定位在 0 秒，在 Timeline（时间线）窗口中单击 Max Horizontal Displacement（最大水平位移量）、Max Vertical Displacement（最大垂直位移量）和 Opacity（不透明度）的关键帧记录器，并将 Max Horizontal Displacement（最大水平位移量）和 Max Vertical Displacement（最大垂直位移量）的值设置为 500，将 Opacity（不透明度）值设置为 0，如图 8-44 所示。

图 8-44

⑦ 将时间标记▮定位在 1 秒，然后设置 Opacity（不透明度）的值为 100%，将自动在时间标记▮所在的位置插入一个关键帧。

⑧ 将时间标记▮定位在 2 秒，设置 Max Horizontal Displacement（最大水平位移量）、Max Vertical Displacement（最大垂直位移量）的值为 0，如图 8-45 所示。

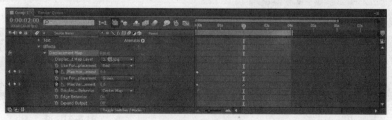

图 8-45

⑨ 在文本层"ABC"上单击鼠标右键，从弹出的快捷菜单中执行【Effect（特效）】→【Blur & Sharpen（模糊与锐化）】→【Radial Blur（径向模糊）】命令，在弹出的 Effect Controls（特效控制）面板中按照如图 8-46 所示进行设置。

⑩ 将时间标记■拖动到 2 秒的位置，展开 Timeline（时间线）窗口中特效属性，单击 Radial Blur（径向模糊）中的 Amount（数量）关键帧记录器■，设置 Amount（数量）值为 200，如图 8-47 所示。将时间标记■拖动到 2 秒的位置，设置 Amount（数量）值为 0。

图 8-46

图 8-47

⑪ 在 Effect Controls（特效控制）面板中，单击 Center（中心）设置项的关键帧记录器■来插入一个关键帧，然后单击■按钮，在 Composition（合成）窗口中确定径向模糊的中心，如图 8-48 所示。

⑫ 将时间标记■定位在 4 秒，然后设置 Amount（数量）的值为 0，再单击 Effect Controls（效果控制）面板中 Center（中心）对应的按钮■，在 Composition（合成）窗口中确定该帧中径向模糊的中心位置，如图 8-49 所示。

图 8-48

图 8-49

⑬ 将工作区收缩在时间标记■所在的位置，如图 8-50 所示。

图 8-50

>>> 8.3.4 为文本添加灯光

操作步骤如下：

① 在 Project（项目）窗口中单击鼠标右键，从弹出的快捷菜单中选择 New Composition（新建合成），在弹出的 Composition Settings（合成设置）对话框中按照如图 8-51 所示进行设置，然后单击 OK（确定）按钮。

② 将 Project（项目）窗口中的"合成 1"拖入当前 Composition（合成）窗口中，如图 8-52 所示。

图 8-51   图 8-52

③ 单击图层"合成 1"对应的 ■，将该图层转换成为 3D 图层，如图 8-53 所示。

图 8-53

④ 展开图层"合成 1"的卷展栏，然后将时间标记 ■ 定位在 3 秒 29 帧，再单击 Position（位置）对应的关键帧记录器 ■，如图 8-54 所示。

图 8-54

⑤ 将时间标记 ■ 定位在第 5 秒，选择工具栏中的"选择工具" ■，单击 Composition（合成）窗口中的文本，然后将文本沿 Z 轴拖拽，如图 8-55 所示。

⑥ 在 Timeline（时间线）窗口中单击鼠标右键，从弹出的快捷菜单中执行【New（新建）】→【Solid（固体）】命令，在弹出的 Solid Footage Settings（固体脚本设置）对话框中按照如图 8-56 所示进行设置。其中设置颜色为白色。

⑦ 执行上一个操作步骤后，在 Timeline（时间线）窗口中将增加一个图层（White Solid 1）。将该图层拖动到图层"合成 1"的下方。

图 8-55　　　　　　　　　　　　　　　　　图 8-56

⑧ 将时间标记 定位在 3 秒 11 帧，然后拖动图层"White Solid 1"，使其与时间标记 对齐，如图 8-57 所示。

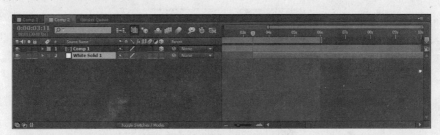

图 8-57

⑨ 单击图层"White Solid 1"对应的 ，将该图层转换为 3D 图层。展开图层"White Solid 1"的卷展栏，单击 Opacity（不透明度）的关键帧记录器 ，设置值为 0%。

⑩ 将时间标记 定位在 4 秒，然后将 Opacity（不透明度）值设为 100%。

⑪ 在 Timeline（时间线）窗口中单击鼠标右键，从弹出的快捷菜单中执行【New（新建）】→【Light（灯光）】命令，在 Timeline（时间线）窗口将添加一个灯光层。

⑫ 将时间标记 定位在 3 秒 29 帧，拖动灯光层使其与时间标记对齐，如图 8-58 所示。

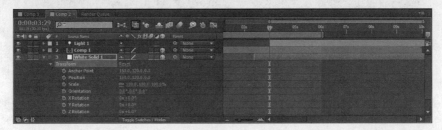

图 8-58

⑬ 在 Composition（合成）窗口中单击 Active Camera ▼ 的下拉按钮，从弹出的下拉列表中选择 Custom View 1（自定义视图 1），如图 8-59 所示。

⑭ 在 Composition（合成）窗口中调整灯光的位置，如图 8-60 所示。

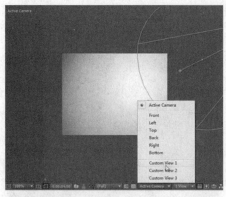
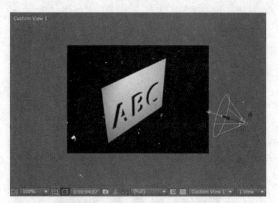

图 8-59   图 8-60

注意

> 为了让读者看清灯光的位置，将背景颜色更改为白色。

⑮ 在 Composition（合成）窗口中单击 Active Camera 下拉按钮，从弹出的下拉列表中选择 Action Camera（当前摄影机），效果如图 8-61 所示。

图 8-61

⑯ 将时间标记 定位在 5 秒 29，然后将工作区收缩到此处，如图 8-62 所示。最后按键盘上的空格键来预览动画。

图 8-62

8.4　习题与上机练习

一、填空题

1. After Effects CS6 的"文本工具"是 After Effects CS6 几个主要工具之一，它用来制作＿＿＿和＿＿＿，用 After Effects CS6 制作字效也是在＿＿＿、＿＿＿中常用的方法。

2．用户可以将绘制的路径指定给文字，文字将根据_____进行排列分布。再通过设置_____，可以制作出文字动画效果。

3．使用文字动画中的 Animate（动画）可以向文字添加很多的_____，用其制作动画可以实现很多文字_____。

二、简答题

1．在 Go to Time（跳转）对话框中输入"＋10"，所表达的是什么意思？

2．通过本章的学习，简述做文字抖动的思路。

三、上机练习

根据本章所学知识，制作一个如图 8-63 所示的文字近距动画效果。读者也可以打开本书配套光盘中提供的本章上机练习的项目文件来学习其制作过程。

图 8-63

提示

①新建合成，用"文本工具"在合成窗口输入任意文字。

②利用本章所学的文字的高级动画技巧来做文字动画。

③注意文字的中心点一定要居中。

完成后进行预览，对照所给的截图查看是否存在很大的差异。如存在差异，请分析并重新制作该作品，如基本和截图效果接近，请尝试改变参数设置，并观察不同参数设置所产生的不同视频效果，从而达到触类旁通、举一反三的目的。

第 **9** 章

在 After Effects CS6 中
渲染输出影片

- 本章导读
- 要点讲解
- 习题与上机练习

9.1 本章导读

渲染并不一定是最后输出才需要的过程，但一部影片制作审核完成后就一定要渲染输出。在制作影片时，经常需要反复的输出图像来供参考、设置代理，以备下一个环节使用等。所以，渲染是后期工作中一个十分重要的环节。本章将详细地讲解 After Effects CS6 中有关渲染输出影片的操作，包括输出电影、渲染队列窗口、渲染设置与输出模块、渲染一个任务为多种格式，以及输出单帧图像。

9.2 要点讲解

9.2.1 输出电影

在制作完成合成影像文件后，接下来就要对合成影像文件进行渲染输出，将添加的动画与特效合成到影片中，以便在其他设备上播放或用作素材。下面就来介绍渲染和输出影片的操作方法。

在 After Effects CS6 中使用"渲染队列"窗口来渲染影片是最常用的方法。这个"渲染队列"窗口，它的设置比较全面，也相当的易于操作。

在"渲染队列"窗口中，可以同时添加几个任务，且可以对它们分别进行设置，互不干扰。

需要使用"渲染队列"窗口输出影片时，选中需要输出的"合成"或"时间线"窗口，使用组合键 Ctrl+M，或执行【Composition（合成）】→【Make Movie（制作电影）】命令，弹出如图 9-1 所示的 Render Queue（渲染队列）窗口。

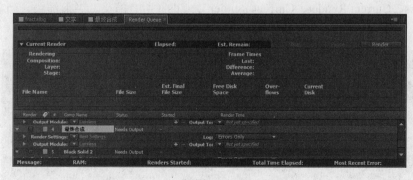

图 9-1

在窗口中进行设置以后，单击 Render（渲染）按钮，将开始渲染影片。下面将详细介绍此窗口的设置。

9.2.2 渲染队列窗口

在 Render Queue（渲染队列）窗口中，可以按照任意顺序来排列要渲染的项目，所有渲染影片或图像序列的设置均在该窗口中完成。在 Render Queue（渲染队列）窗口中的设置只影响渲染结果，不影响原始合成的设置。

Render Queue（渲染队列）窗口分为上下两个部分。上面的部分监视 After Effects 的渲染过程；下面部分显示渲染序列、设置渲染质量、输出制式、渲染状态等信息。

用户可以在渲染序列中放置多个渲染项目，渲染完成后，每个项目仍保留在渲染序列中，但是其渲染状态变为 Done（完成）。不能再次渲染一个已经完成的渲染项，但是可以复制它，在序列中产生一个具有相同设置的新渲染项，然后重新设置这个复制项目的各种选项。

接下来讲解"渲染队列"窗口的主要功能。

1. 将需要合成的影像添加到渲染队列

有以下两种方法：

● 直接将"项目"窗口中的合成拖动到"渲染队列"窗口中，系统会自动添加一个任务。

● 执行【Composition（合成）】→【Add To Render Queue（添加到渲染队列）】命令。

2. 从渲染队列中删除渲染项

在 Render Queue（渲染队列）窗口中选择需要删除的渲染任务，按 Delete 键或执行【Edit（编辑）】→【Clear（清除）】命令。

3. 改变渲染任务在"渲染队列"窗口中的顺序

在"渲染队列"窗口中选中需要改变的渲染任务，然后上下拖动任务的名称即可。

4. 暂停渲染

如果需要暂时停止渲染，就单击 Pause（暂停）按钮。暂停时不能改变渲染设置，不能使用 After Effects。

5. 停止渲染

如果需要停止已经开始的渲染任务，单击 Stop（停止）按钮。停止渲染过程后，该渲染任务的状态变为 Render（渲染），并将自动加入一个新的渲染任务到"渲染队列"窗口中。

6. 状态和进度显示区

在渲染的过程中，Render Queue（渲染队列）窗口中显示了渲染该任务的状态和进度，如 All Renders、Current Render、Current Render Details（所有渲染、当前渲染、当前渲染详细资料），如图 9-2 所示。

图 9-2

（1）All Renders（所有渲染）。

Message（信息）：显示当前渲染任务位于队列中的第几个。如果队列中只有一个任务，则显示 1 of 1；有 5 个任务时，显示 1 of 5、2 of 5，一直到渲染完为止。

RAM（内存）：显示渲染任务所使用的内存量。

Renders Started（渲染开始）：开始渲染任务的时间。

Total Time Elapsed（总的逝去时间）：显示所有渲染任务已经使用的时间。

Log File（日志文件）：记录渲染状态信息文件和错误信息等。开启该功能后，After Effects 在渲染时生成一个日志文件，文件名为 After Effects Log.txt。

（2）Current Render（当前渲染）。

Rendering "Comp 1"（Comp 1 渲染中）：显示当前正在被渲染任务的名字，如果正在被渲染的任务名为 "CHINA"，那该项显示为 Rendering "CHINA"。

注意 此名字为渲染任务在"渲染队列"窗口中的名字，不是影片输出的名字，不要混淆了。

Elapsed（逝去）：显示当前任务已经渲染了多少时间。

Est.Remain（估计剩余）：系统估计还有多少时间能够完成当前任务。

0:00:00:05(1)：此时间说明本渲染在开始是在 0 秒 5 帧，括号中的 1 说明 0 秒 5 帧将作为本影片的第 1 帧，也就是工作区开始是在第 5 帧。

注意 此时间不是渲染任务逝去或剩余之类的时间，这是影片的时码。

0:00:01:13（34）：此时间显示的是已经渲染了 1 秒 13 帧，括号中的 34 表示 1 秒（25 帧）加 8 帧（13-5）等于 33 帧，影片已经开始渲染第 34 帧。

0:00:09:24（245）：此时间显示影片到完成时将持续多少时间。

注意 9 秒 24 帧就意味着影片持续时间为 10 秒，渲染时工作区内最后一帧将不渲染。

如图 9-3 所示是标准的影片的一帧。

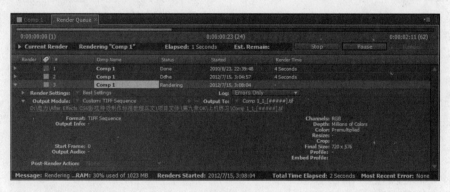

图 9-3

（3）Current Render Details（当前渲染详细资料）。

① Rendering（渲染中）。

Composition（合成）：显示正渲染的合成。

Layer（层）：显示合成中正在被渲染的层。

Stage（舞台）：显示正在被渲染的特效或正在输出到文件。

② Frame Times（帧时间）。

Last（最近的）：显示最近几秒时间。

Difference（差额）：最近几秒时间中的差额。

Average（平均）：平均后的时间。

File Name（文件名）：影片输出时的名字。

File Size（文件尺寸）：影片已经输出的尺寸。

Est. Final File Size（估计最终文件尺寸）：估计影片最终完成时的大小。

Free Disk Space（磁盘剩余空间）：显示当前使用磁盘分区的剩余空间。

OverFlows（溢出）：溢出当前磁盘分区的文件尺寸。

Current Disk（当前磁盘）：当前使用的磁盘分区，也是指存放影片的磁盘分区。

（4）Render Status（渲染状态）。

在"渲染队列"窗口的 Status 列中提供了一些有关任务的重要信息，如图 9-4 所示。

图 9-4

一般包括以下几种渲染状态：

- User Stopped（用户停止）：用户在渲染任务过程中停止了渲染。
- Unqueued（不在队列）：在"渲染队列"窗口中的任务不在准备渲染状态，系统在渲染影片时，忽略该任务。将该任务最前方的复选框勾上，它将进入准备渲染状态。
- Done（完成）：此任务已渲染完成。
- Rendering（渲染）：正在渲染此任务。
- Queued（队列）：此任务正在排队等待渲染，取消此任务最前方的勾选标记，此任务将不在准备渲染状态。

注意

> 开始渲染后，"渲染队列"窗口中的任何参数都不能再被更改，除了 Log（日志）。

▶▶9.2.3 渲染设置与输出模块

在渲染影片前，需要在"渲染队列"窗口中根据输出影片的需要来定义渲染输出的各种设置，以满足影片输出的要求。本节就将介绍如何选择和设置输出模块。

1．选择渲染设置模板

在进行影片合成时，已经为影片设置了显示质量和分辨率，在渲染的时候不需要再去设置嵌套的合成的质量和分辨率，直接在"渲染队列"窗口中调整所有层和合成的设置即可。

（1）选择预置渲染设置。

在 Render Queue（渲染队列）窗口中，After Effects 提供了一些基本模板，单击 Render Settings（渲染设置）右侧的▼按钮，弹出如图 9-5 所示的菜单。其中的选项说明如下：

- Best Settings（最佳设置）：使用最好的质量来渲染影片。
- Current Settings（当前设置）：使用在"合成"窗口中的设置。
- Draft Settings（草稿）：使用草稿质量来渲染影片。
- DV Settings（DV 设置）：使用 DV 设置来渲染影片。
- Multi-Machine Settings（多机器设置）：使用 Photoshop 序列文件的方式输出影片，适应于将影片在多个机器间修改。
- Custom（自定义）：用户根据需要自定义各项设置。
- Make Templates（制作模板）：制作适合用户的模板，保存后，After Effects 在渲染时优先调用它。

单击 Render Settings（渲染设置）左侧的 ▶ 按钮，将展开影片渲染设置说明，可以看到渲染设置的具体参数，如图 9-6 所示。

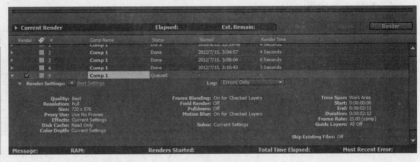

图 9-5   图 9-6

（2）更改渲染设置。

单击 Render Settings（渲染设置）右侧带有下划线的有色文本，弹出如图 9-7 所示的 Render Settings（渲染设置）对话框，可以在这里对选择的每一种预置进行需要的改动。

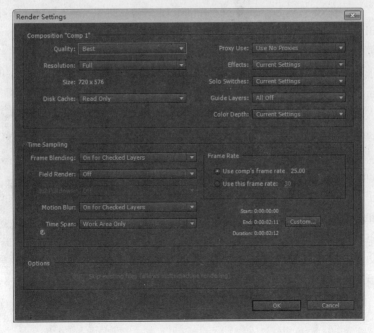

图 9-7

其中的主要选项说明如下：

- Composition "Comp 1"（合成 "Comp 1"）：显示设置的合成的名字。
- Quality（质量）：设置渲染影片的质量。Best 为最好，Draft 为草稿，Wire frame 为线框。
- Resolution（分辨率）：设置输出影片的分辨率。
- Size（尺寸）：360×288 是当前的分辨率。
- Disk Cache（磁盘缓存）：决定文件输出到本地磁盘之后，文件是否可以编辑。
- Proxy Use（使用代理）：确定在渲染时是否使用代理。
- Effects（特效）：决定在渲染时，哪些特效有效。Current Settings——应用当前设置。All On——所有应用到合成或层上的特效全部渲染。All Off——所有特效一律不渲染。
- Solo Switches（独奏开关）：开关独奏模式。Current Settings——应用当前设置。All Off——全部关闭。
- Guide Layers（向导层）：决定是否渲染合成中的向导层。Current Settings——应用当前设置。All Off——全部不渲染。
- Color Depth（颜色深度）：选择渲染出的影片的每个通道多少位色彩深度。
- Time Sampling（时间取样）：设置时间采样。
- Frame Blending（帧融合）：设置帧融合状态。Current Settings——当前设置，就是以"时间线"窗口中的帧融合开关为准。On For Checked Layers：只对"时间线"窗口已开启帧融合开关的层有效。Off For All Layers——关闭所有层的帧融合。
- Field Render（场渲染）：决定渲染合成时是否使用场渲染。Off——如果渲染非交错场影片，选择该项。Upper Field First /Lower Field First（上场/下场优先）——如果渲染交错场影片，选择优先顺序。
- 3:2 Pulldown（3:2 下拉）：决定 3:2 下拉的引导相位，用户必须使用场渲染才能设置此参数。
- Motion Blur（运动模糊）：决定影片中运动模糊的使用。Current Settings——以当前"时间线"窗口中的运动模糊开关为准。On For Checked Layers——只对"时间线"窗口中已经打开运动模糊开关的层有效。Off For All Layers——忽略所有层的运动模糊。
- Time Span（时间范围）：设置渲染影片的长度。Custom 是自定义，Work Area Only 是只限工作区域，Length of Comp 是整个合成的长度。选择Custom（自定义）时会弹出图 9-8 所示的 Custom Time Span（自定义时间范围）对话框，在其中设置即可。

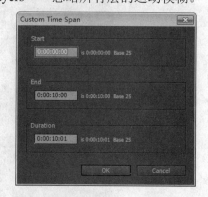

图 9-8

- Frame Rate（帧速率）：设置影片使用的帧速率。
- Use comp's frame rate（使用合成的帧速率）：使用合成设置中指定的帧速率。
- Use this frame rate（使用这个帧速率）：在右侧的文本框中输入一个帧速率，渲染时将以此帧速率进行。
- Options（选项）：设置渲染的溢出设置。

- Skip existing files（allows multi-machine rendering）（跳过现有文件）：只渲染序列文件中的部分文件，不再渲染以前渲染过的文件。渲染序列文件时，After Effects CS6 找到当前序列的文件，找出并只渲染丢失的帧。

2．制作渲染模板

用户可以将一个自定义的渲染设置存储为模板，以后使用时直接调用即可。

将渲染设置存储为模板的操作步骤如下：

① 首先执行【Edit（编辑）】→【Templates（模板）】→【Render Settings（渲染设置）】命令，或在"渲染队列"窗口中单击 Render Settings（渲染设置）右侧的▼按钮，从弹出的菜单中选择 Make Templates（制作模板）命令，如图 9-9 所示。

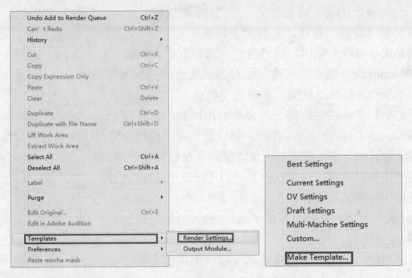

图 9-9

② 此时将弹出如图 9-10 所示的 Render Setting Templates（渲染设置模板）对话框。

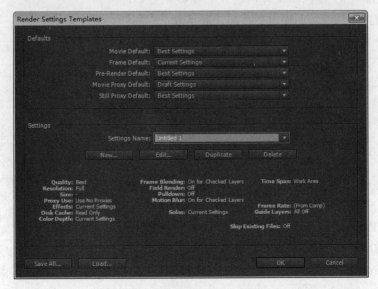

图 9-10

其中的主要选项说明如下：
- Defaults（默认）：设置默认的各种选项。
- Movie Default（默认电影）：在视频渲染时，选择作为默认的模板。
- Frame Default（默认帧）：在渲染单帧时，选择作为默认的模板。
- Pre-Render Default（预渲染默认）：选择默认的预渲染模板。
- Movie Proxy Default（电影代理默认）：选择默认的代理影片输出模板。
- Still Proxy Default（静态代理默认）：选择默认的代理静态图片输出模板。
- Settings（设置模板）：对各默认模板或新建的模板进行设置。

③ 根据需要，执行以下操作之一：
单击 Settings Name（设置名字）右侧的 ▼ 按钮，调入已经存在的模板。
单击 New（新建）按钮，新建一个模板。
单击 Edit（编辑）按钮，对当前选定的模板进行编辑。
单击 Duplicate（副本）按钮，保存当前选定的模板为副本。
单击 Delete（删除）按钮，删除选定的模板。

④ 设置完毕后，在对话框的下方会显示出模板的设置信息。

⑤ 单击 Save All（保存全部）按钮，将当前设置的模板存储为*.ars 文件，这样可以将该设置提供给其他计算机使用，也可以保证自己长时间使用。

⑥ 在其他计算机上使用时，单击 Load（载入）按钮可以导入之前存储的模板文件。

⑦ 单击 OK（确定）按钮，退出 Render Settings Templates（渲染设置模板）对话框。

⑧ 以后使用时，可以在"渲染队列"窗口的模板菜单中找到自定义的模板，如图 9-11 所示。

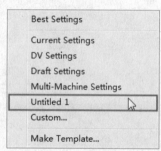

图 9-11

3．选择输出模块

After Effects CS6 输出模块包括影片的视频和音频输出格式、视频压缩方式等选项。在输出影片时，根据输出的需要，要对输出模块进行设置。

（1）选择预置输出模块。

单击"渲染队列"窗口 Output Module（输出模板）右侧 ▼ 按钮，弹出如图 9-12 所示预置输出模块菜单。

其中的主要选项说明如下：
- Lossless（无损压缩）：无损压缩输出。
- Alpha Only（只有 Alpha 通道）：只输出 Alpha 通道。
- AIFF 48kHz：输出 48kHz 的 AIFF 音频文件。
- AVI DV NTSC 48kHz：输出 48kHz NTSC 制式的 DV 影片。
- AVI DV PAL 48kHz：输出 48kHz PAL 制式的 DV 影片。
- F4V：输出 F4V 流媒体格式。
- FLV：输出 FLV 视频。
- FLV with Alpha（FLV 与 Alpha 通道）：输出带有 Alpha 通道的 FLV 视频。

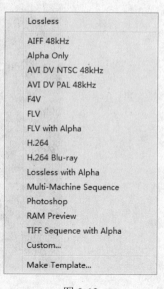

图 9-12

- Lossless with Alpha（无损压缩和 Alpha 通道）：无损压缩输出并带有 Alpha 通道。
- Multi-Machine Sequence：输出多机序列文件。
- Photoshop（Photoshop 序列）：输出 Photoshop 的 PSD 格式序列文件。
- RAM Preview（内存预览）：内存预览模板。
- TIFF Sequence with Alpha（TIFF 序列和 Alpha 通道）：输出带 Alpha 通道的 TIFF 序列文件。
- Custom（自定义）：自定义输出设置。
- Make Template（制作模板）：制作新的输出模板。

（2）更改输出模块设置。

单击"渲染队列"窗口输出模块（Output Module）右侧带有下划线的文本，或单击右侧的按钮，从弹出的菜单中选择 Custom（自定义）命令，便会弹出如图 9-13 所示的 Output Module Settings（输出模块设置）对话框。

其中的主要选项说明如下：

- Format（格式）：选择输出影片的格式。比如 Video For Windows 是 AVI，QuickTime 是 MOV。
- Include Project Link（包含项目链接）：指定影片是否使用项目链接。
- Post-Render Action（在渲染动作后）：设置渲染完毕后如何处理影片与软件间的关系。
- Video Output（视频输出）：设置压缩器。通道、颜色深度等。
- Format Options（格式选项）：单击该按钮，弹出如图 9-14 所示的格式选项对话框（当在 Format 下拉列表中选择不同的输出格式时，格式选项的对话框也不相同），在这里对压缩器进行选择并设置。

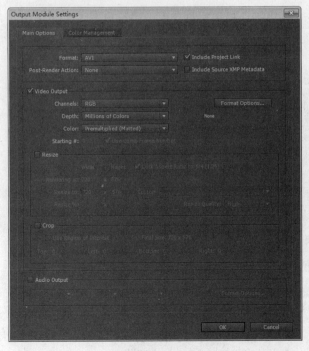

图 9-13

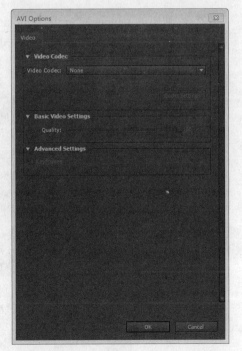

图 9-14

（3）制作输出模板。

用户也可以将自定义的输出模块存储为一个模板文件，以便以后经常使用。

制作输出模板的操作步骤如下：

① 执行【Edit（编辑）】→【Templates（模板）】→【Output Module（输出模块）】命令。或单击 Output Module（输出模块）右侧的▼按钮，从弹出的菜单中选择 Make Templates（制作模板）命令，如图 9-15 所示。

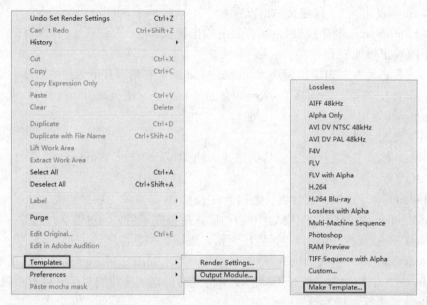

图 9-15

② 在弹出的 Output Module Templates（输出模块模板）对话框中进行设置，如图 9-16 所示。其设置方法与 Render Templates Settings（渲染模板设置）的设置方法基本相同，这里不再赘述。

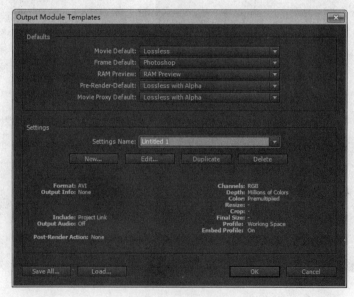

图 9-16

9.2.4 渲染一个任务为多种格式

After Effects CS6 可以非常方便地将一部影片按照多种格式输出，这使得用户在输出不同的压缩格式，或使用多种设备播放等工作被简化。

当需要使用多种格式输出时，操作步骤如下：

① 在"渲染队列"窗口中，用鼠标左键单击 ➕ 按钮，如图 9-17 所示。

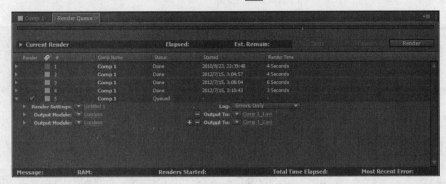

图 9-17

② 如果还需要输出更多，则继续使用 ➕ 按钮来添加输出模块。

③ 添加足够的输出模块后就可以对它们分别进行格式、尺寸、压缩程序等的设置。如图 9-18 所示为设置好的多种格式输出。

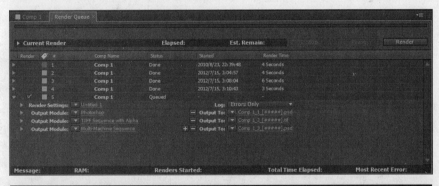

图 9-18

9.2.5 输出单帧图像

After Effects CS6 也可以将影片输出为单帧图片格式，以便其他软件或作为素材的需要。

操作步骤如下：

① 在 Timeline（时间线）窗口中将时间标记放置在需要输出的位置。

② 执行【Composition（合成）】→【Save Frame as（另存帧为）】→【File（文件）】命令。After Effects CS6 默认情况下使用 PSD 格式输出单帧文件，如图 9-19 所示。

③ 如果需要更改为其他格式的图像文件，如 JPG、TGA 等，单击 Output Module（输出模块）右侧的有色文本，进行选择设置。

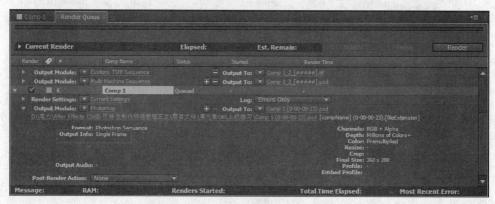

图 9-19

④ 设置完毕，单击 Render（渲染）按钮。

9.3 习题与上机练习

一、填空题

1. 在 Render Queue（渲染队列）窗口中，可以按照任意顺序排列要渲染的项目，所有_____或_____的设置均在该窗口中完成。在 Render Queue（渲染队列）窗口中的设置只影响_____，不影响_____的设置。

2. 在进行影片合成时，已经为影片设置了_____和_____，在渲染的时候不需要再去设置嵌套的合成的_____和_____，直接在"渲染队列"窗口中调整_____和_____的设置即可。

3. After Effects 可以非常方便地同时将一部影片按照_____输出，这使得用户在输出不同的_____，或使用_____等工作被简化。

二、简答题

1. 如何在 After Effects CS6 中输出单帧图像？

2. 怎样在 After Effects CS6 中同时将一部影片按照多种格式输出？

三、上机练习

（1）在 After Effects CS6 中新建一个合成，任意输入文字，利用前面所学的文字的高级动画所做的特效，制作如图 9-20 所示的效果。

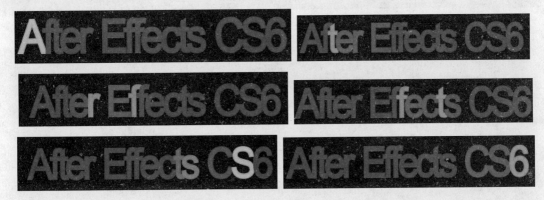

图 9-20

（2）接下来根据本章所学的多种格式输出知识，将上面制作的动画进行多格式渲染，同时渲染出为 mov、avi、wmv 格式以及 tga 序列帧，如图 9-21 所示。

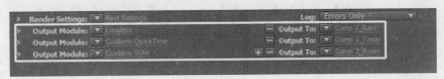

图 9-21

另外，读者也可以打开本书配套光盘所提供的本章上机练习的项目文件来学习。

第 **10** 章

After Effects CS6 中的
仿真特效与外挂插件

 学 习 重 点

- 本章导读
- 要点讲解
- 习题与上机练习

10.1 本章导读

After Effects CS6 的仿真特效与外挂插件属于 After Effects CS6 的高级应用。这些特效效果往往是使用 After Effects CS6 的基本特效无法实现或单独完成的效果。使用仿真特效或外挂插件就能够表现出更为逼真、细腻或绚丽的效果。光效、调色、波纹、海水、3D 等都是被广泛使用的外挂插件种类，它们经常被用于广告、片头的特效制作中。其中，调色插件 Color Finesse 是与 After Effects CS6 配合的相得益彰的专业级调色插件，它把 After Effects CS6 本身较弱的调色功能，做了大量的补充和完美的弥补。本章将详细地介绍 After Effects CS6 的仿真特效，以及外挂插件（光效、调色、波纹、海水、3D）的使用方法。通过对本章的学习，可以使读者做出更为绚丽的视频特效。

10.2 要点讲解

10.2.1 模仿真实的特效

仿真特效组包含 6 种特效：Card Dance、Caustics、Foam、Particle Playground、Shatter、Wave World。它们表现的特效是碎裂、液态、气泡、粒子、粉碎、电波、涟漪等仿真效果。仿真特效位于 Effects & Presets（特效与预设）面板的 Simulation（仿真）下。

1. Card Dance（动态卡片）

应用 Card Dance 特效后的效果如图 10-1 所示。

图 10-1

此特效可以在选定的层上读取渐变的颜色信息，利用此信息，Card Dance（动态卡片）把本层根据设置进行分列、位移、旋转等多种动画。如图 10-2 所示为 Card Dance（动态卡片）特效的参数设置面板。

其中的主要选项说明如下：

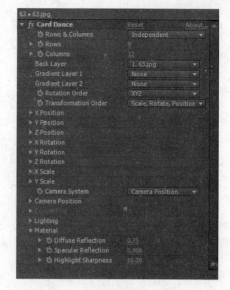

图 10-2

- Rows&Columns（行和列）：选择行和列的使用方式。Independent——行和列独立生效。Columns Follows Rows——列的数量和行的数量相同。
- Rows（行）：设置行的数量。
- Columns（列）：设置列的数量。
- Back Layer（背面层）：选择作为当前图像背面的图像，当图像被翻转过来时能见到背面。
- Gradient Layer 1（渐变层 1）：选择读取渐变信息的 1 号层。
- Gradient Layer 2（渐变层 2）：选择读取渐变信息的 2 号层。
- Rotation Order（旋转顺序）：选择旋转的先后顺序，先后顺序决定当前图像的旋转分布。
- Transformation Order（变换顺序）：选择变换的先后顺序，指的是 XYZ Position。
- X Position（X 位置）：在其下可以选择 X 位置基于源（渐变 1 或 2 号层）层的何种颜色通道或颜色信息进行位置增效和偏移。
- Y Position（Y 位置）：在其下可以选择 Y 位置基于源（渐变 1 或 2 号层）层的何种颜色通道或颜色信息进行位置增效和偏移。
- Z Position（Z 位置）：在其下可以选择 Z 位置基于源（渐变 1 或 2 号层）层的何种颜色通道或颜色信息进行位置的增效和偏移。
- X Rotation（X 旋转）：在其下可以选择 X 旋转基于源（渐变 1 或 2 号层）层的何种颜色通道或颜色信息进行旋转的增效和偏移。
- Y Rotation（Y 旋转）：在其下可以选择 Y 旋转基于源（渐变 1 或 2 号层）层的何种颜色通道或颜色信息进行旋转的增效和偏移。
- Z Rotation（Z 旋转）：在其下可以选择 Z 旋转基于源（渐变 1 或 2 号层）层的何种颜色通道或颜色信息进行旋转的增效和偏移。
- X Scale（X 缩放）：在其下可以选择 X 缩放基于源（渐变 1 或 2 号层）层的何种颜色通道或颜色信息进行缩放的增效和偏移。
- Y Scale（Y 缩放）：在其下可以选择 Y 缩放基于源（渐变 1 或 2 号层）层的何种颜色通道或颜色信息进行缩放的增效和偏移。
- Camera System（摄像机系统）：选择使用摄像机、钉角或合成摄像机来拍摄卡片。
- Camera Position（摄像机位置）：设置摄像机的各参数。
- Corner Pins（钉角）：设置钉角的各参数。
- Lighting（灯光）：设置灯光的类型、深度、强度等参数。
- Material（材质）：设置卡片的材质，包含反光程度、漫反射等参数。

2. Caustics （焦散）

应用 Caustics（焦散）特效生成的液态效果如图 10-3 所示。

图 10-3

此特效能够根据所选择的图像文件渲染出水和其他一些液态特质。如图 10-4 所示为 Caustics（焦散）特效的参数设置面板。

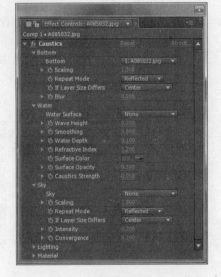

其中的主要选项说明如下：

- Bottom（底部）：对水底进行设置。
- Bottom（底部）：选择作为水底图像的层。
- Scaling（缩放比例）：缩放选择的图像。
- Repeat Mode（重复模式）：设置所选择的图像在水底以何种形式呈现。
- If Layer Size Differs（如果层尺寸不一致）：选择的图像和本层大小不一致时，使用拉伸或居中方式排列。
- Blur（模糊）：设置选择的图像的模糊程度。
- Water（水）：对水进行设置。
- Water Surface（水表面）：选择作为水面的图像层。

图 10-4

- Wave Height（波高度）：设置水波高度。
- Smoothing（平滑）：设置水面的平滑程度。
- Water Depth（水深）：设置水的深度。
- Refractive Index（折射索引）：设置折射的索引程度。
- Surface Color（表面颜色）：选择水面的颜色。
- Surface Opacity（表面不透明度）：设置水面的不透明度。
- Caustics Strength（Caustics 强度）：设置 Caustics 的强度。
- Sky（天空）：选择作为天空的图像层。
- Scaling（缩放比例）：缩放选择的天空图像。
- Repeat Mode（重复模式）：选择重复模式。
- If Layer Size Differs（如果层尺寸不一致）：选择的图像和本层大小不一致时，使用拉伸或居中方式排列。

- Intensity（亮度）：设置图像在水中的呈现的亮度。
- Convergence（会聚）：设置会聚值。
- Lighting（灯光）：对灯光进行设置。
- Light Type（灯光类型）：选择灯光的类型。Point Source 是点光源；Distant Source 是远光源；First Comp Light 是第一个合成光源，可以自行建立一个光源并选择此项来使用自建的光源。
- Light Intensity（灯光亮度）：设置光源的亮度。
- Light Color（灯光颜色）：设置灯光的颜色。
- Light Position（灯光位置）：设置灯光的位置。
- Light Height（灯光高度）：设置灯光的高度。
- Ambient Light（环境光）：设置环境光的强度。
- Material（材质）：对水面进行材质设置。
- Diffuse Reflection（漫反射）：设置漫反射强度。
- Specular Reflection（镜面反射）：设置镜面反射强度。
- Highlight Sharpness（高光锐化）：设置高光锐化度。

3．Foam（气泡）

应用 Foam（气泡）特效生成的效果如图 10-5 所示。

图 10-5

此特效能够产生气泡效果。如图 10-6 所示为 Foam（气泡）特效的参数设置面板。

其中的主要选项说明如下：

- View（视图）：选择在"合成"窗口中显示的模式。Draft 是草图模式；Draft+Flow Map 是草图与流动图模式（如果设置了流动图）；Rendered 是最终输出模式。
- Producer（生成器）：设置泡沫的产生。
- Producer Point（生成点）：泡沫的生成点。
- Producer X Size（生成点 X 尺寸）：泡沫生成点的 X 轴向尺寸。
- Producer Y Size（生成点 Y 尺寸）：泡沫生成点的 Y 轴向尺寸。
- Producer Orientation（生成点方位）：泡沫生成点的方位。

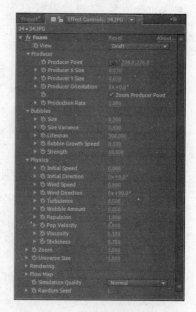

图 10-6

- Zoom Producer Point（缩放生成点）：缩放泡沫生成点。
- Production Rate（生成速度）：设置泡沫的生成速度。
- Bubbles（泡沫）：对泡沫进行设置。
- Size（尺寸）：设置泡沫尺寸。
- Size Variance（尺寸不一致）：设置泡沫的大小比例。
- Lifespan（生命期）：设置泡沫的生命周期。
- Bubble Growth Speed（泡沫增长速度）：设置泡沫在生成后的增长速度。
- Strength（强壮）：设置泡沫生后的强壮程度。
- Physics（物理性质）：设置泡沫的物理属性。
- Initial Speed（初始速度）：泡沫生成后移动的速度。
- Initial Direction（初始方向）：设置泡沫生成后移动的方向。
- Wind Speed（风速）：设置风力大小。
- Wind Direction（风向）：设置风的方向。
- Turbulence（紊乱）：泡沫生成后的不规则排列程度。
- Wobble Amount（摇晃总量）：设置泡沫生成后体形改变的程度。
- Repulsion（排斥）：设置泡沫与泡沫间的排斥力，排斥力将使泡沫碰撞后弹开。
- Pop Velocity（抛出速度）：泡沫从生成点向外抛出的速度，类似抛物线类的物理性质。
- Viscosity（黏质）：设置泡沫具有的粘贴性质。
- Stickiness（黏性）：设置泡沫的粘贴性质的黏性，黏性将使泡沫被黏在一起。
- Zoom（缩放）：缩放泡沫的大小，类似于向泡沫接近摄像机。
- Universe Size（领域尺寸）：设置扩散域的大小。
- Rendering（渲染）：调节最终渲染的效果。
- Blend Mode（混合模式）：泡沫与泡沫间的混合模式。
- Bubble Texture（泡沫材质）：指定泡沫的材质。
- Bubble Texture Layer（泡沫材质层）：指定一个作为泡沫的图像的层，在 Bubble Texture（泡沫材质）中选中 User Defined（自定义），本选项才具有意义。
- Bubble Orientation（泡沫方向）：选择泡沫的朝向性，提供选择的选项在本特效内都可设置。
- Environment Map（环境贴图）：选择一张图，被选中的图将被粘贴到泡沫的表面。
- Reflection Strength（反射强度）：设置选中图像在泡沫表面的反射强度。
- Reflection Convergence（反射集中）：设置图像被分别反射到每个泡沫上还是所有泡沫共同承担反射任务。
- Flow Map（流动图）：设置泡沫的动态。
- Flow Map（流动图）：选择一个层作为泡沫的流动图。
- Flow Map Steepness（流动图升降）：设置选择图像的升降程度，将直接影响到泡沫。
- Flow Map Fits（适合流动图）：选择泡沫适合流动图的方式。
- Simulation Quality（仿真质量）：设置仿真出的泡沫质量。
- Random Seed（随机种子）：设置泡沫随机种子的数量。

4．Particle Playground（粒子运动场）

应用 Particle Playground 特效生成的效果如图 10-7 所示。

图 10-7

此特效能够制作大量相似物体独立运动的动画效果（如飞舞的雪花）。如图 10-8 所示为 Particle Playground（粒子运动场）特效的参数设置面板。

 注意 由于 Particle Playground（粒子运动场）非常复杂，需要较长的时间进行计算、预演和渲染，所以比较损耗系统资源。

其中的主要选项说明如下：

- Cannon（粒子大炮）：使用大炮发射导弹似的效果生成粒子。
- Grid（网格）：使用网格的形式生成粒子。
- Layer Exploder（层爆破）：爆破一个选择的层来生成粒子。
- Particle Exploder（粒子爆破）：爆破已经存在的粒子来生成更多的粒子。
- Layer Map（贴图层）：自定义粒子形状。
- Gravity（重力）：设置物理学中的重力，吸引粒子落到地面。
- Repel（排斥）：设置粒子间的排斥，如同磁铁同极相斥，不过粒子碰到粒子就一定产生排斥。
- Wall（墙）：使用墙来约束粒子的运动区域。
- Persistent Property Mapper（持续属性影响）：设置粒子属性持续影响器。
- Ephemeral Property Mapper（短暂属性影响）：设置粒子属性短暂影响器。
- 应用特效后单击 Effect Controls（特效控制）面板中的 Options 链接，将弹出如图 10-9 所示的 Particle Playground（粒子运动场）对话框。

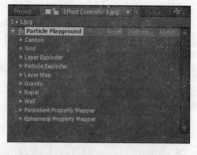

图 10-8

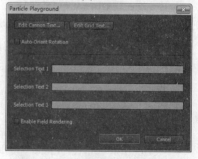

图 10-9

 注意 用户如果此时在所有具备输入功能的输入框中设置了字符，那么 Cannon 和 Grid 将不再使用方格作为粒子，而使用所输入的字符。如果不想使用字符，可以不输入。

其中的选项说明如下：

- Edit Cannon Text（编辑粒子大炮文字）：编辑粒子大炮所使用的文字。
- Edit Grid Text（编辑网格文字）：编辑网格所使用的文字。

- Auto-Orient Rotation（自动—适应旋转）：使文字自动适应旋转，就像层的自动适应运动路径。
- Selection Text 1（选择文本 1）：输入可供其他效果选择的文本。
- Selection Text 2（选择文本 2）：输入可供其他效果选择的文本。
- Selection Text 3（选择文本 3）：输入可供其他效果选择的文本。
- Enable Field Rendering（开启场渲染）：在影片渲染时使用场。

单击 Edit Cannon Text 和 Edit Grid Text 按钮后，将弹出如图 10-10 所示的对话框。

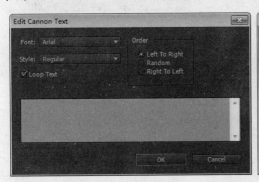

图 10-10

其中的主要选项说明如下：

- Font（字体）：设置文本所使用的字体。
- Style（风格）：设置文本的风格，如加粗、倾斜等。
- Loop Text（循环文字）：设置粒子大炮循环使用输入的粒子。
- Order（次序）：设置粒子大炮发射出文本的顺序。
- Alignment（对齐）：设置网格文字的对齐方式。

下面把图 10-8 中的各项展开来加以介绍。

（1）Cannon（粒子大炮）。

其中的各项说明如下：

在 Effect Controls（特效控制）面板中展开此参数的卷展栏，如图 10-11 所示。

- Position（位置）：粒子大炮在屏幕中的发射位置。
- Barrel Radius（筒半径）：设置炮筒的半径，半径越大，粒子的生成范围就越广。
- Particles Per Second（每秒粒子数）：设置粒子大炮每秒喷出的粒子数量。
- Direction（方向）：设置粒子大炮的发射方向。
- Direction Random Spread（随机传播方向）：设置随机选择一个方向传播粒子。
- Velocity（速度）：设置粒子大炮的发射速度，速度越快，喷射距离越高（远）。
- Velocity Random Spread（随机传播速度）：随机使用一个传播速度来控制一些粒子。
- Color（颜色）：选择粒子大炮喷出粒子的颜色。
- Particle Radius（粒子半径）：设置粒子大炮喷出粒子的半径。如果使用文字，此处将变为 Font Size（字体尺寸）。

注意 上述设置只对 Cannon（粒子大炮）生效，对其他设置无影响。如果想关闭粒子大炮，只需将 Particles Per Second（每秒粒子数）设置为 0 即可。

（2）Grid（网格）。

在 Effect Controls（特效控制）面板中展开此参数的卷展栏，如图 10-12 所示。

图 10-11

图 10-12

其中的各项说明如下：

- Position（位置）：设置网格粒子的开始位置。
- Width（宽）：设置网格的宽度。
- Height（高）：设置网格的高度。
- Particles Across（粒子横穿）：设置粒子的横向交叉。
- Particles Down（粒子垂直）：设置粒子的垂直交叉。
- Color（颜色）：选择网格粒子的颜色。
- Particle Radius（粒子半径）：设置网格生成的粒子的半径。如果使用文字，此处将变为 Font Size（字体尺寸）。

注意　　以上设置只对 Grid（网格）生效，对其他效果无影响。如果需要关闭网格粒子效果，将 Particles Across（粒子横穿）或 Particles Down（粒子垂直）设置为 0 即可；如果 Particles Across（粒子横穿）和 Particles Down（粒子垂直）参数不可用，请单击 Options（选项），检查 Edit Grid Text（编辑网格文本）对话框中的 Use Grid（使用网格）单选按钮是否被禁用。

（3）Layer Exploder（层爆破）。

在 Effect Controls（特效控制）面板中展开此参数的卷展栏，如图 10-13 所示。

其中的各项说明如下：

- Explode Layer（爆破层）：选择一个用来执行爆破的层。
- Radius of New Particles（新粒子半径）：层被爆破后生成的新粒子的半径大小。
- Velocity Dispersion（散布速度）：设置层爆破后生成粒子向四周散播的速度。

（4）Particle Exploder（粒子爆破）。

在 Effect Controls（特效控制）面板中展开此参数的卷展栏，如图 10-14 所示。

图 10-13

图 10-14

其中的各项说明如下：

- Radius of New Particles（新粒子半径）：设置旧粒子被爆破后生成的新粒子的半径。

- Velocity Dispersion（散布速度）：设置爆破产生粒子的传播速度。
- Affects（影响）：设置各种对粒子造成影响的因素。
- Particles From（[获得]粒子从）：选择一个或多个能生成粒子的效果。从效果中获得粒子来进行爆炸。
- Selection Map（选择图像）：以所选图像的亮度影响粒子。层图像色彩为白色时，粒子受 100%的影响；层图像色彩为黑色时，粒子不会爆炸。
- Characters（字符）：选择受影响的字符进行爆炸。只有将字符作为粒子使用时，该选项才有效。单击 Options（选项）按钮，在 Particle Playground（粒子运动场）对话框的 Selection Text（选择文本）文本框中可以输入受影响的文字。

例如使用 CHINA 作为粒子发射，在 Selection Text（选择文本）文本框就可以输入 CHINA 中任意一个或多个字母，那么当输入的字母被发射后将被爆炸，其他字母不受影响。

- Older/Younger than（年龄比较）：设置粒子被发射以后多久会被爆炸。
- Age Feather（年龄羽化）：对一个年龄段内的粒子进行羽化。

（5）Layer Map（层贴图）。

在 Effect Controls（特效控制）面板中展开此参数的卷展栏，如图 10-15 所示。

其中的各项说明如下：

- Use Layer（使用层）：选择用户自定义的粒子形状层。
- Time Offset Type（时间偏移类型）：Relative（相对）——设定时间偏移，决定从哪里开始播放动画；Abs。lute（绝对）——根据设定时间位移显示图像层中的一帧而忽略当前时间。使用该选项，可以使粒子在整个生存期显示多帧图像层中的同一帧，而不是依时间在运动场向前播放循环显示各帧；Relative Random（相对随机）——每个粒子都可以从图像层中一个随机的帧开始，其随机值范围从运动场层的当前时间值到所设定的 Time（时间偏移）值；Abs。lute Random（绝对随机）——每个粒子都可以从图像层中 0 到 Time（时间偏移）之间任意帧开始。
- Time Offset（时间偏移）：设置时间的偏移量。
- Affects（影响）：影响自定义粒子的设置。
- Particles from（粒子从）：选择从何种效果中获得的粒子被设置层贴图属性。
- Selection Map（选择图像）：以所选图像的亮度影响粒子。层图像色彩为白色时，粒子受 100%的影响；层图像色彩为黑色时，粒子不会爆炸。
- Characters（字符）：选择受影响的字符进行爆炸。
- Older/Younger than（年龄比较）：设置粒子被发射以后多久会被变成用户设置的粒子形状。
- Age Feather（年龄羽化）：对一个年龄段内的粒子进行羽化。

注意　　此处的 Affects（影响）是影响粒子成为用户自定义形状前的形状等参数。能够被选择的形状层必须是登录在"时间线"窗口中的层。

（6）Gravity（重力）。

在 Effect Controls（特效控制）面板中展开此参数的卷展栏，如图 10-16 所示。

其中的各项说明如下：

- Force（影响力）：值越大，对粒子的影响越大。

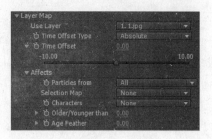

图 10-15 图 10-16

- Force Random Spread（随机扩散影响）：值为 0 时，所有粒子使用相同速度下落；值不为 0 时，一些粒子会不按规则下落。
- Direction（方向）：设置粒子下落的方向。
- Affects（影响）：设置粒子受到的各种影响。

（7）Repel（排斥）。

在 Effect Controls（特效控制）面板中展开此参数的卷展栏，如图 10-17 所示。

其中的各项说明如下：

- Force（影响力）：设置排斥的影响强度。
- Force Radius（影响半径）：设置粒子间弹开的距离。
- Repeller（排斥）：设置粒子之间的间隔距离。
- Affects（影响）：该特效的参数与其他参数作用类似。只是属性不同，被影响的内涵也不同。

（8）Wall（墙）。

在 Effect Controls（特效控制）面板中展开此参数的卷展栏，如图 10-18 所示。

图 10-17 图 10-18

其中的各项说明如下：

- Boundary（边界）：使用遮罩或路径来定义一面或多面墙。
- Affects（影响）：设置粒子在墙属性下的影响。
- Particles from（粒子从）：选择从何种效果中获得的粒子被设置墙属性。
- Characters（字符）：选择受影响的字符。
- Older/Younger than（年龄比较）：设置生成后多久的粒子能够受到墙的影响。

（9）Persistent Property Mapper（持续属性影响器）和 Ephemeral Property Mapper（短暂属性影响器）。

在 Effect Controls（特效控制）面板中展开此两个参数的卷展栏，如图 10-19 所示。

其中的各项说明如下：

- Use Layer As Map（使用层来映射）：选择一层作为粒子的映射层。
- Affects（影响）：对粒子的各种影响设置。
- Map Red /Green/Blue to（映射红/绿/蓝到）：选择一个属性并将其与颜色通道相运算，

不必将这些属性映像到所有颜色通道。例如，如果要改变单一图像的尺寸，可以将红色映像到尺寸，而不设置其他属性。

- Min（最小）：指定层映像所产生的最低值。Min（最小）是一个黑色像素被映射的值。
- Max（最大）：指定层映像所产生的最高值。Max（最大）是一个白色像素被映射的值。
- Operator（运算）：指定一个算术运算，增强、减弱或限制映像结果，该运算用粒子属性值和相对应的层映像像素进行计算。Set（设置）——粒子属性值被相应的层映像像素值替换。Add（加）——使用粒子属性值与相对应的层映像像素值的合计值。Difference（差异）——使用粒子属性值与相对应的层映像像素亮度值差的绝对值。Subtract（减法）——以粒子属性值减去对应的层映像像素亮度的亮度值。Multiply（正片叠底）——以粒子属性值乘以对应的层映像像素亮度的亮度值。
- Min（最小）：取粒子属性值与相对应的层映像像素亮度值之中最小的值。
- Max（最大）：取粒子属性值与相对应的层映像像素亮度值之中最大的值。

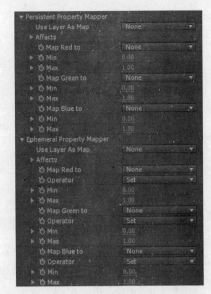

图 10-19

注意　使用属性影响器可以控制各个粒子的特定属性。虽然不能直接改变一个特定的粒子，但可以用层映像指定穿过层中指定像素的任何粒子要发生什么。粒子运动场将每个层贴图像素亮度视为一个特定的值。可以使用属性影响器将一个指定的层贴图通道（红、绿或蓝）与指定的属性相结合，使得当粒子穿过某个像素时，粒子运动场就在那些像素上用层贴图提供的亮度值来修改指定的属性。

Persistent Property Mapper（持续属性影响器）持续改变粒子属性为最近的值，直到另一个运算（如排斥力、重力或墙）修改了粒子。例如，如果使用层贴图改变粒子的大小，并且动画层贴图使它退出屏幕，粒子就将保持层贴图退出屏幕时的大小值。

5．Shatter（粉碎）

应用 Shatter 特效后的效果如图 10-20 所示。

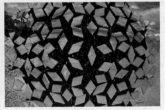

图 10-20

此特效能够对画面进行粉碎爆炸处理，并设置爆炸点，调整爆炸的范围和爆炸强度。如图 10-21 所示为 Shatter（粉碎）特效的参数设置面板。

其中的主要选项说明如下：

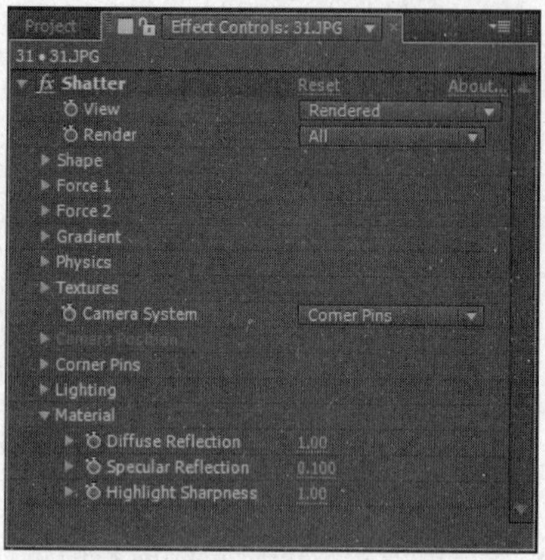

- View（视图）：选择爆炸在"合成"窗口中的呈现方式。有 Rendered（最终效果）、Wireframe Front View（线框前视图）、Wireframe（线框）、WireFrame Front View+Forces（线框前视图+受力状态）、WireFrame+Forces（线框+受力状态）可供选择。

- Render（渲染）：选择需要显示的对象。All（全部）显示所有的对象（包括爆炸的碎片和没有爆炸的图像）；Layer（层）显示没有爆炸的图像；Pieces（碎块）显示爆炸的碎片。

图 10-21

- Shape（形状）：设置爆炸碎片的形状等参数。

- Pattern（形成图案）：选择爆炸将形成何种图案，预置了 20 种图案。

- Custom Shatter Map（自定义粉碎图形）：选择一个作为爆炸后形状的层，必须在 Pattern（形成图案）中选中 Custom（自定义）项，才可以使本参数选择的层具有意义。

- White Tiles Fixed（白色平铺适配）：勾上复选框让白色平铺在层上。

- Repetitions（重复）：设置碎片的重复数量，值越高碎片越多，渲染所需时间越长。

- Direction（方向）：控制爆炸的角度。

- Origin（起源）：设置碎片图形的起源位置。

- Extrusion Depth（挤出深度）：设置爆炸后碎片的厚度感，能够制造立体视觉效果。

- Force 1（力度 1）：设置爆炸的区域、爆炸的中心、爆炸半径等。

- Position（位置）：设置爆炸区域的中心位置。

- Depth（深度）：设置爆炸物在 Z 轴上的深度，也就是向外凸出还是向内凹进。

- Radius（半径）：设置爆炸区域的半径大小。

- Strength（强度）：设置爆炸强度，值越大碎片飞得越远。

- Force 2（力度 2）：同 Force 1（力度 1）。

- Gradient（渐变）：设置各种渐变信息。

- Shatter Threshold（粉碎阈值）：设置粉碎阈值。

- Gradient Layer（渐变层）：选择一个渐变层来影响爆炸，白色为 100%影响，黑色为不影响。

- Invert Gradient（反转渐变）：反转渐变层的颜色效果。

- Physics（物理性质）：设置和物理学有关的特性。

- Rotation Speed（旋转速度）：设置碎片的旋转速度。

- Tumble Axis（翻转轴）：设置爆炸后碎片的翻转轴状态。

- Randomness（随机）：设置碎片的随机物理性质。

- Viscosity（黏质）：设置爆炸后碎片的黏性。

- Mass Variance（聚集变化）：设置碎片之间一起变化的百分比率。

- Gravity（重力）：设置重力，地心引力类的自然现象。

- Gravity Direction（重力方向）：设置重力的吸引方向。

- Gravity Inclination（重力倾斜）：设置重力的倾斜程度。

- Textures（质地）：为爆炸后的碎片进行贴图。
- Camera System（摄像机系统）：选择用来摄像的系数。
- Camera Position（摄像机位置）：对摄像机的各种参数进行设置。
- Corner Pins（钉角）：对钉角的各种参数进行设置。
- Lighting（灯光）：对灯光进行各种设置。
- Material（材质）：对物理材质进行各种设置。

6．Wave World（波浪）

应用 Wave World 特效生成的涟漪、波纹效果如图 10-22 所示。

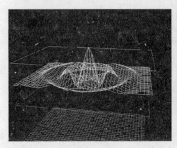 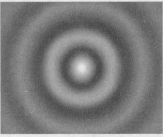 

图 10-22

该特效能够模拟水波、电波、声波等各种波形效果。使用此特效制作的波形图与 Caustics 合成的水如图 10-23 所示。

如图 10-24 所示为 Wave World 特效的参数设置面板。

其中的主要选项说明如下：

- View（视图）：选择在"合成"窗口中显示的外形，Height Map 是高度图；Wireframe Preview 是线框预览。

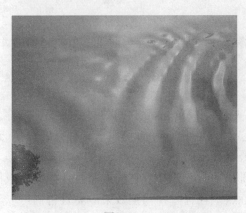 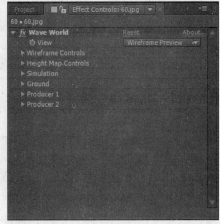

图 10-23　　　　　　　　　　　　　图 10-24

- Wireframe Controls（线框控制）：对线框预览进行设置。
- Horizontal Rotation（水平旋转）：设置线框预览的水平旋转角度。
- Vertical Rotation（垂直旋转）：设置线框预览的垂直旋转角度。
- Vertical Scale（垂直缩放）：设置线框预览的垂直缩放。
- Height Map Controls（高度图控制）：对高度图进行设置。

- Brightness（亮度）：设置高度图的明亮度。
- Contrast（对比度）：设置高度图的对比度。
- Gamma Adjustment（伽马调节）：使用伽马调节高度图。
- Render Dry Areas As：设置高度图渲染区域所使用的模式。
- Transparency（透明度）：设置透明度，在上一选项中选中 transparent（透明的）选项后此设置才能生效。
- Simulation（仿真）：设置水波的仿真实程度。
- Grid Resolution（网格适应）：设置水波和网格的适应程度。
- Grid Res Downsamples（网格适应垂直采样）：去掉复选框则垂直采样不使用上一选项设置值。
- Wave Speed（水波速度）：设置水波的速度。
- Damping（衰减）：设置水波衰减速度。
- Reflect Edges（边缘反射）：设置水波碰到地面（水岸）的反射情况。
- Pre-roll（Seconds）：以秒为单位，设置预先摇晃。
- Ground（地面）：对地面情况进行设置。
- Producer 1（振荡波 1）：设置波形。
- Type（类型）：选择使用什么样的波形。
- Position（位置）：设置波形的中心位置。
- Height/Length（高度/长度）：设置波形的高度或长度。
- Width（宽度）：设置波形的宽度。
- Angle（角度）：设置波形的角度。
- Amplitude（振幅）：设置波形的振幅程度。
- Frequency（频率）：设置波形的快慢频率。
- Phase（相位）：设置波形的相位。
- Producer 2（振荡波 2）：同 Producer 1（振荡波 1），但它设置后对第二个波起作用。

10.2.2 外挂特效插件

在 After Effects CS6 的安装目录下有一个文件夹名为 Plug-ins，它的中文意思就是插件。插件就是我们在 After Effects CS6 里所说的特效。它是一种外挂程序，可以由软件开发公司（这里指 Adobe 公司）开发，也可以由个人或者其他公司开发。

其他公司或个人开发的插件为了和软件开发商开发的区分开，它们被叫做外挂插件或第三方插件。外挂插件部分拥有比内置插件易用的特点，且有多种预置效果，而且它们可以非常轻易地做出你想要的效果。

下面就针对一部分常用的外挂插件，进行一些基本介绍。这里介绍的插件有：Trapcode、3D Invigorator、Psunami 和 Boris FX。

1. Trapcode

其应用后的效果如图 10-25 所示。

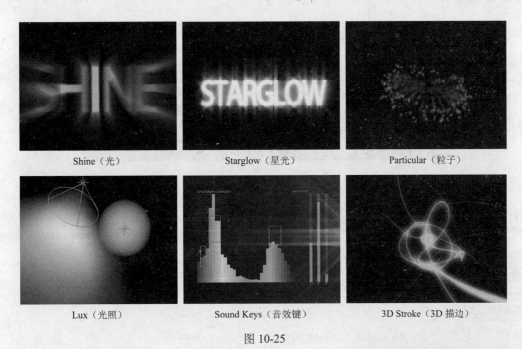

Shine（光）　　　　Starglow（星光）　　　　Particular（粒子）

Lux（光照）　　　　Sound Keys（音效键）　　　　3D Stroke（3D 描边）

图 10-25

2. 3D Invigorator

此外挂插件可以直接在 After Effects CS6 中生成三维物体、文字以及导入 3D 模型等，并且可以进行调节、制作动画、与 2D 图层结合等。其应用效果如图 10-26 所示。

3. Psunami

制作海水的插件，需自行购买。其应用效果如图 10-27 所示。

图 10-26

图 10-27

4. Boris FX

多样性的视频外挂插件，Boris FX 拥有超过 115 款外挂插件，其中两个的应用效果如图 10-28 所示。

优秀外挂插件还有很多，先就介绍到这里。

图 10-28

≫≫10.2.3 调色插件——Color Finesse 3

在对图像调色时，有时需要改变图像的整体色彩。大多数情况下，只是对图像的亮部及暗部进行处理，例如，想对一个高调图像的阴影进行处理，而保持它的亮部不变，或者是消除混合光里的杂色等，而 Color Finesse 恰恰提供了这种对图像局部进行处理的能力。

Color Finesse 3 是 Synthetic Aperture 公司出品的专业色彩校正系统，它已经被集成在 After Effects CS6 中。该系统以 64 位色彩空间为基础，可以在 HSL、RGB、CMY 和 YCbCr 色彩空间对颜色进行校正。可以调节图像的色阶、曲线、亮度等，并可以在示波器中预览。

Color Finesse 3 插件位于 After Effects CS6 的 Effect 菜单及 Effect 菜单的 Synthetic Aperture 特效里，如图 10-29 所示。

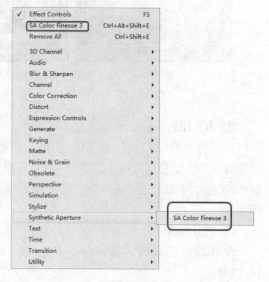

图 10-29

在 After Effects CS6 中为视频添加 Color Finesse 3 的方法，与添加其他视频特效的方法相同，为视频添加该特效后，特效控制面板如图 10-30 所示，单击 Full Interface（完整界面）按钮可以启动 Color Finesse 调色系统，其 LoGo 界面如图 10-31 所示。

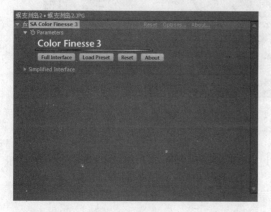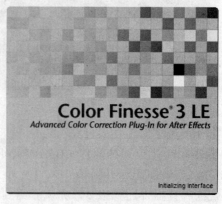

图 10-30   图 10-31

注意 要正常启动 Color Finesse 3 插件程序，必须安装 QuickTime 7.0 以上版本。

Color Finesse 的工作界面如图 10-32 所示。Color Finesse 共有 3 个工作面板和一个视频显示窗口，它们分别是参数分析面板、参数设置面板、色彩信息面板和视频显示窗口。除色彩信息面板外，每个窗口都有一组按钮，选择不同的按钮，可以选择面板或窗口中的各项操作。

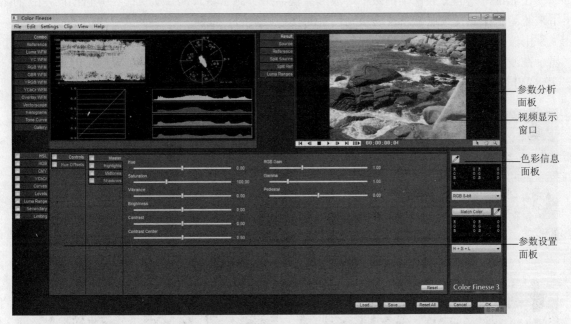

参数分析面板
视频显示窗口
色彩信息面板
参数设置面板

图 10-32

1．参数分析面板

参数分析面板是用来监测图像的各种参数及技术指标，它是调色的参数依据。Color Finesse 提供了 1 个 Combo Display（联合显示）面板，1 个 Reference（参考）面板，6 种形式的波形监视器（Luma）WFM、YC WFM、RGB WFM、YRGB WFM、YCbCr WFM、Overlay、WFM）、Vectorscope（矢量示波器），还有 Level Curves（色阶曲线）、Histogram（柱形图）等较为重要的调色工具也都被集成在这里。在进行调色时，可以在这里同步看到各种参数的变化。

Combo Display（联合显示）面板，将波形监视器、矢量示波器、色阶曲线、柱形图等 4 个比较重要的工具集中到一个面板，如图 10-33 所示。

（1）波形监视器。

监视和控制视频制作质量，有两种仪器是必需的：一是波形监视器，它用图形方式显示和测量视频的亮度或亮度等级；二是矢量示波器，它测量视频的颜色（色度）信息。

波形监视器是用于监测电视视频质量的示波器，它用来测量信号的幅度（电压），以及检测在单位时间内信号的所有脉冲扫描图形。

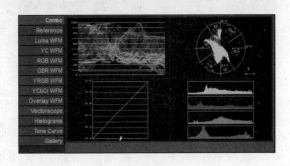

图 10-33

电视制作中视频信号幅度保持很重要，系统中有足够的视频幅度，可以保证在处理视频信号时，能用适量的量化电平还原满意的图像。

将最小和最大幅度偏移维持在限定范围内，可确保视频电压幅度不会超出量化器的工作范围。除了保持正确的彩色平衡、对比度和亮度外，还必须将视频幅度控制在传输允许并能有效地转换到其他视频格式的极限内。

在非常苛刻的专业视频拍摄中，波形监视器用于测量场景视频质量；在编辑期间，它们用来监测和保证视频质量以及场景到场景的视频质量的一致性。

用波形监视器监测摄像机的视频信号质量时，摄像机输出的视频信号以电子图形的方式显示在波形监视器上。Color Finesse 中的 6 个波形监视器（Luma WFM、YC WFM、RGB WFM、GBR WFM、YRGB WFM、YCbCr WFM、Overlay WFM）如图 10-34～图 10-40 所示。

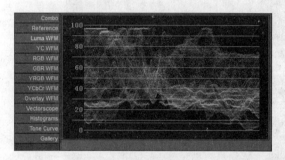

图 10-34

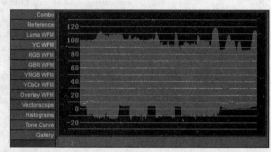

图 10-35

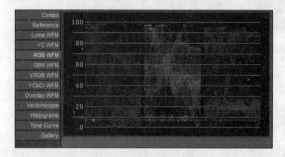

图 10-36

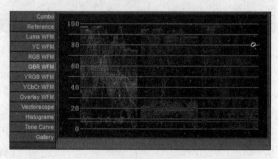

图 10-37

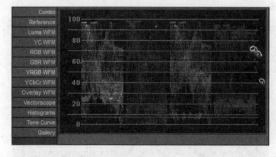

图 10-38

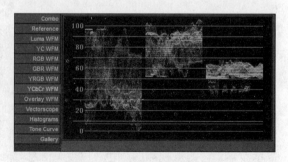

图 10-39

（2）矢量示波器。

矢量示波器的任务是测量彩色信息，在电视信号中，颜色和副载波与亮度信号一起被编码成复合电视信号，在这个副载波上的彩色信息可通过矢量示波器测量，它不是测量颜色的亮度，而是测量颜色的色饱和度和色调。在矢量示波器测试图的中心是无色的，某种颜色离中心越近，它的饱和就越小（或越接近白色）；离中心越远，颜色就越饱和（颜色较浓）。颜色可以是黑色和非常饱和的，或是明亮及不饱和的。不管是黑色还是白色，它们的颜色都位于测试图的中央。

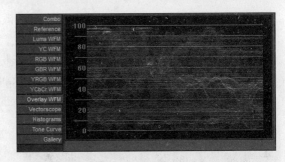

图 10-40

在矢量示波器的测试图上标记有 R、G、B、Mg、Cy 和 Yl 的 6 个小方框，分别表示红色（red）、绿色（green）、蓝色（blue）、品红色（magenta）、青色（cyan）和黄色（yellow），它们是彩色电视的三原色和对应的补色。

矢量示波器除显示色调之外，还显示每一颜色的幅度和色饱和度（色纯度）。色饱和度是按百分比显示的，通过它距离测试图圆圈的中心多远来表明，离中心越远，该颜色就越饱和。如图 10-41 所示。

（3）柱形图。

Histogram（柱形图）用图形来表示图像的每个颜色亮度级别的像素数量，展示像素在图像中的分布情况。它显示图像在暗调（显示在柱形图的左边部分）、中间调（显示在中间）和亮部（显示在右边部分）中是否包含足够的细节，以便进行更好的校正。如图 10-42 所示。

图 10-41

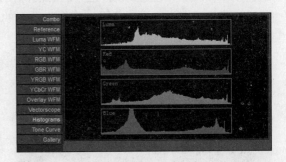

图 10-42

（4）色阶曲线。

在 Level Curves（色阶曲线）中，更改曲线的形状，可改变视频的色调和颜色。将曲线向上弯曲会使视频变亮，将曲线向下弯曲会使视频变暗。曲线上比较陡直的部分代表视频对比度较高的部分。相反，曲线上比较平缓的部分代表视频对比度较低的区域。

在"电平曲线"的默认状态下，移动曲线顶部的点主要是调整亮部；移动曲线中间的点主要是调整中间调；移动曲线底部的点主要是调整暗调。将点向下或向右移动会将"输入"值映射到较小的"输出"值，并会使视频变暗。相反，将点向上或向左移动会将较小的"输入"值映射到较大的"输出"值，并会使视频变亮。因此，如果希望使暗调变亮，则可以向上移动靠近曲线底部的点。而且，如果希望亮部变暗，则可以向下移动靠近曲线顶部的点。

"电平曲线"打开时，曲线是一条直的对角线。图表的水平轴表示视频原来的强度值（"输出"色阶）；垂直轴表示新的颜色值（"输出"色阶）。如图 10-43 所示。

2．视频显示窗口

视频显示窗口提供了图像的几种观察方式，可以单独显示原图像和调色后的图像，也可对图像进行分割显示，显示方式由不同的显示按钮来控制。显示按钮从上至下分别为 Result（结果）、Source（来源）、Reference（参考）、Split Source（分割来源）、Split Ref（分割参考）、Luma Ranges（亮度范围）。如图 10-44 所示。

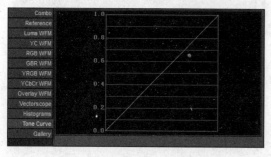

图 10-43

图 10-44

对比显示可以同时显示两个不同图像，这一功能在进行色彩匹配时很有用，显示屏分成左右两部分，左面是调色前的原始图像，右面是调色后的图像，对比区域的大小可以根据显示需要来调整，方法是用鼠标指针拖动窗口上下两端的白色三角形箭头来调节。单击 Reference（参考）按钮，窗口中显示的是参考图像；单击 Split Source（分割来源）按钮，窗口中显示的是分割图像，左侧是需要进行色彩匹配的源图像，右侧是调色后的图像，如图 10-45 所示。单击 Luma Ranges（亮度范围）按钮，显示的是图像的暗部、中间调、亮部的亮度值，如图 10-46 所示。

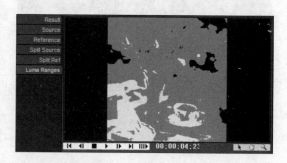

图 10-45

图 10-46

3．色彩信息面板

色彩信息面板是用来进行调色的具体设定的，如源图像色样、调色后色彩显示、匹配色彩等。色彩信息面板如图 10-47 所示。

色彩信息面板上方的吸管工具用于提取源图像色彩，"匹配颜色" Match Color 按钮右侧的吸管工具是用来选择目标图像的色彩的。"匹配颜色"按钮是配色开关，当选取好两幅图像的色彩后，按下 Match Color 按钮，配色便自动完成。

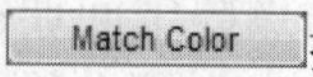

其中，色彩信息面板上有两个选项框 Choose color display format（选择色彩显示格式）RGB 8-bit ，Choose color matching method（选择色彩匹配方法）H+S+L ，在进行色彩匹配前，需要在两个选项框中选择当前源图像的色彩显示格式和进行色彩匹配的方法。

4．参数设置面板

在参数设置面板中，可以进行整体和局部调色（二级调色），二级调色可对图像中的多个色彩调色，使用十分方便。参数设置面板有不同的调色方法按钮，它们从上至下依次是 HSL、RGB、CMY、YCbCr、Curves（曲线）、Levels（色阶）、Luma Range（亮度范围）、Secondary（附属）和 Limiting（限幅），如图 10-48 所示。

图 10-47

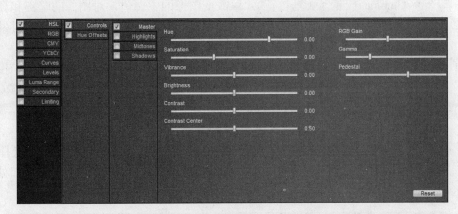

图 10-48

（1）HSL 校色。

HSL 校色是一种常用的校色方法。选择 HSL 按钮时，面板上会出现两种调节方式，一项是 Controls（控制），另一项是 Hue offset（色调偏移）。

① Controls（控制）。

在控制面板里，可以对色彩的色调、饱和度、亮度、对比度等进行调节，如图 10-49 所示。

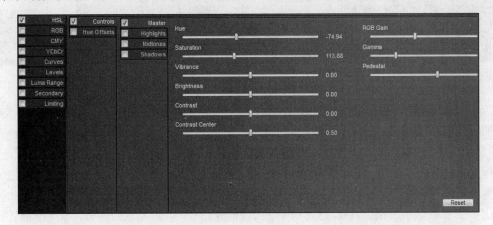

图 10-49

其中的各项说明如下：

- Hue（色调）：调节色调，只改变图像的色调，不影响图像的饱和度与亮度。
- Saturation（饱和度）：饱和度的默认值为 100，当值为 0 时，移除色彩。
- Brightness（亮度）：增加亮度，暗部的像素将减少，亮部的像素会随之增加。反之，减小亮度，亮部的像素将减少，暗部的像素会随之增加。
- Contrast 或 Contrast Center（对比度或中心对比）：调节图像，通过改变纯白和纯黑之间的图像信息的方法，并以一种曲线的计算方式计算对比度，可以使调解对比度的图像看起来更自然，不生硬。

- RGB Gain 调节（RGB 增益调节）：对图像中较亮的像素影响较大，使图像中的亮点变得更亮，黑像素几乎不受影响。作用是增加图像中的亮点。调节该项需要图像在 RGB 模式下。
- Gamma 校正（伽马校正）：只改变图像的中调值，对图像的暗部和亮部不产生影响。当图像太暗或太亮时，可使用调节 Gamma 的方法来改善图像的质量，又不会影响高光和阴影部分。
- Pedestal（基础）：Pedestal 调整是通过给像素补偿一个固定值来调节图像。可用它来提升图像的整体亮度，同时，图像较暗的部分会由黑变灰。一般会与 RGB 增益调节配合使用。

② Hue offset（色调偏移）。

色调偏移面板里，设置有色轮，可直接用鼠标指针在色轮上拖动来选择某种颜色，这种调色方法既可对图像整体校色，又可以对图像局部进行暗部、中调、亮部处理，如图 10-50 所示。

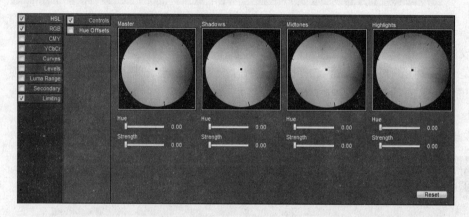

图 10-50   图 10-51

Color Finesse 的色彩匹配支持 HSL 校色方式，使用色彩信息面板，提取源图像的色彩信息和匹配目标色彩（Match color target color）信息，然后从下拉菜单中选择要匹配的通道，如图 10-51 所示。单击 Match Color 按钮，源图像的色彩就自动匹配到目标色彩。大多数情况下，必须选择 H+S+L 方式来进行色彩匹配，这种方式的匹配是真正意思上的色彩匹配。如果要对单个或多个通道匹配，就应该选择相应的通道，如匹配的是绿色就要选择 G 通道，其他如此类推。

由于受参数调节所限，HSL 进行色彩匹配时也会有不尽如人意的地方，如果匹配色彩达不到要求，这时可以考虑采用色阶曲线的调色方法，因为色阶曲线的调色方法对 RGB 通道色彩匹配的调节更为灵活，色彩匹配能力也更加强大。

（2）RGB 与 CMY 通道校色。

对单个通道进行校色是常用的方法，Color Finesse 提供 RGB 三通道校色模式。借助 Pedestal、Gamma、Gain 等调节工具，Color Finesse 可以对 R、G、B 三个通道进行校色，也可以同时对这三个通道进行处理。其中各项工具的作用及使用方法，见 HSL 校色参数设置，这里就不再赘述了。RGB 通道校色面板如图 10-52 所示。

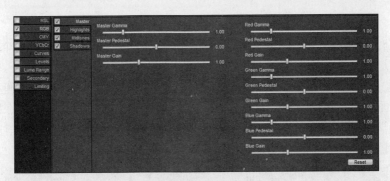

图 10-52

CMY 通道校色与 RGB 通道校色的校色方法基本相同，只是 CMY 用于 CMYK 图像模式。CMY 通道校色面板如图 10-53 所示。

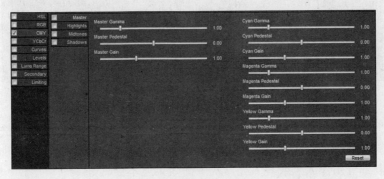

图 10-53

（3）YCbCr 分量校色。

分量校色是把图像分解为亮度及两个色分量，视频格式所用的采样率通常表示为亮度信号（Y）和两个色差信号（Cb，Cr）。在对亮度信息进行处理时，对色差信息不造成任何影响；同样，在对色差信息处理时，也不会对图像亮度值产生影响。分量信号格式在模拟和数字视频记录中被广泛使用。因此，当原始素材质量较差时，可以用分量校色的方法纠正。尽管 RGB 通道的色彩匹配很出色，但色彩匹配后的效果同"分量配色"的效果相比还是略逊一筹。YCbCr 分量校色面板如图 10-54 所示。

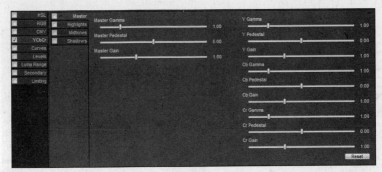

图 10-54

（4）Curves（曲线）校色。

曲线校色是通过在曲线上添加控制点的方法来实现的。可对主通道（Master），也能对 R、

G、B 单通道或它们的组合通道进行调节。曲线校色面板如图 10-55 所示。

曲线校色有手动和自动两种方法，在曲线上可以添加的控制点最多为 16 个，可以通过移动这些控制点进行复杂和精密的调节。除手动调节曲线形状，进行图像矫正外，可以用 Color Finesse 对图像中的点进行黑、白、灰平衡调节。以黑平衡为例，要进行黑平衡和黑电平设置时，可在控制面板上选择相应的吸管（从左至右分别为黑、灰、白 ✐ ✐ ✐），在图像上选择需要进行黑平衡调节的区域，按下鼠标，此时所选区域会变成黑色，黑平衡调节完成。白平衡的调节方法与黑平衡的调节方法相同。

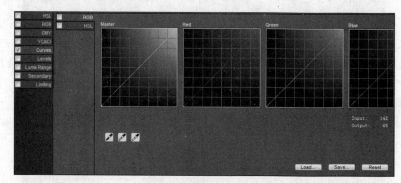

图 10-55

在进行灰平衡调节时，一定要注意选择中性色，Color Finesse 会自动调整曲线，使红绿蓝三色达到平衡，并与中性色接近。为了达到满意的效果，通常需要选择中性灰或接近中性灰，如果被选取部分图像太黑或者太亮，灰平衡效果就不会太好。

也可以使用自动方式对图像的黑、白、灰进行自动平衡调节，在这里可以自动进行色彩匹配、自动调用存储在 Color Finesse、Photoshop 等软件中的曲线（使用 Load 按钮）。

曲线校色中的色彩匹配的使用方法与 HSL、RGB 校色相同，但需要特别注意的是，它在色彩匹配时不改变图像中的黑白点，对较黑或亮白的区域不造成影响。

（5）Levels（色阶）校色。

色阶调整图像中的黑场和白场。它剪切每个通道中的暗调和高光部分，并将每个颜色通道中最亮和最暗的像素映射到纯白（色阶为 255）和纯黑（色阶为 0）。

色阶校色可以通过调整图像的暗调、中间调和高光等强度级别，校正图像的色调范围和色彩平衡。色阶直方图用作调整图像基本色调的直观参考。色阶校色面板如图 10-56 所示。

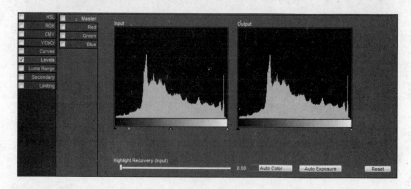

图 10-56

通常，在进行其他校色前和完成其他校色任务后，都要进行色阶校色，因为它是对图像中的黑、白、灰点进行矫正。此外，为尽可能地保持图像细节，需要在较大范围内选择图像像素值，对于一幅对比度不是很明显，也没有纯白和纯黑部分可供选取的图像，可以考虑使用调节色阶的输入曲线（Input）的方法，来增加图像的对比度，这样再进行校色就容易很多，等到校色满意后，再调整输出曲线（Output），增加图像中的黑白点，使图像对比度得到进一步改善。

色阶校色面板共有 4 个子面板，分别是 Master、Red、Green、Blue。

Master 是主通道面板，如果对它的参数进行调节，就会影响整个图像。这个面板里显示的是输入及输出曲线，曲线里的直方图代表被调图像的像素值及分布状况。每个直方图下面有 3 个小三角形，从左至右分别代表图像中的黑、灰、白三部分，用鼠标左右拖动，可以改变像素的分布状况，使图像对比度产生变化。

色阶校色也可以对 R、G、B 三个通道进行独立调节，调节方法和 Master 的调节方法相同。

（6）Luma Range（亮度范围）。

在参数设置窗口的 Luma Ranges 面板里，可以对亮度范围进行定义，Luma Ranges 面板中显示的直方图代表图像的亮度分布情况，曲线围成的区域代表图像暗部、中调值和亮部的范围。通过调节柄，可以调节各个区域的大小，从而改变图像中暗部、中调值、亮部的比例。想查看图像的亮度范围，可打开图像显示窗口中的 Luma Ranges 面板，这时窗口中显示的是黑白图像，其中，黑色部分是图像的暗部、灰色是中调值，白色是图像中的亮部。如图 10-57 所示的工作界面中的 Luma Ranges 面板和亮度范围显示窗口。

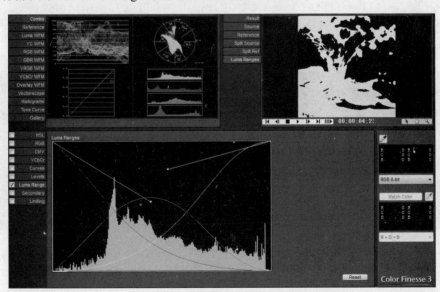

图 10-57

Color Finesse 定义的默认色调范围是指图像中的暗部、中调值、亮部等成分，此范围的界定适合大多数显示正常的图像。如果图像偏暗、偏亮、或缺少中间值，就可以用改变"定义色调范围"的方法来纠正。

（7）Secondary（附属）二级调色。

二级调色就是对图像局部调色，因为它是在第 1 轮调色后进行的，所以称为二级调色。典型的方法就是选中调色区，然后仔细调整，使颜色更加艳丽或更换成另外一种颜色。

二级调色是在 Secondary（附属）校色面板里完成的。它有从 A～F 共 6 个子项按钮，可同时对图像中的 6 个不同区域调色，如图 10-58 所示。

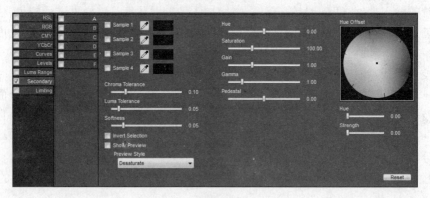

图 10-58

①色区的选择。

调色时，用吸管在图像中选择要调整的颜色，然后进行色度宽容度（Chroma Tolerance）和亮度宽容度（Luma Tolerance）参数调整，以便精确选取所需选区。

选区取样（Sample1～Sample4）的方法是使用吸管，在图像中采样想改变的色区，为保证取色准确，可以同时使用 4 个吸管对该选区取色。当用吸管选色时，选取的颜色往往是单一的像素，它不能准确代表选区颜色，为避免选色不准，可以使用快捷键选色方式，按住键盘上的 Shift 键，可以看到选区扩大到 3×3（1 次选中 9 个像素），如图 10-59 所示。按住 Ctrl 键，选区为 5×5（1 次选中 25 个像素），按 Shift+Ctrl 选区为 9×9（1 次选中 81 个像素），如图 10-60 所示。这样单像素采样就真正成为区域采样。

图 10-59

图 10-60

②预览（Preview）。

在下拉菜单里，提供了多种预览方式，在调节选区时，可以从这里选择如下预览方式：

去色预览：是 Color Finesse 提供的一种新的预览模式，"去色"预览实际上是关掉了图像的饱和度，从图像上可以看出，未选择的区域是黑白图像，而选区仍然保留着彩色，这对调节参数观察选区很有帮助。

遮罩预览：图像的未选择区为红色，而选区的色彩不变。

Alpha 预览：Alpha 预览的图像是黑白的，未选区的颜色是黑色，选区颜色为白色（部分选区的颜色是灰色的）。

③色度宽容度。

色度宽容度是指选取的颜色和图像中其他颜色间的差别程度。如果选择的颜色和图像中其他的颜色差别很大（如选择的颜色在图像的其他部位找不到），可以将相似度值调高些；如果选取的颜色和图像中的其他色彩很接近，就要尽量减小相似度值。打开 Show Preview 复选框，可从矢量示波器上直接观察宽容度数值。

④亮度宽容度。

指选取色的亮度值和图像中其他色彩亮度值间的差别。

（8）Limiting（限幅）子面板。

限幅面板是用来限定视频的校色输出的各项范围，如视频制式，播出视频所准许最大和最小色度、亮度极限等，限幅面板如图 10-61 所示。

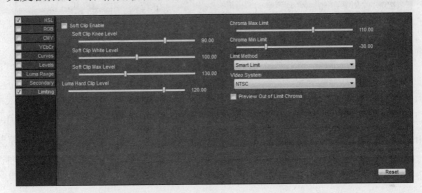

图 10-61

选中 Preview Out of Limit Chroma（预览超出色度限制）复选框，可以在图像显示窗口中看到图像色度溢出的部分，如图 10-62 所示。

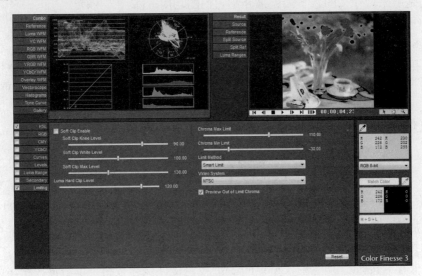

图 10-62

选中 Soft Clip Enable（柔和修剪激活）选框，将减少图像中超出限定的亮度数量，可以使亮度过高的图像部分产生柔和效果。如图 10-63 所示。

图 10-63

该面板中的 Chroma Min limit（最小色度限制）、Chroma Max limit（最大色度限制）的默认值为无线电工程师学会（IEEE）所制定的复合视频标准，即黄色的最大色度为 120，青色（或称蓝绿色）的最小色度为-30，作为视频色彩所应达到的限制标准。这是因为在视频色彩中，黄色和青色容易产生最大和最小色度值。使用"限制"调节，可以将图像色度范围调整到合适的色度范围中。

另外，必须指出的是，有些广播设备允许的最小色度值为-20。

5．Color Finesse 的按钮开关

在 Color Finesse 的参数设置面板可以看到 Reset（重置）、Load（加载）、Save（保存）等按钮，它们是用来做什么的？下面就来介绍它们的功用。

Reset（重置）按钮 Reset ：用来撤消在当前面板上所做的参数调整。

Load，Save，Reset 按钮 Load... Save... Reset All ：Curves（曲线）校色面板的一组按钮，单击 Load（加载）按钮可以调用存储在 Color Finesse、Photoshop 等软件中的曲线文件；单击 Save（保存）按钮，可以将当前的曲线设置保存；单击 Reset（全部重置）按钮，可以撤消在曲线面板上所做的参数调整。

现在来介绍 Color Finesse 的一组总控制按钮开关，该组按钮如图 10-64 所示。

图 10-64

Load（加载）按钮 Load... ：Color Finesse 校色文件载入按钮，单击该按钮，可以在"打开"窗口选择一个 Color Finesse 校色文件，作为当前设置。

Save（保存）按钮 Save... ：Color Finesse 校色文件保存按钮，单击该按钮，可以在"保存"对话框选择保存路径，将当前的设置保存为 Color Finesse 校色文件。

Reset All（重置全部）按钮 Reset All ：单击该按钮，可以撤消 Color Finesse 中所做的所有的参数调整。

Cancel（取消）按钮 Cancel ：单击该按钮，可以取消在 Color Finesse 中对当前视频所做的参数调整，并关闭 Color Finesse，回到 After Effects CS6 工作界面。

OK（确定）按钮 OK ：单击该按钮，确定要保存在 Color Finesse 中对当前视频所做的参数调整，并关闭 Color Finesse，回到 After Effects CS6 工作界面。

10.3　习题与上机练习

一、填空题

1. Card Dance（动态卡片）特效可以在选定的层上读取_____颜色信息，利用此信息，Card Dance（动态卡片）把本层根据设置进行_____、_____、_____等多种动画。

2. Shatter（粉碎）特效能够对影片进行_____处理，并设置_____，调整爆炸的_____和爆炸_____。

3. 外挂插件 3D Invigorator 可以直接在 After Effects 中生成_____、_____以及导入_____等，并且可以进行调节、制作动画、_____等。

二、简答题

1. 仿真特效组包含了哪几种特效？它们表现的特效分别是什么？

2. 什么是外挂插件？它与内置插件的区别是什么？

三、上机练习

利用本章所学的知识，制作如图 10-65 所示的一个简单的文字演绎动画。

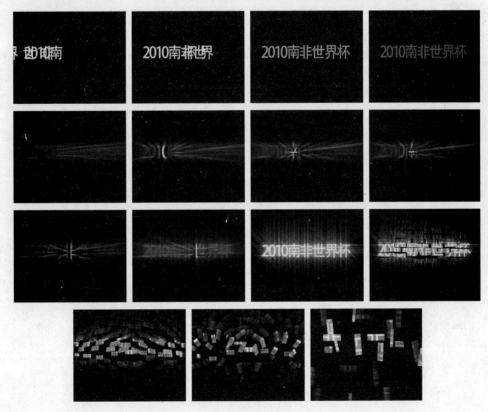

图 10-65

> 提示

①本练习所用到的插件有外挂插件 Trapcode StarGlow（星光），Trapcode Shine（光）和内置插件 Shatter（粉碎）。使用插件时，注意多尝试着调节插件各属性的参数，从而达到熟悉插件的作用。

②做本练习时，要注意掌握节奏和场景与场景的转换与衔接（如淡入淡出），使文字动画流畅完整。

③注意层的变化。

做完之后输出成片，对照所给的截图查看是否存在很大的差异。如存在差异，请分析并重新制作该作品，如基本和截图效果接近，请尝试改变参数设置，并观察不同参数设置所产生的不同视频效果，从而达到触类旁通、举一反三的目的。

第 **11** 章

综合实例训练

学 习 重 点

- 本章导读
- 魔幻粒子
- 炫彩立体空间
- 流星划空特效
- 飘渺出字
- 焰火效果
- 电流特效

11.1　本章导读

本章将通过 6 个实例制作的全程演示，使读者加深对 Adobe After Effects CS6 软件的了解和认识，以进一步提高读者 Adobe After Effects CS6 软件的操作技能和应用能力。这 6 个例子所表现的都是影视特效里比较常见的应用效果，比如粒子、光、模拟等，学会了这些特效制作，以后在进行其他特效的制作时，就会轻松许多！

11.2　魔幻粒子

本实例的目的是学习如何制作魔幻粒子的特效。如图 11-1 所示为该实例的效果图。前景实，后景虚，背景也光怪陆离，是不是带有魔幻的色彩呢？

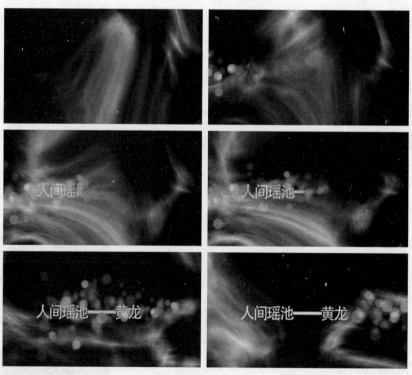

图 11-1

具体操作步骤如下：

① 启动 After Effects CS6，执行【Composition（合成）】→【New Composition（新建合成）】命令，在弹出的 Composition Settings（合成设置）对话框中按照如图 11-2 所示进行设置。单击 OK（确定）按钮。

② 在 Timeline（时间线）窗口的空白位置单击鼠标右键，从弹出的快捷菜单中执行【New（新建）】→【Solid（固体）】命令，在弹出的 Solid Settings（固体设置）对话框中按照如图 11-3 所示进行设置，单击 OK（确定）按钮。其中颜色为黑色。

图 11-2   图 11-3

③ 在新建的固态层上单击鼠标右键，从弹出的快捷菜单中执行【Effect（特效）】→
【Noise&Grain（噪波）】→【Fractal Noise（分形噪波）】命令，如图 11-4 所示，将会
在"特效控制"面板出现 Fractal Noise（分形噪波）特效控制栏，如图 11-5 所示。

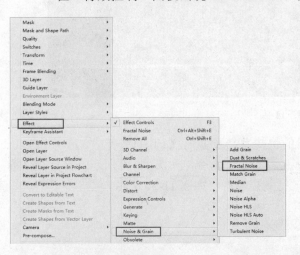

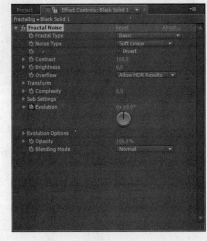

图 11-4   图 11-5

④ 在控制栏里进行如图 11-6 所示的设置，做出扭曲的动画，如图 11-7 所示。

图 11-6   图 11-7

⑤ 在"时间线"窗口中激活 Fractal Noise（分形噪波）特效中的 Evolution（进化）属性前的关键帧记录器⏱，将时间标记▼定位在 0 秒的位置，如图 11-8 所示进行设置。再把时间标记▼定位到 4 秒 24 帧的位置，进行如图 11-9 所示的设置。

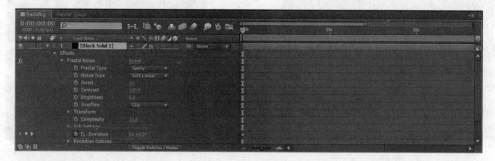

图 11-8

图 11-9

⑥ 在固态层上单击鼠标右键，从弹出的快捷菜单中执行【Effect（特效）】→【Color Correction（颜色校正）】→【Tritone（三阶色）】命令，如图 11-10 所示，将会在"特效控制"面板出现 Tritone（三阶色）特效控制栏，如图 11-11 所示。

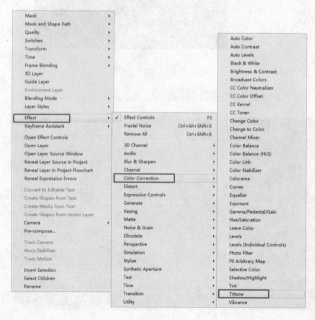

图 11-10

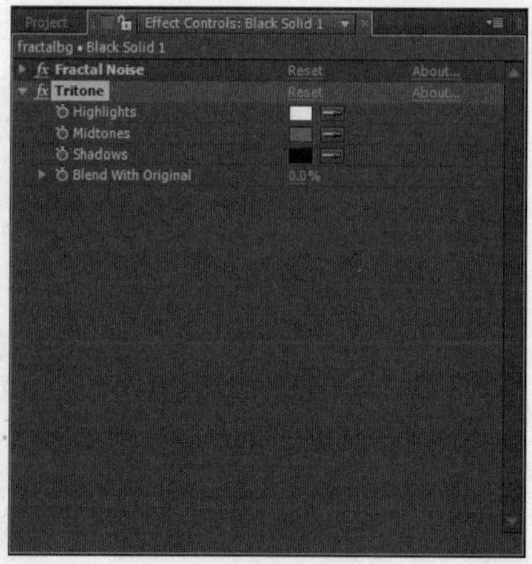

图 11-11

⑦ 在 Tritone（三阶色）特效面板里调整颜色，如图 11-12 所示进行设置，效果如图 11-13 所示。

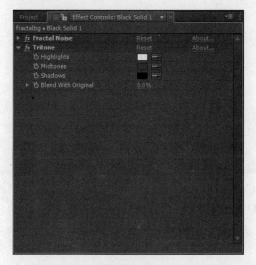

图 11-12

图 11-13

⑧ 在固态层上单击鼠标右键，从弹出的快捷菜单中执行【Effect（特效）】→【Color Correction（颜色校正）】→【Levels（色阶）】命令，如图 11-14 所示，将会在"特效控制"面板出现 Levels（色阶）特效控制栏，如图 11-15 所示。

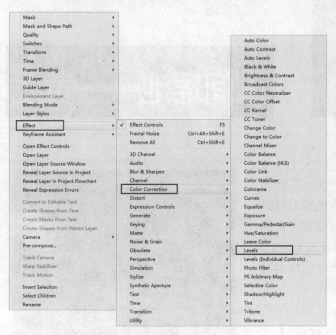

图 11-14

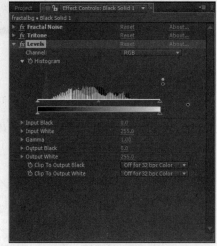

图 11-15

⑨ 在 Levels（色阶）特效控制栏按如图 11-16 所示的设置进行调节，可以使颜色变深，让画面更有魔幻的感觉。效果如图 11-17 所示。

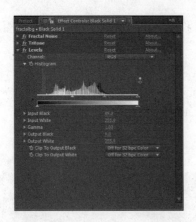

图 11-16

图 11-17

⑩ 执行【Composition（合成）】→【New Composition（新建合成）】命令，在弹出的 Composition Settings（合成设置）对话框中按照如图 11-18 所示进行设置，合成的名字改为"文字"，单击 OK（确定）按钮。然后在"合成"窗口中用"文本工具"输入文字，如图 11-19 所示。

图 11-18

图 11-19

⑪ 执行【Composition（合成）】→【New Composition（新建合成）】命令，在弹出的 Composition Settings（合成设置）对话框中按照如图 11-20 所示进行设置，合成的名字改为"最终合成"，单击 OK（确定）按钮。然后把之前做好的两个合成拖到时间线上，如图 11-21 所示。

⑫ 在"文字"合成层上单击鼠标右键，从弹出的快捷菜单中执行【Effect（特效）】→【Transition（过渡）】→【Linear Wipe（线性擦拭）】命令，如图 11-22 所示，将会在"特效控制"面板出现 Linear Wipe（线性擦拭）特效控制栏，如图 11-23 所示。

图 11-20

图 11-21

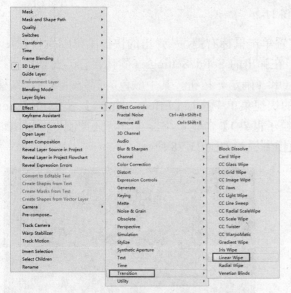

图 11-22

图 11-23

⑬ 在"时间线"窗口中选中"文字"合成，将 Linear Wipe（线性擦拭）特效中的 Wipe Angle（擦拭角度）的参数值改为 0×270.0，激活 Transition Completion（转场完成百分比）属性前的关键帧记录器，将时间标记定位在 0 秒 17 帧的位置，如图 11-24 所示进行设置。再把时间标记定位到 2 秒 11 帧的位置，进行如图 11-25 的设置。效果如图 11-26 所示。

图 11-24

图 11-25

图 11-26

⑭ 在 Timeline（时间线）窗口的空白位置单击鼠标右键，从弹出的快捷菜单中执行【New（新建）】→【Solid（固体）】命令，在弹出的 Solid Settings（固体设置）对话框中按照如图 11-27 所示进行设置，单击 OK（确定）按钮。其中颜色为蓝色。然后在新建的固态层上单击鼠标右键，从弹出的快捷菜单中执行【Effect（特效）】→【Simulation（仿真）】→【CC Particle World（粒子世界）】命令，将会在"特效控制"面板出现 CC Particle World（粒子世界）特效控制栏，如图 11-28 所示。

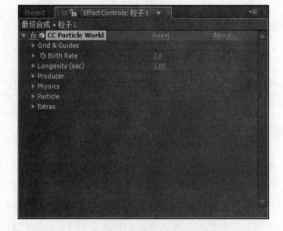

图 11-27   图 11-28

⑮ 下面为 CC Particle World（粒子世界）特效进行设置，在"时间线"上打开层粒子 1 的特效参数菜单，进行如图 11-29 所示的设置。

⑯ 激活 Position X（位移 X 轴）和 Position Y（位移 Y 轴）属性前的关键帧记录器，将时间标记定位在 0 秒的位置，将 Position X（位移 X 轴）的数值改为 −0.53，Position Y（位移 Y 轴）的数值改为 0.03，如图 11-30 所示。把时间标记定位到 1 秒 11 帧的位置，将 Position Y（位移 Y 轴）的数值改为 −0.01，如图 11-31 所示。再把时间标记定位到 3 秒的位置，将 Position X（位移 X 轴）的数值改为 0.78，Position Y（位移 Y 轴）的数值改为 0.01，如图 11-32 所示。

图 11-29

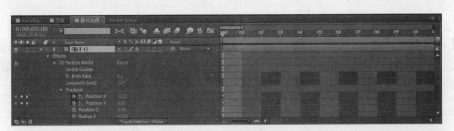

图 11-30

图 11-31

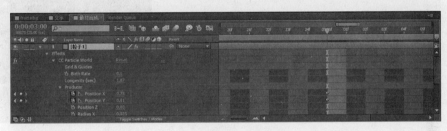

图 11-32

⑰ 选中层"粒子 1",在键盘上用快捷键 Ctrl+D 复制一层,命名为"粒子 2",如图 11-33 所示。

图 11-33

⑱ 单击层"粒子 2"前面的小三角符号,展开特效栏,进行如图 11-34 所示的修改。

图 11-34

⑲ 在层"粒子 2"上单击鼠标右键，从弹出的快捷菜单中执行【Effect（特效）】→
【Blur&Sharpen（模糊与锐化）】→【Fast Blur（快速模糊）】命令，如图 11-35 所
示，将会在"特效控制"面板出现 Fast Blur（快速模糊）特效控制栏，如图 11-36
所示。

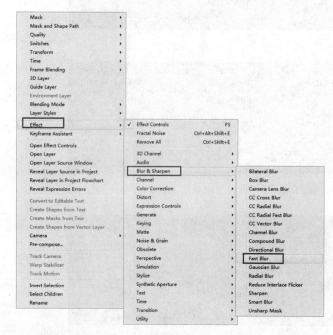

图 11-35　　　　　　　　　　　　　　　　　图 11-36

⑳ 点击层"粒子 2"前面的小三角符号来展开特效栏，然后将 Fast Blur（快速模糊）
下的 Blurriness（模糊强度）属性的数值改为 23.0，如图 11-37 所示，效果如图
11-38 所示。

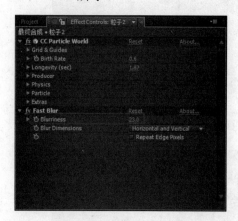

图 11-37　　　　　　　　　　　　　　　　　图 11-38

㉑ 最后给合成加上摄像机。在 Timeline（时间线）窗口的空白位置单击鼠标右键，从弹
出的快捷菜单中执行【New（新建）】→【Camera（摄像机）】命令，在弹出的 Camera
Settings（摄像机设置）对话框中按照如图 11-39 所示进行设置，单击 OK（确定）按
钮。并打开背景层和文字层的 3D 属性，如图 11-40 所示。

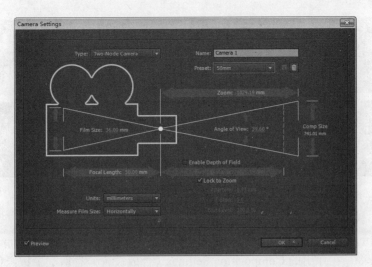

图 11-39

图 11-40

㉒ 单击"时间线"窗口中的"曲线编辑器"按钮，激活摄像机的 Position（位移）属性，将时间标记定位在 0 秒的位置，将数值改为"2118.0，540.0，−1732.7"；再将时间标记定位到 4 秒 24 帧的位置上，将数值改为"909.0，540.0，−1450.7"，然后拖动手柄进行如图 11-41 所示的设置。

图 11-41

㉓ 到这里，魔幻粒子效果就做完了，按键盘上的空格键就可以预览动画。

11.3　炫彩立体空间

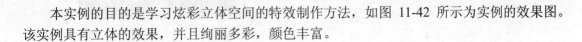

　　本实例的目的是学习炫彩立体空间的特效制作方法，如图 11-42 所示为实例的效果图。该实例具有立体的效果，并且绚丽多彩，颜色丰富。

图 11-42

具体操作步骤如下：

① 启动 After Effects CS6，执行【Composition（合成）】→【New Composition（新建合成）】命令，在弹出的 Composition Settings（合成设置）对话框中按照如图 11-43 所示进行设置，名字为"墙面"，单击 OK（确定）按钮。

② 在 Timeline（时间线）窗口的空白位置单击鼠标右键，从弹出的快捷菜单中执行【New（新建）】→【Solid（固体）】命令，在弹出的 Solid Settings（固体设置）对话框中按照如图 11-44 所示进行设置，单击 OK（确定）按钮。其中颜色为绿色。

图 11-43

图 11-44

③ 在新建的固态层上单击鼠标右键，从弹出的快捷菜单中执行【Effect（特效）】→【Noise&Grain（噪波）】→【Fractal Noise（分形噪波）】命令，如图 11-45 所示，将会在"特效控制"面板出现 Fractal Noise（分形噪波）特效控制栏，如图 11-46 所示。

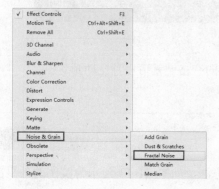

图 11-45

图 11-46

④ 在 Fractal Noise（分形噪波）特效控制栏中，将 Fractal Type（分形类型）改为 Max，Noise Type（噪波类型）改为 Block，将 Contrast（对比度）设为 500，Brightness（亮度）设为–250，Overflow（溢流）类型设为 Clip，如图 11-47 所示。

⑤ 将 Transform（变换）卷展栏下的 Uniform Scaling（均匀缩放）设为 off，Scale Height（缩放高度）值设置为 500，Offset Turbulence（偏置湍流）设置为"324.0，243.0"，如图 11-48 所示。

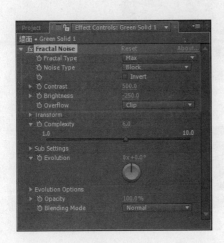

图 11-47

图 11-48

⑥ 将 Sub Settings（次级设置）卷展栏下的 Subject Influence（%）（子影响百分比）参数设置为 50.0，Sub Scaling（次级缩放）的参数设置为 25.0。如图 11-49 所示。效果如图 11-50 所示。

图 11-49

图 11-50

⑦ 执行【Composition（合成）】→【New Composition（新建合成）】命令，在弹出的 Composition Settings（合成设置）对话框中按照如图 11-51 所示进行设置，命名为"炫彩立体空间"，单击 OK（确定）按钮。

⑧ 把刚做好的合成墙面拖动到"时间线"窗口上，然后选中，在键盘上按 Enter 键，就可以给它重新命名了。我们给它命名为"地板"，如图 11-52 所示。

图 11-51

图 11-52

⑨ 单击"地板"层左边的小三角符号，展开它的 Transform（变换）属性，设置它的参数，并激活 3D 和运动模糊属性，如图 11-53 所示。改变参数后的效果如 11-54 所示。

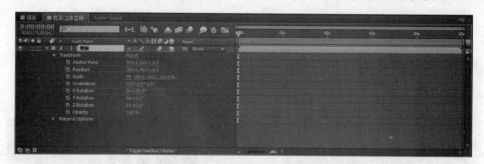

图 11-53

图 11-54

⑩ 在"地板"层上单击鼠标右键，从弹出的快捷菜单中执行【Effect（特效）】→【Stylize（风格化）】→【Motion Tile（运动拼贴）】命令，如图 11-55 所示，将会在"特效控制"面板出现 Motion Tile（运动拼贴）特效控制栏，如图 11-56 所示。

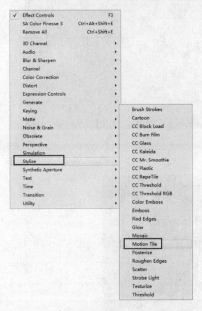

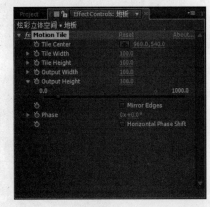

图 11-55   图 11-56

⑪ 在 Motion Tile（运动拼贴）特效控制栏进行参数设置，如图 11-57 所示。参数改变后的效果如 11-58 所示。

图 11-57   图 11-58

⑫ 从素材窗口把合成"墙面"拖到"时间线"窗口，命名为"后墙"，激活它的 3D 属性和运动模糊属性，如图 11-59 所示。

图 11-59

⑬ 在"时间线"窗口中用鼠标右键单击合成层"后墙"左边的小三角符号,展开它的 Transform (变换)属性,设置它的参数,如图 11-60 所示。设置后的效果如图 11-61 所示。

图 11-60

图 11-61

⑭ 在"后墙"上单击鼠标右键,从弹出的快捷菜单中执行【Effect(特效)】→【Color Correction(校色)】→【Exposure(曝光)】命令,如图 11-62 所示,将会在"特效控制"面板出现 Exposure(曝光)特效控制栏,如图 11-63 所示。

图 11-62

图 11-63

⑮ 在 Exposure（曝光）特效控制栏里对其进行设置，如图 11-64 所示。修改后的效果如图 11-65 所示。

图 11-64

图 11-65

⑯ 从素材窗口把合成"墙面"拖到"时间线"窗口，命名为"左墙"，激活它的 3D 属性和运动模糊属性，如图 11-66 所示。

图 11-66

⑰ 在"时间线"窗口中用鼠标右键单击合成层"左墙"左边的小三角符号，展开它的 Transform（变换）属性，设置它的参数，如图 11-67 所示。设置后的效果如图 11-68 所示。

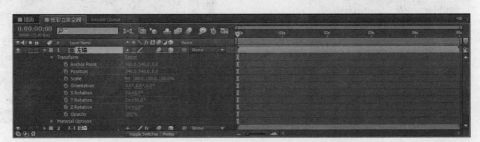

图 11-67

图 11-68

⑱ 在"左墙"上单击鼠标右键，从弹出的快捷菜单中执行【Effect（特效）】→【Stylize （风格化）】→【Motion Tile（运动拼贴）】命令，如图 11-69 所示，将会在"特效控制" 面板出现 Motion Tile（运动拼贴）特效控制栏，如图 11-70 所示。

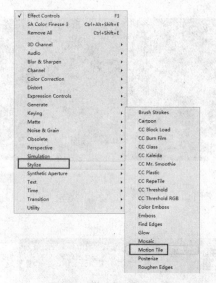

图 11-69

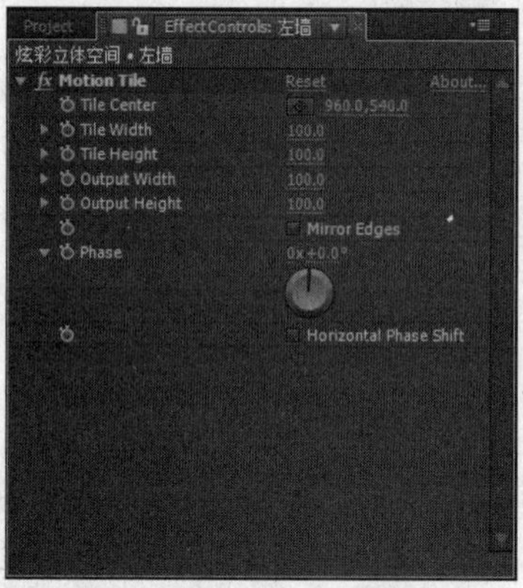

图 11-70

⑲ 在 Motion Tile（运动拼贴）特效控制栏进行参数设置，如图 11-71 所示。参数改变后 的效果如 11-72 所示。

图 11-71

图 11-72

⑳ 从素材窗口把合成"墙面"拖到"时间线"窗口，命名为"右墙"，激活它的 3D 属性 和运动模糊属性，如图 11-73 所示。

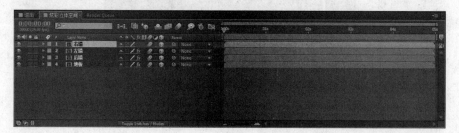

图 11-73

㉑ 在"时间线"窗口中用鼠标右键单击合成层"右墙"左边的小三角符号，展开它的 Transform（变换）属性，设置它的参数，如图 11-74 所示。设置后的效果如图 11-75 所示。

图 11-74

图 11-75

㉒ 在"右墙"上单击鼠标右键，从弹出的快捷菜单中执行【Effect（特效）】→【Stylize（风格化）】→【Motion Tile（运动拼贴）】命令，如图 11-76 所示，将会在"特效控制"面板出现 Motion Tile（运动拼贴）特效控制栏，如图 11-77 所示。

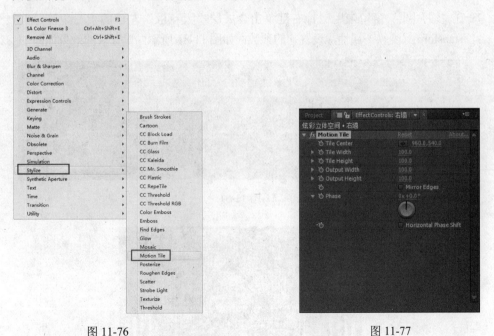

图 11-76   图 11-77

㉓ 在 Motion Tile（运动拼贴）特效控制栏进行参数设置，如图 11-78 所示。参数改变后的效果如图 11-79 所示。

图 11-78   图 11-79

㉔ 从素材窗口把合成"墙面"拖到"时间线"窗口，命名为"天花板"，激活它的 3D 属性和运动模糊属性，如图 11-80 所示。

图 11-80

㉕ 在"时间线"窗口中用鼠标右键单击合成层"天花板"左边的小三角符号，展开它的 Transform（变换）属性，设置它的参数，如图 11-81 所示。设置后的效果如图 11-82 所示。

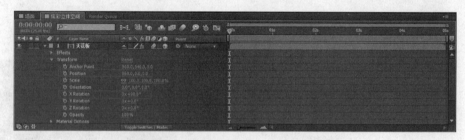

图 11-81

图 11-82

㉖ 在"右墙"上单击鼠标右键,从弹出的快捷菜单中执行【Effect(特效)】→【Stylize (风格化)】→【Motion Tile(运动拼贴)】命令,如图 11-83 所示,将会在"特效控制" 面板出现 Motion Tile(运动拼贴)特效控制栏,如图 11-84 所示。

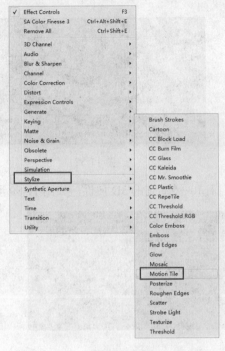

图 11-83   图 11-84

㉗ 在 Motion Tile(运动拼贴)特效控制栏进行参数设置,如图 11-85 所示。参数改变后 的效果如 11-86 所示。

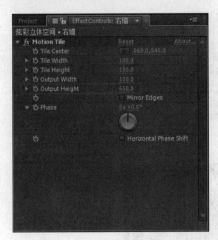

图 11-85   图 11-86

㉘ 执行【Composition(合成)】→【New Composition(新建合成)】命令,在弹出的 Composition Settings(合成设置)对话框中按照如图 11-87 所示进行设置,命名为"文 字",单击 OK(确定)按钮。

㉙ 在"合成窗口"中,用文本工具 T 输入文字,如图 11-88 所示。

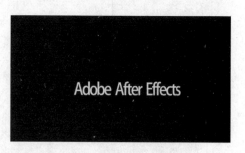

图 11-87 图 11-88

③⓪ 从素材窗口把合成"文字"拖到"时间线"窗口，激活它的 3D 属性，如图 11-89 所示。

图 11-89

③① 在"时间线"窗口中用鼠标右键单击合成层"文字"左边的小三角符号，展开它的 Transform（变换）属性，设置它的参数，如图 11-90 所示。设置后的效果如图 11-91 所示。

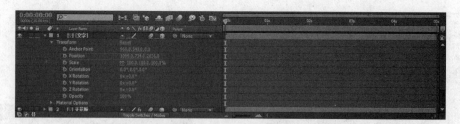

图 11-90

图 11-91

32 在 "文字" 上单击鼠标右键，从弹出的快捷菜单中执行【Effect（特效）】→【Stylize（风格化）】→【Glow（辉光）】命令，如图 11-92 所示，将会在 "特效控制" 面板出现 Glow（辉光）特效控制栏，如图 11-93 所示。

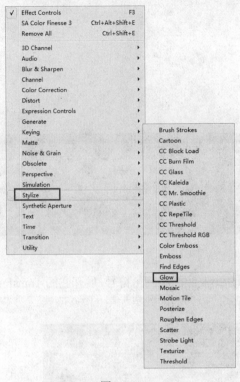

图 11-92   图 11-93

33 在 Glow（辉光）特效控制栏进行参数设置，如图 11-94 所示。参数改变后的效果如 11-95 所示。

图 11-94   图 11-95

③ 执行【Layer（层）】→【New（新建）】→【Light（灯光）】命令，在弹出的 Light Settings（灯光设置）对话框中按照如图 11-96 所示进行设置，单击 OK（确定）按钮。灯光就会自动添加到"时间线"窗口上。如图 11-97 所示。

图 11-96   图 11-97

③ 在"时间线"窗口中用鼠标右键单击合成层 Light1 左边的小三角符号，展开它的 Transform（变换）属性，设置它的参数，如图 11-98 所示。设置后的效果如图 11-99 所示。

图 11-98

图 11-99

③ 再次执行【Layer（层）】→【New（新建）】→【Light（灯光）】命令，在弹出的 Light Settings（灯光设置）对话框中按照如图 11-100 所示进行设置，单击 OK（确定）按钮。灯光就会自动添加到"时间线"窗口上。如图 11-101 所示。

图 11-100

图 11-101

③⑦ 在"时间线"窗口中用鼠标右键单击合成层 Light2 左边的小三角符号，展开它的 Transform（变换）属性，设置它的参数，如图 11-102 所示。设置后的效果如图 11-103 所示。

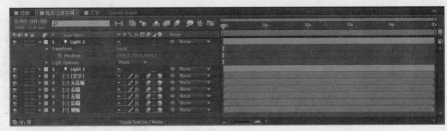

图 11-102

图 11-103

③⑧ 再次执行【Layer（层）】→【New（新建）】→【Adjustment Layer（调整层）】命令，调整层就会自动添加到"时间线"窗口上，如图 11-104 所示。

图 11-104

㊴ 将调整层 Glow 拖拽到合成层"天花板"的上面，然后在 Glow 上单击鼠标右键，从弹出的快捷菜单中执行【Effect（特效）】→【Stylize（风格化）】→【Glow（辉光）】命令，如图 11-105 所示，将会在"特效控制"面板出现 Glow（辉光）特效控制栏，然后进行如图 11-106 所示的设置。设置完成后的效果如图 11-107 所示。

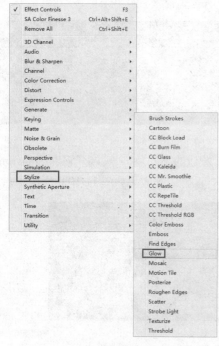

图 11-106

图 11-105

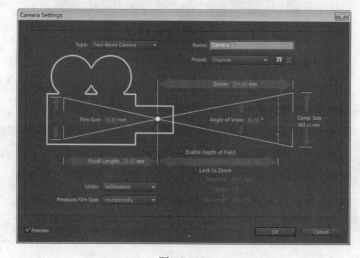

图 11-107

㊵ 下面我们开始做摄像机的动画。首先执行【Layer（层）】→【New（新建）】→【Camera（摄像机）】命令，在弹出的 Camera Settings（摄像机设置）对话框中按照如图 11-108 所示进行设置，单击 OK（确定）按钮。摄像机就会自动添加到"时间线"窗口上，如图 11-109 所示。

图 11-108

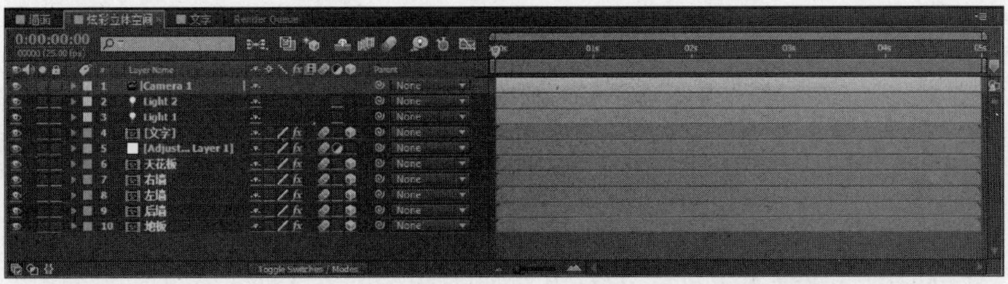

图 11-109

㊶ 激活摄像机的 Point of Interest（关注点）和 Position（位置）前的关键帧记录器，将时间标记定位在 0 秒的位置，按图 11-110 所示进行设置。

㊷ 将两个关键帧选中，在键盘上用快捷键 Ctrl+Alt+K 来打开 Keyframe Interpolation（关键帧插值）对话框，进行如图 11-111 所示的设置。

图 11-110

图 11-111

㊸ 将时间标记定位在 0 秒 15 帧的位置，进行如图 11-112 所示的设置。

㊹ 将时间标记定位在 4 秒 24 帧的位置，进行如图 11-113 所示的设置。

图 11-112

图 11-113

㊺ 到此为止，炫彩立体空间效果就做完了。按键盘上的空格键就可以预览动画。

11.4　流星划空特效

本实例为一个流星划过天空的特效制作。这个特效主要是通过粒子来表现，非常的漂亮，并且具有一种科幻的金属感觉。如图 11-114 所示为实例的效果图。

图 11-114

具体操作步骤如下：

① 启动 After Effects CS6，执行【Composition（合成）】→【New Composition（新建合成）】命令，在弹出的 Composition Settings（合成设置）对话框中按照如图 11-115 所示进行设置，名字为"流星划过"，单击 OK（确定）按钮。

② 在 Timeline（时间线）窗口的空白位置单击鼠标右键，从弹出的快捷菜单中执行【New（新建）】→【Solid（固体）】命令，在弹出的 Solid Settings（固体设置）对话框中按照如图 11-116 所示进行设置，单击 OK（确定）按钮。

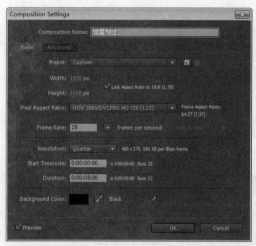

图 11-115　　　　　　　　　　　　　　　图 11-116

③ 在新建的固态层上单击鼠标右键，从弹出的快捷菜单中执行【Effect（特效）】→【Generate（仿生）】→【Ramp（渐变）】命令，如图 11-117 所示，将会在"特效控制"面板出现 Ramp（渐变）特效控制栏，如图 11-118 所示。

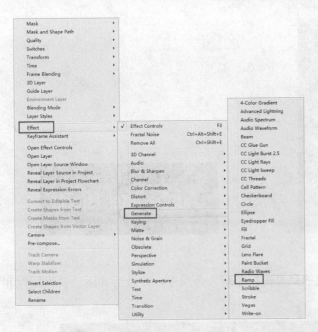

图 11-117   图 11-118

④ 在 Ramp（渐变）特效控制栏中进行参数设置。首先将坐标改为如图 11-119 所示。

⑤ 将 Ramp（渐变）特效控制栏中的起始色改为如图 11-120 所示。单击颜色区域可以弹出 Start Color（起始色）对话框，进行如图 11-121 所示的设置。

图 11-119   图 11-120   图 11-121

⑥ 将 Ramp（渐变）特效控制栏中的结束色改为如图 11-122 所示。单击颜色区域可以弹出 End Color（起始色）对话框，进行如图 11-123 所示的设置。效果如图 11-124 所示。

图 11-122   图 11-123   图 11-124

⑦ 执行【Composition（合成）】→【New Composition（新建合成）】命令，在弹出的 Composition Settings（合成设置）对话框中按照如图 11-125 所示进行设置，名字为"文字"，单击 OK（确定）按钮。

⑧ 在"合成"窗口中，用"文本工具" T 输入文字，如图 11-126 所示。

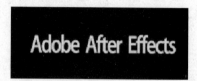

图 11-125   图 11-126

⑨ 在素材窗口中将"文字"合成拖拽到"流星划空"合成中，并激活其运动模糊属性和 3D 属性，如图 11-127 所示。

图 11-127

⑩ 在"文字"合成层上单击鼠标右键，从弹出的快捷菜单中执行【Effect（特效）】→【Transition（过渡）】→【Linear Wipe（线性擦拭）】命令，如图 11-128 所示，将会在"特效控制"面板出现 Linear Wipe（线性擦拭）特效控制栏，如图 11-129 所示。

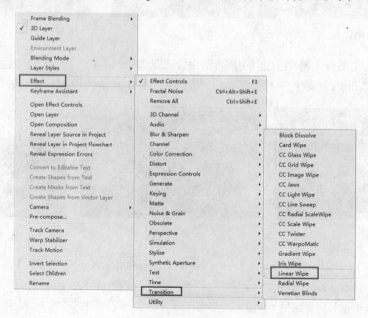

图 11-128

⑪ 在 Linear Wipe（线性擦拭）特效控制栏进行设置，如图 11-130 所示。

图 11-129 　　　　　　　　　　　　　　　图 11-130

⑫ 将时间标记 ▮ 定位在 0 秒 16 帧的位置，进行如图 11-131 所示的设置。

图 11-131

⑬ 将时间标记 ▮ 定位在 1 秒 13 帧的位置，进行如图 11-132 所示的设置。

图 11-132

⑭ 在"文字"上单击鼠标右键，从弹出的快捷菜单中执行【Effect（特效）】→【Generate（生成）】→【Ramp（渐变）】命令，如图 11-133 所示，将会在"特效控制"面板出现 Ramp（渐变）特效控制栏，如图 11-134 所示。

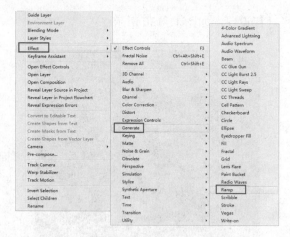

图 11-133   图 11-134

15 设置 Ramp（渐变）特效的参数，使其产生渐变的效果，如图 11-135 所示。效果如图 11-136 所示。

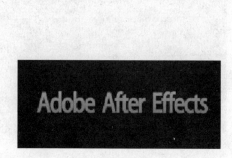

图 11-135   图 11-136

16 在"文字"合成层上单击鼠标右键，从弹出的快捷菜单中执行【Effect（特效）】→【Perspective（透视）】→【Bevel Alpha（导角）】命令，如图 11-137 所示，将会在"特效控制"面板出现 Bevel Alpha（导角）特效控制栏，如图 11-138 所示。

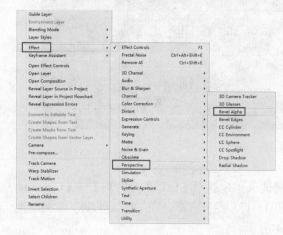

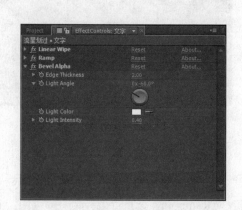

图 11-137   图 11-138

⑰ 设置 Bevel Alpha（导角）特效的参数，如图 11-139 所示。效果如图 11-140 所示。

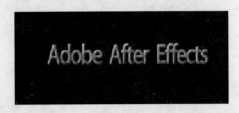

图 11-139   图 11-140

⑱ 在 Timeline（时间线）窗口的空白位置单击鼠标右键，从弹出的快捷菜单中执行【New（新建）】→【Solid（固体）】命令，在弹出的 Solid Settings（固体设置）对话框中按照如图 11-141 所示进行设置，单击 OK（确定）按钮，在"时间线"窗口中会自动生成新的固态层。如图 11-142 所示。

图 11-141   图 11-142

⑲ 在新建的固态层上单击鼠标右键，从弹出的快捷菜单中执行【Effect（特效）】→【Simulation（仿真）】→【CC Particle World（粒子世界）】命令，如图 11-143 所示，将会在"特效控制"面板出现 CC Particle World（粒子世界）特效控制栏，如图 11-144 所示。

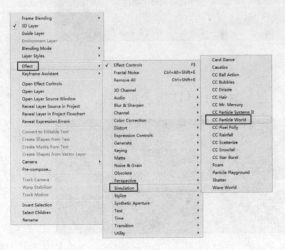

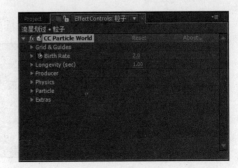

图 11-143   图 11-144

⑳ 将时间标记▣定位在 0 秒的位置，展开"时间线"窗口中的特效卷展栏进行设置，并激活 PositionX（位移 X 轴）属性前的关键帧记录器▣，如图 11-145 所示。

图 11-145

㉑ 将时间标记▣定位在 1 秒 14 帧的位置，激活 Birth Rate（再生速度）属性前的关键帧记录器▣，进行如图 11-146 所示的设置。

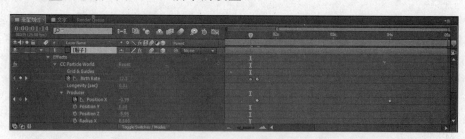

图 11-146

㉒ 将时间标记▣定位在 1 秒 17 帧的位置，进行如图 11-147 所示的设置。

图 11-147

㉓ 将时间标记 定位在 4 秒的位置，进行如图 11-148 所示的设置。效果如 11-149 所示。

图 11-148

图 11-149

㉔ 在 Timeline（时间线）窗口的空白位置单击鼠标右键，从弹出的快捷菜单中执行【New（新建）】→【Solid（固体）】命令，在弹出的 Solid Settings（固体设置）对话框中按照如图 11-150 所示进行设置，单击 OK（确定）按钮，在"时间线"窗口中会自动生成新的固态层。如图 11-151 所示。

图 11-150

图 11-151

㉕ 在新建的固态层上单击鼠标右键，从弹出的快捷菜单中执行【Effect（特效）】→【Generate（生成）】→【Lens Flare（镜头眩光）】命令，如图 11-152 所示，将会在"特效控制"面板出现 Lens Flare（镜头眩光）特效控制栏，如图 11-153 所示。

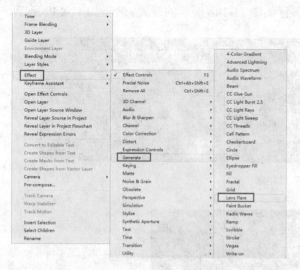

图 11-152　　　　　　　　　　　　　　　图 11-153

㉖ 将时间标记 🔆 定位在 0 秒的位置，在 Lens Flare（镜头眩光）特效控制栏进行设置，激活 Flare Center（光晕中心）和 Flare Brightness（光晕亮度）属性前的关键帧记录器 🕙，如图 11-154 所示。

图 11-154

㉗ 将时间标记 🔆 定位在 1 秒 17 帧的位置，进行如图 11-155 所示的设置。

图 11-155

㉘ 将时间标记 🔆 定位在 2 秒 07 帧的位置，进行如图 11-156 所示的设置。

图 11-156

㉙ 将时间标记▣定位在 1 秒 12 帧的位置，在"时间线"窗口中用鼠标指针选中固态层"光"，然后在键盘上用快捷键 T，打开激活 Opacity（透明度）属性前的关键帧记录器▣，并进行如图 11-157 所示的设置。

图 11-157

㉚ 将时间标记▣定位在 1 秒 21 帧的位置，进行如图 11-158 所示的设置。

图 11-158

㉛ 下面开始做摄像机的动画。首先执行【Layer（层）】→【New（新建）】→【Camera（摄像机）】命令，在弹出的 Camera Settings（摄像机设置）对话框中按照如图 11-159 所示进行设置，单击 OK（确定）按钮。摄像机就会自动添加到"时间线"窗口上，如图 11-160所示。

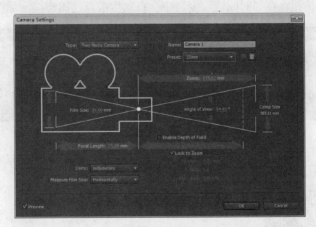

图 11-159

图 11-160

㉜ 激活摄像机的 Point of Interest（关注点）和 Position（位置）前的关键帧记录器 ，将时间标记 定位在 0 秒的位置，如图 11-161 所示进行设置。

图 11-161

㉝ 将两个关键帧选中，在键盘上用快捷键 Ctrl+Alt+K 来打开 Keyframe Interpolation（关键帧插值）对话框，进行如图 11-162 所示的设置。

㉞ 将时间标记 定位在 1 秒 08 帧的位置，如图 11-163 所示进行设置。

㉟ 这样摄像机动画就做完了，下面我们再添加一个星空的背景。在 Timeline（时间线）窗口的空白位置单击鼠标右键，从弹出的快捷菜单中执行【New（新建）】→【Solid（固体）】

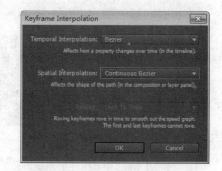

图 11-162

命令，在弹出的 Solid Settings（固体设置）对话框中按照如图 11-164 所示进行设置，单击 OK（确定）按钮，在"时间线"窗口中会自动生成新的固态层。如图 11-165 所示。

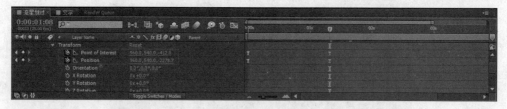

图 11-163

图 11-164

图 11-165

㊱ 在新建的固态层上单击鼠标右键，从弹出的快捷菜单中执行【Effect（特效）】→
【Simulation（仿真）】→【CC Particle World（粒子世界）】命令，如图 11-166 所示，将会在
"特效控制"面板出现 CC Particle World（粒子世界）特效控制栏，如图 11-167 所示。

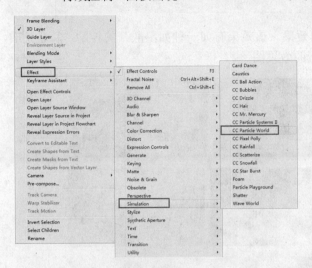

图 11-166

图 11-167

㊲ 设置 CC Particle World（粒子世界）特效的参数，如图 11-168 所示。效果如图 11-169
所示。

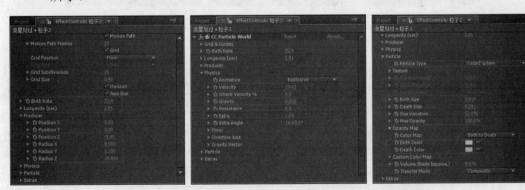

图 11-168

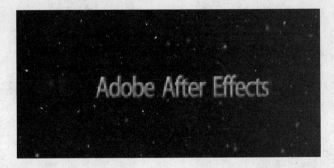

图 11-169

㊳ 到此为止，流星划空特效就完成了。按键盘上的空格键就可以预览动画。

11.5 飘渺出字

本实例演示的是如何制作飘渺出字的效果。该效果有如一种如墨散开的神韵，特别适合影视片头的制作。如图 11-170 所示为实例的效果图。

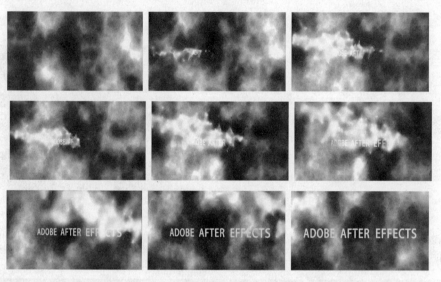

图 11-170

具体操作步骤如下：

① 启动 After Effects CS6，执行【Composition（合成）】→【New Composition（新建合成）】命令，在弹出的 Composition Settings（合成设置）对话框中按照如图 11-171 所示进行设置，名字为"飘渺出字"，单击 OK（确定）按钮。

② 在 Timeline（时间线）窗口的空白位置单击鼠标右键，从弹出的快捷菜单中执行【New（新建）】→【Solid（固体）】命令，在弹出的 Solid Settings（固体设置）对话框中按照如图 11-172 所示进行设置，然后单击 OK（确定）按钮。

图 11-171

图 11-172

③ 在新建的固态层上单击鼠标右键，从弹出的快捷菜单中执行【Effect（特效）】→
【Noise&Grain（噪波）】→【Fractal Noise（分形噪波）】命令，如图 11-173 所示，将
会在"特效控制"面板出现 Fractal Noise（分形噪波）特效控制栏，如图 11-174 所示。

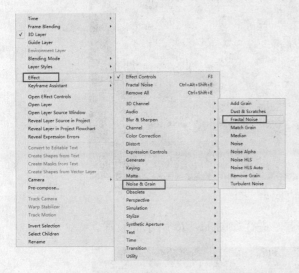

图 11-173   图 11-174

④ 在"时间线"窗口上展开 Fractal Noise（分形噪波）特效卷展栏，设置它的参数，并
激活 3D 属性，如图 11-175 所示，效果如图 11-176 所示。

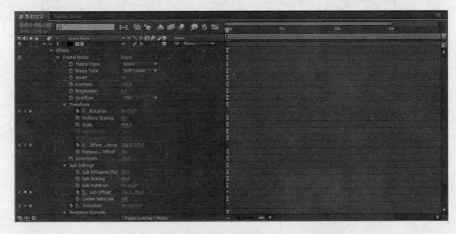

图 11-175

图 11-176

⑤ 将时间标记📍定位在 0 秒的位置，激活如图 11-177 所示的属性前的关键帧记录器⏱️，并进行设置。

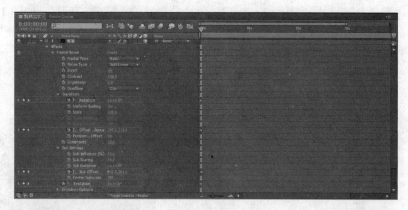

图 11-177

⑥ 将时间标记📍定位在 4 秒 24 帧的位置，进行如图 11-178 所示的设置。

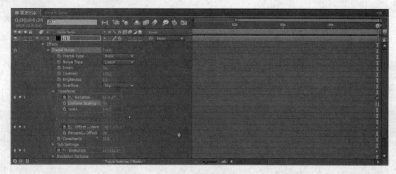

图 11-178

⑦ 在"背景"层上单击鼠标右键，从弹出的快捷菜单中执行【Effect（特效）】→【Blur&Sharpen（模糊与锐化）】→【CC Vector Blur（向量模糊）】命令，如图 11-179 所示，将会在"特效控制"面板出现 CC Vector Blur（向量模糊）特效控制栏，如图 11-180 所示。

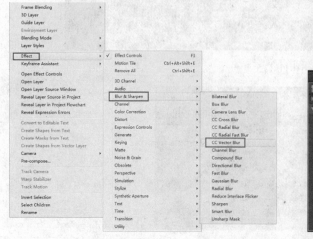

图 11-179

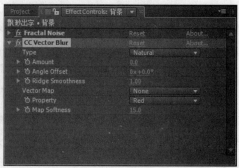

图 11-180

⑧ 设置 CC Vector Blur（向量模糊）特效的参数，如图 11-181 所示。效果如图 11-182 所示。

图 11-181　　　　　　　　　　　　　　　　　图 11-182

⑨ 再在"背景"层上单击鼠标右键，从弹出的快捷菜单中执行【Effect（特效）】→【Color Correction（校色）】→【Levels（色阶）】命令，如图 11-183 所示，将会在"特效控制"面板出现 Levels（色阶）特效控制栏，如图 11-184 所示。

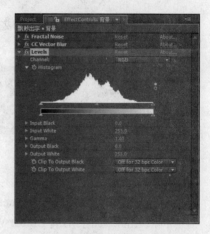

图 11-183　　　　　　　　　　　　　　　　　图 11-184

⑩ 设置 Levels（色阶）特效的参数，如图 11-185 所示。效果如图 11-186 所示。

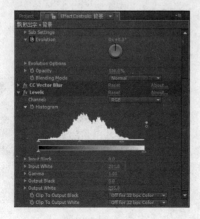

图 11-185　　　　　　　　　　　　　　　　　图 11-186

⑪ 执行【Composition（合成）】→【New Composition（新建合成）】命令，在弹出的 Composition Settings（合成设置）对话框中按照如图 11-187 所示进行设置，名字为"文字"，单击 OK（确定）按钮。

⑫ 在"合成"窗口中，用"文本工具" 输入文字，如图 11-188 所示。

图 11-187   图 11-188

⑬ 在素材窗口中将"文字"合成拖拽到"飘缈出字"合成中，并激活其运动模糊属性和 3D 属性，如图 11-189 所示。

图 11-189

⑭ 在"文字"合成层上单击鼠标右键，从弹出的快捷菜单中执行【Effect（特效）】→【Transition（过渡）】→【Linear Wipe（线性擦拭）】命令，如图 11-190 所示，将会在"特效控制"面板出现 Linear Wipe（线性擦拭）特效控制栏，如图 11-191 所示。

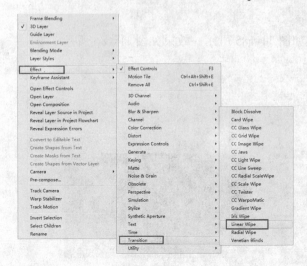

图 11-190   图 11-191

⑮ 对 Linear Wipe（线性擦拭）特效进行设置，如图 11-192 所示。

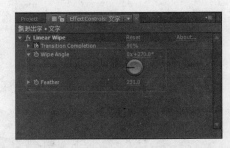

图 11-192

⑯ 将时间标记 ▣ 定位在 0 秒 03 帧的位置，进行如图 11-193 所示的设置。

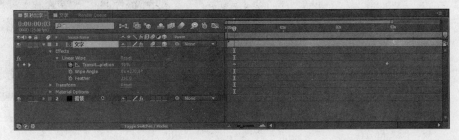

图 11-193

⑰ 将时间标记 ▣ 定位在 2 秒 22 帧的位置，进行如图 11-194 所示的设置。

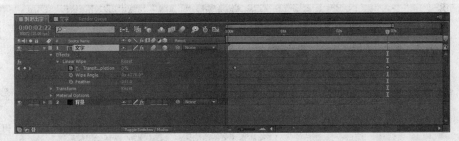

图 11-194

⑱ 在 Timeline（时间线）窗口的空白位置单击鼠标右键，从弹出的快捷菜单中执行【New（新建）】→【Solid（固体）】命令，在弹出的 Solid Settings（固体设置）对话框中按照如图 11-195 所示进行设置，命名为"粒子 1"，单击 OK（确定）按钮。

⑲ 在新建的固态层上单击鼠标右键，从弹出的快捷菜单中执行【Effect（特效）】→【Simulation（仿真）】→【CC Particle World（粒子世界）】命令，如图 11-196 所示，将会在"特效控制"面板出现 CC Particle World（粒子世界）特效控制栏，如图 11-197 所示。

图 11-195

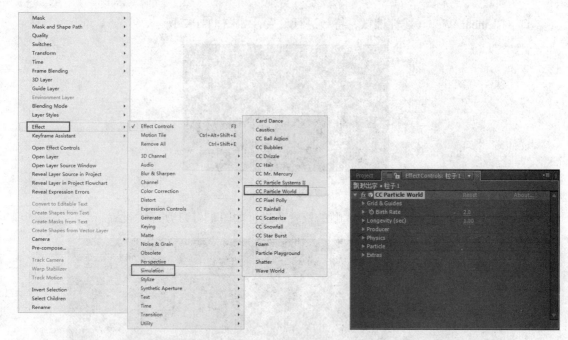

图 11-196   图 11-197

20 将时间标记▤定位在 0 秒的位置，在"时间线"窗口上展开"粒子 1" CC Particle World（粒子世界）特效的参数，按如图 11-198 所示进行设置，并激活所示属性前的关键帧记录器▣。

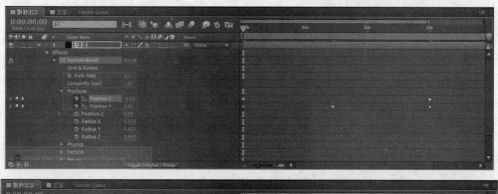

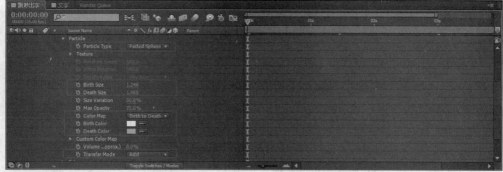

图 11-198

21 将时间标记▤定位在 1 秒 11 帧的位置，按如图 11-199 所示进行设置。

图 11-199

㉒ 将时间标记 🔲 定位在 3 秒的位置，按如图 11-200 所示进行设置。

图 11-200

㉓ 再在"粒子 1"层上单击鼠标右键，从弹出的快捷菜单中执行【Effect（特效）】→
【Blur&Sharpen（模糊与锐化）】→【CC Vector Blur（向量模糊）】命令，如图 11-201
所示，将会在"特效控制"面板出现 CC Vector Blur（向量模糊）特效控制栏，如图
11-202 所示。

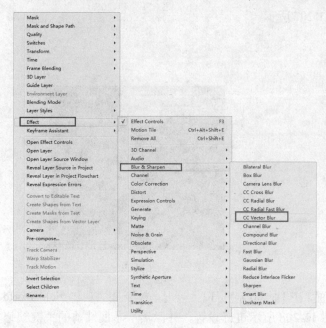

图 11-201

图 11-202

24 设置 CC Vector Blur（向量动态模糊）的参数，如图 11-203 所示。效果如图 11-204 所示。

图 11-203

图 11-204

25 在 Timeline（时间线）窗口的空白位置单击鼠标右键，从弹出的快捷菜单中执行【New（新建）】→【Solid（固体）】命令，在弹出的 Solid Settings（固体设置）对话框中按照如图 11-205 所示进行设置，命名为"粒子 2"，单击 OK（确定）按钮。

26 在新建的固态层上单击鼠标右键，从弹出的快捷菜单中执行【Effect（特效）】→【Simulation（仿真）】→【CC Particle World（粒子世界）】命令，如图 11-206 所示，将会在"特效控制"面板出现 CC Particle World（粒子世界）特效控制栏，如图 11-207 所示。

图 11-205

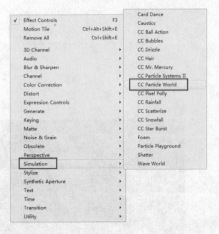

图 11-206

图 11-207

27 将时间标记[图]定位在 0 秒的位置，在"时间线"窗口上展开"粒子 2"CC Particle World（粒子世界）特效的参数，如图 11-208 所示进行设置，并激活所示属性前的关键帧记录器[图]，将自动在时间线上生成关键帧。

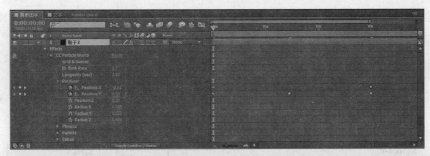

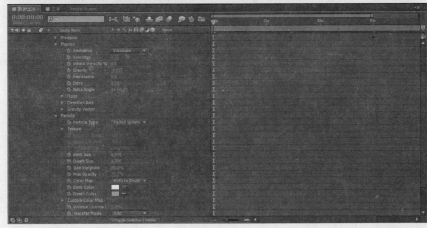

图 11-208

㉘ 将时间标记 ▊ 定位在 1 秒 11 帧的位置，按如图 11-209 所示进行设置。

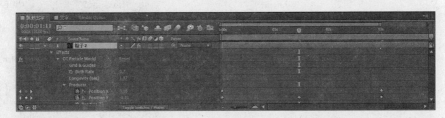

图 11-209

㉙ 将时间标记 ▊ 定位在 3 秒的位置，按如图 11-210 所示进行设置。将图层"粒子 1"中的特效 CC Vector Blur（向量模糊）复制，然后粘贴到图层"粒子 2"中。

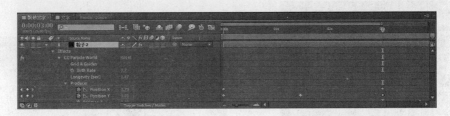

图 11-210

㉚ 我们在合成上建一个调整层来调整色调。执行【Layer（层）】→【New（新建）】→【Adjustment Layer（调整层）】命令，调整层就会自动添加到"时间线"窗口上。如图 11-211 所示。

图 11-211

31 在 "Tritone" 上单击鼠标右键，从弹出的快捷菜单中执行【Effect（特效）】→【Color Correction（校色）】→【Tritone（三阶色）】命令，如图 11-212 所示，将会在"特效控制"面板出现 Tritone（三阶色）特效控制栏，如图 11-213 所示。

图 11-212

图 11-213

32 设置 Tritone（三阶色）特效的各项参数，如图 11-214 所示。效果如图 11-215 所示。

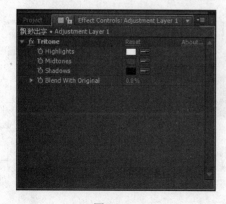

图 11-214

图 11-215

33 下面进行摄像机动画的制作。首先执行【Layer（层）】→【New（新建）】→【Camera（摄像机）】命令，在弹出的 Camera Settings（摄像机设置）对话框中按照如图 11-216 所示进行设置，单击 OK（确定）按钮。摄像机就会自动添加到"时间线"窗口上，如图 11-217 所示。

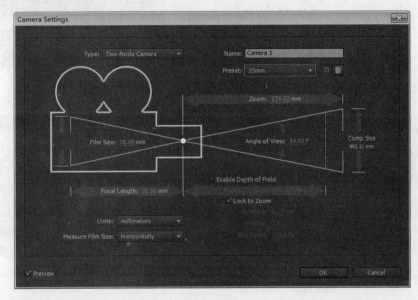

图 11-216

图 11-217

34 激活摄像机的 Position（位置）前的关键帧记录器，将时间标记定位在 0 秒的位置，如图 11-218 进行设置。

图 11-218

㉟ 将关键帧选中，在键盘上用快捷键 Ctrl+Alt+K 来打开 Keyframe Interpolation（关键帧插值）对话框，进行如图 11-219 所示的设置。

㊱ 将时间标记 定位在 4 秒 24 帧的位置，如图 11-220 进行设置。

㊲ 到此为止，飘渺出字效果就制作完毕了。按键盘上的空格键就可以预览动画。

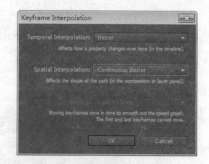

图 11-219

图 11-220

11.6 焰火效果

本实例介绍焰火特效的制作方法。如图 11-221 所示为实例的效果图。这种效果是利用粒子来进行表现的，非常的绚丽，有较强的冲击力。

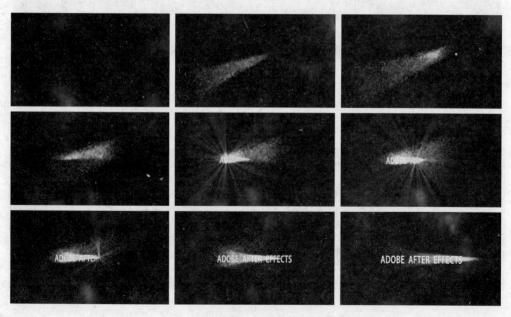

图 11-221

具体操作步骤如下：

① 启动 After Effects CS6，执行【Composition（合成）】→【New Composition（新建合成）】命令，在弹出的 Composition Settings（合成设置）对话框中按照如图 11-222 所示进行设置。单击 OK（确定）按钮。

② 在 Timeline（时间线）窗口的空白位置单击鼠标右键，从弹出的快捷菜单中执行【New（新建）】→【Solid（固体）】命令，在弹出的 Solid Settings（固体设置）对话框中按照如图 11-223 所示进行设置，单击 OK（确定）按钮。其中颜色为黑色。

图 11-222

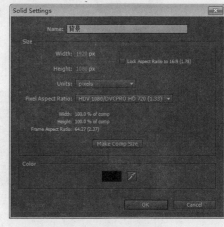

图 11-223

③ 在新建的固态层上单击鼠标右键，从弹出的快捷菜单中执行【Effect（特效）】→【Noise&Grain（噪波）】→【Fractal Noise（分形噪波）】命令，如图 11-224 所示，将会在"特效控制"面板出现 Fractal Noise（分形噪波）特效控制栏，如图 11-225 所示。

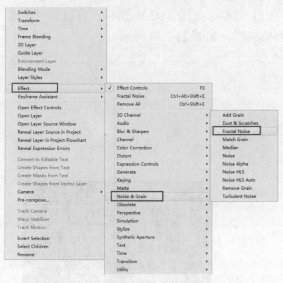

图 11-224

图 11-225

④ 将时间标记定位在 0 秒的位置，在"时间线"窗口上展开 Fractal Noise（分形噪波）特效卷展栏，设置它的参数，并激活所示的属性前的关键帧记录器，如图 11-226 所示。

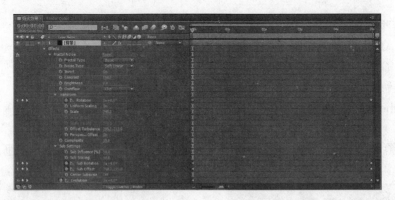

图 11-226

⑤ 将时间标记 💡 定位在 4 秒 24 帧的位置，进行如图 11-227 所示的设置。

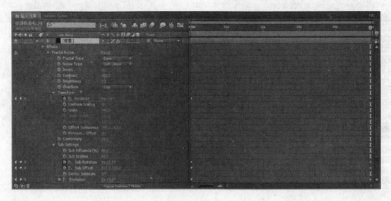

图 11-227

⑥ 在"背景"层上单击鼠标右键，从弹出的快捷菜单中执行【Effect（特效）】→【Color Correction（校色）】→【Tritone（三阶色）】命令，如图 11-228 所示，将会在"特效控制"面板出现 Tritone（三阶色）特效控制栏，如图 11-229 所示。

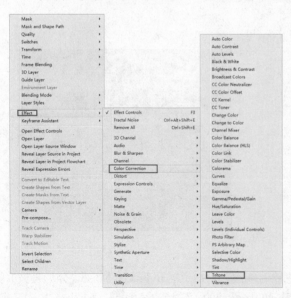

图 11-228

图 11-229

⑦ 设置 Tritone（三阶色）特效的各项参数，如图 11-230 所示。效果如图 11-231 所示。

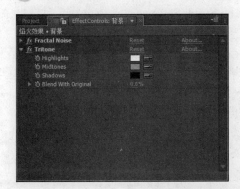

图 11-230

图 11-231

⑧ 再在"背景"层上单击鼠标右键，从弹出的快捷菜单中执行【Effect（特效）】→【Color Correction（校色）】→【Levels（色阶）】命令，如图 11-232 所示，将会在"特效控制"面板出现 Levels（色阶）特效控制栏，如图 11-233 所示。

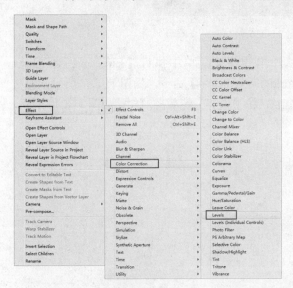

图 11-232

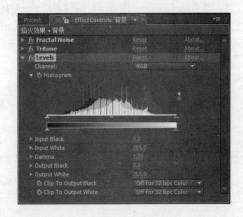

图 11-233

⑨ 设置 Levels（色阶）特效的参数，如图 11-234 所示。效果如图 11-235 所示。

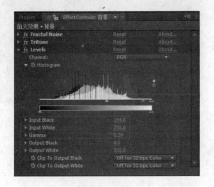

图 11-234

图 11-235

⑩ 在 Timeline（时间线）窗口的空白位置单击鼠标右键，从弹出的快捷菜单中执行【New（新建）】→【Solid（固体）】命令，在弹出的 Solid Settings（固体设置）对话框中按照如图 11-236 所示进行设置，命名为"粒子"，单击 OK（确定）按钮。

图 11-236

⑪ 在新建的固态层上单击鼠标右键，从弹出的快捷菜单中执行【Effect（特效）】→【Simulation（仿真）】→【CC Particle World（粒子世界）】命令，如图 11-237 所示，将会在"特效控制"面板出现 CC Particle World（粒子世界）特效控制栏，如图 11-238 所示。

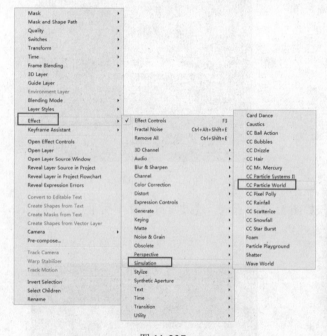

图 11-237

图 11-238

⑫ 将时间标记 定位在 0 秒的位置，在"时间线"窗口上展开"粒子 1"CC Particle World（粒子世界）特效的参数，如图 11-239 所示进行设置，并激活所示属性的关键帧记录器 。

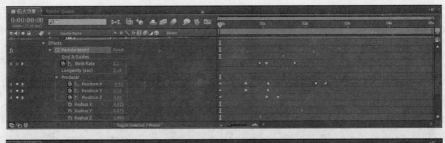

图 11-239

⑬ 将时间标记▊定位在 0 秒 15 帧的位置，进行如图 11-240 所示的设置。

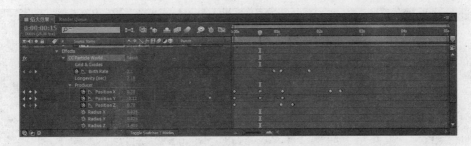

图 11-240

⑭ 将时间标记▊定位在 0 秒 23 帧的位置，进行如图 11-241 所示的设置。

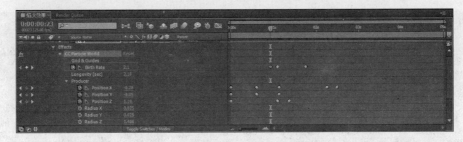

图 11-241

⑮ 将时间标记▊定位在 1 秒 02 帧的位置，激活 Position Z（Z 轴坐标点）属性前的关键帧记录器⏱，进行如图 11-242 所示的设置。

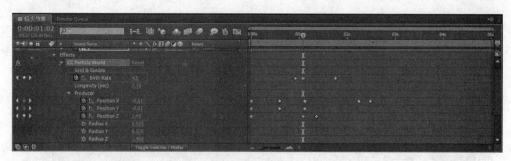

图 11-242

⑯ 将时间标记🎬定位在 1 秒 03 帧的位置，进行如图 11-243 所示的设置。

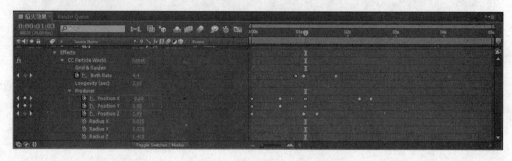

图 11-243

⑰ 将时间标记🎬定位在 1 秒 09 帧的位置，进行如图 11-244 所示的设置。

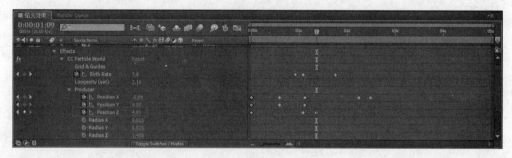

图 11-244

⑱ 将时间标记🎬定位在 1 秒 19 帧的位置，进行如图 11-245 所示的设置。

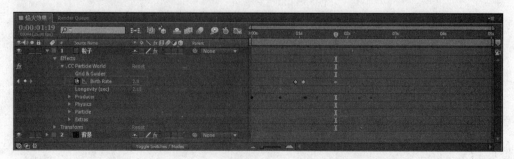

图 11-245

⑲ 将时间标记🎬定位在 2 秒 06 帧的位置，进行如图 11-246 所示的设置。

图 11-246

⑳ 将时间标记🎯定位在 2 秒 12 帧的位置，进行如图 11-247 所示的设置。

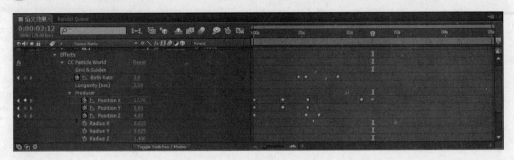

图 11-247

㉑ 在"粒子"层上单击鼠标右键，从弹出的快捷菜单中执行【Effect（特效）】→【Generate（生成）】→【CC Light Rays（光线）】命令，如图 11-248 所示，将会在"特效控制"面板出现 CC Light Rays（光线）特效控制栏，如图 11-249 所示。

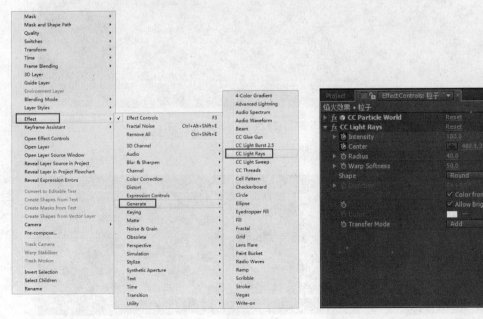

图 11-248   图 11-249

㉒ 将时间标记🎯定位在 1 秒 04 帧的位置，再设置 CC Light Rays（光线）特效的参数，并激活所示的属性前面的关键帧记录器🕐，如图 11-250 所示。

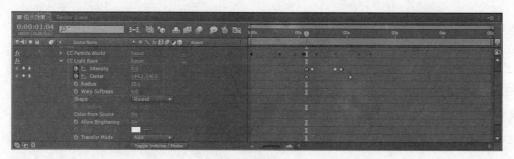

图 11-250

㉓ 将时间标记🔲定位在 1 秒 07 帧的位置，按图 11-251 所示来设置关键帧。

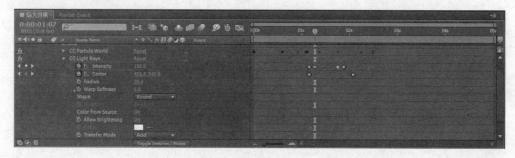

图 11-251

㉔ 将时间标记🔲定位在 1 秒 19 帧的位置，按图 11-252 所示来设置关键帧。

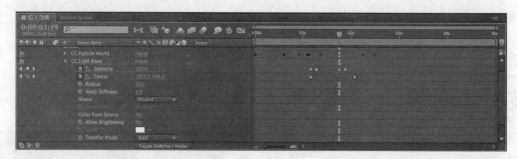

图 11-252

㉕ 将时间标记🔲定位在 1 秒 22 帧的位置，按图 11-253 所示来设置关键帧。

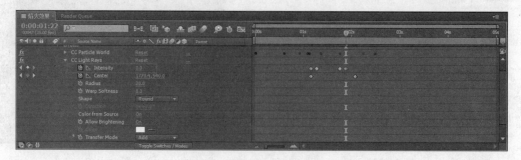

图 11-253

㉖ 将时间标记🔲定位在 2 秒 02 帧的位置，按图 11-254 所示来设置关键帧。

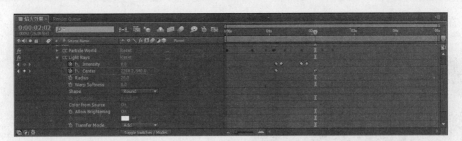

图 11-254

27 在"粒子"层上单击鼠标右键，从弹出的快捷菜单中执行【Effect（特效）】→【Stylize（风格化）】→【Glow（辉光）】命令，如图 11-255 所示，将会在"特效控制"面板出现 Glow（辉光）特效控制栏，如图 11-256 所示。

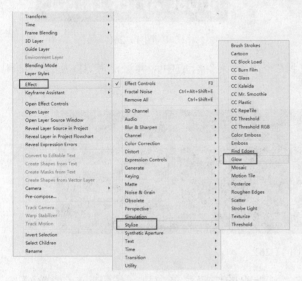

图 11-255   图 11-256

28 设置 Glow（辉光）特效的参数，如图 11-257 所示。效果如图 11-258 所示。

图 11-257   图 11-258

29 执行【Composition（合成）】→【New Composition（新建合成）】命令，在弹出的 Composition Settings（合成设置）对话框中按照如图 11-259 所示进行设置。单击 OK（确定）按钮。

㉚ 在"合成"窗口中，用"文本工具" T 输入文字，如图 11-260 所示。

图 11-259

图 11-260

㉛ 在素材窗口中将"文字"合成拖拽到"焰火效果"合成中，并激活其 3D 属性，如图 11-261 所示。

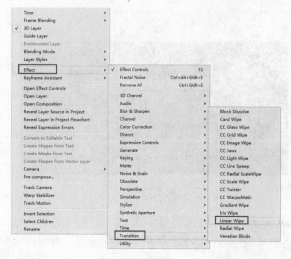

图 11-261

㉜ 在"文字"合成层上单击鼠标右键，从弹出的快捷菜单中执行【Effect（特效）】→ 【Transition（过渡）】→【Linear Wipe（线性擦拭）】命令，如图 11-262 所示，将会在 "特效控制"面板出现 Linear Wipe（线性擦拭）特效控制栏，如图 11-263 所示。

图 11-262

图 11-263

㉝ 将时间标记定位在 1 秒 04 帧的位置，激活如图 11-264 所示属性前的关键帧记录器，并对各项进行设置。

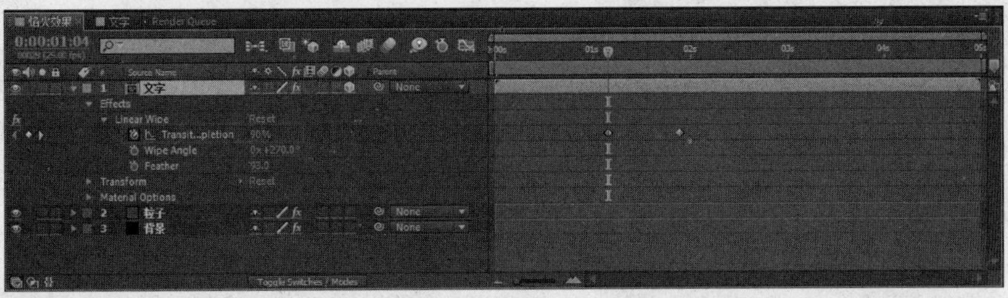

图 11-264

㉞ 将时间标记定位在 1 秒 22 帧的位置，进行如图 11-265 所示的设置。

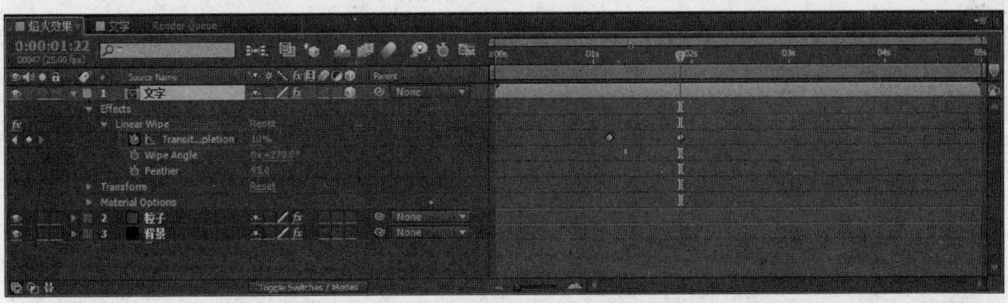

图 11-265

㉟ 在“文字”层上单击鼠标右键，从弹出的快捷菜单中执行【Effect（特效）】→【Stylize（风格化）】→【Glow（辉光）】命令，如图 11-266 所示，将会在“特效控制”面板出现 Glow（辉光）特效控制栏，如图 11-267 所示。

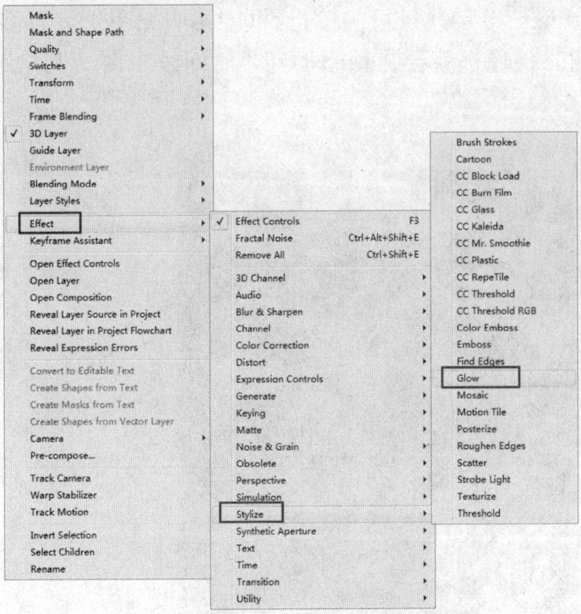

图 11-266

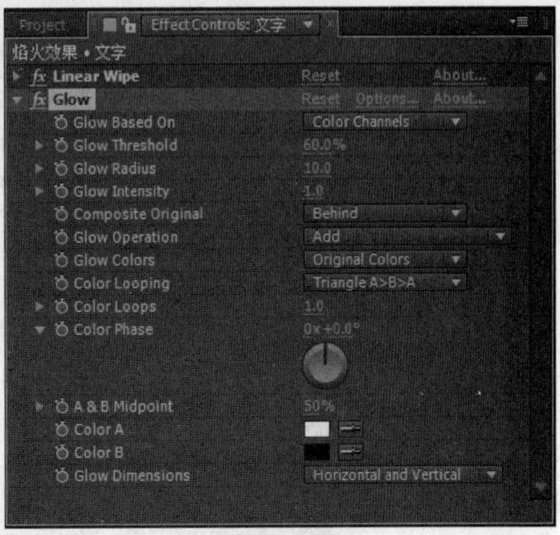

图 11-267

㊱ 设置 Glow（辉光）特效的参数，如图 11-268 所示。设置参数后的效果如 11-269 所示。

图 11-268   图 11-269

㊲ 选中"文字"层，在键盘上的 S 键来打开 Scale（缩放）属性，调整画面的大小设置如图 11-270 所示。

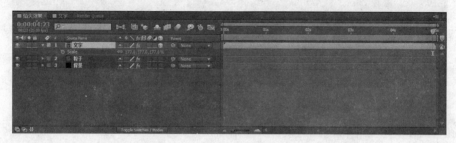

图 11-270

㊳ 下面开始做摄像机动画。首先执行【Layer（层）】→【New（新建）】→【Camera（摄像机）】命令，从弹出的 Camera Settings（摄像机设置）对话框中按照如图 11-271 所示进行设置，单击 OK（确定）按钮。摄像机就会自动添加到"时间线"窗口上，如图 11-272 所示。

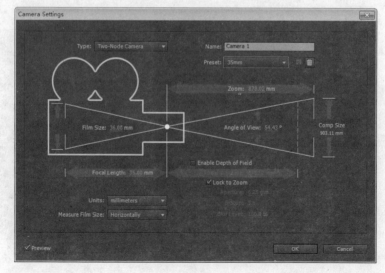

图 11-271

图 11-272

㊴ 激活摄像机的 Point of Interest（关注点）和 Position（位置）前的关键帧记录器，将
时间标记定位在 1 秒 05 帧的位置，如图 11-273 进行设置，将会在"时间线"上自
动生成关键帧。

图 11-273

㊵ 在键盘上用快捷键 Ctrl+Alt+K 来打开 Keyframe Interpolation（关键帧插值）对话框，
进行如图 11-274 所示的设置。

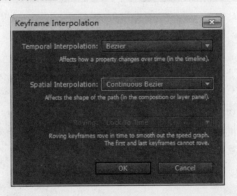

图 11-274

㊶ 将时间标记定位在 4 秒的位置，如图 11-275 进行设置。

图 11-275

㊷ 到此为止，烟火效果就制作完成了。按键盘上的空格键就可以预览动画。

11.7 电流特效

本实例演示的是如何制作一个电流的应用特效。如图 11-276 所示为实例的效果图。这个特效是模仿电流不规则的运动而产生的，效果非常不错！

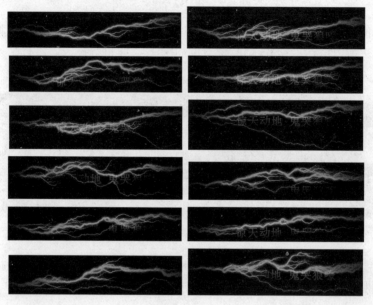

图 11-276

具体操作步骤如下：

① 启动 After Effects CS6，执行【Composition（合成）】→【New Composition（新建合成）】命令，在弹出的 Composition Settings（合成设置）对话框中按照如图 11-277 所示进行设置。单击 OK（确定）按钮。

② 在"合成"窗口中，用"文本工具" T 输入文字，如图 11-278 所示。

③ 再执行【Composition（合成）】→【New Composition（新建合成）】命令，在弹出的 Composition Settings（合成设置）对话框中按照如图 11-279 所示进行设置。单击 OK（确定）按钮。

④ 在 Timeline（时间线）窗口的空白位置单击鼠标右键，从弹出的快捷菜单中执行【New（新建）】→【Solid（固体）】命令，在弹出的 Solid Settings（固体设置）对话框中按照如图 11-280 所示进行设置，单击 OK（确定）按钮。

图 11-277

图 11-278

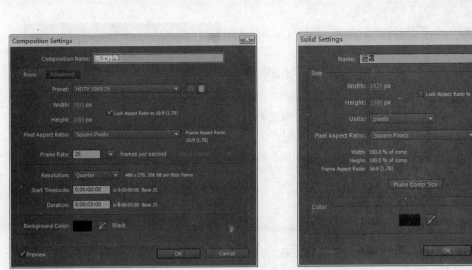

| 图 11-279 | 图 11-280 |

⑤ 在素材窗口中将"文字"合成拖拽到"时间线"上，并激活其"文字"层与"遮罩"层的 3D 属性，如图 11-281 所示。

图 11-281

⑥ 在"文字"上单击鼠标右键，从弹出的快捷菜单中执行【Effect（特效）】→【Generate（生成）】→【Ramp（渐变）】命令，如图 11-282 所示，将会在"特效控制"面板出现 Ramp（渐变）特效控制栏，如图 11-283 所示。

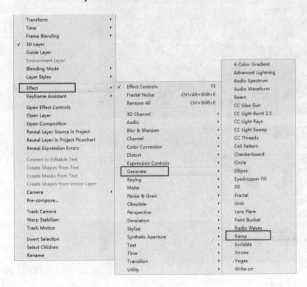

图 11-282

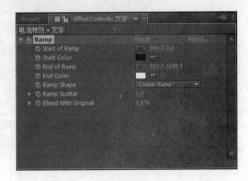

图 11-283

⑦ 设置 Ramp（渐变）特效的参数，如图 11-284 所示。

⑧ 在"遮罩"层上单击鼠标右键，从弹出的快捷菜单中执行【Effect（特效）】→【Generate（生成）】→【Advanced Lightning（高级闪电）】命令，如图 11-285 所示，将会在"特效控制"面板出现 Advanced Lightning（高级闪电）特效控制栏，如图 11-286 所示。

图 11-284

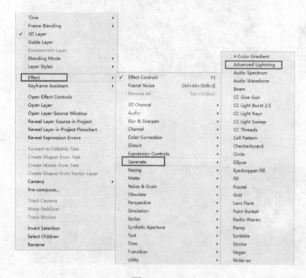

图 11-285

图 11-286

⑨ 将时间标记▊定位在 0 秒的位置，在"时间线"窗口中激活 Conductivity State（电流状态）属性前的关键帧记录器▊，如图 11-287 所示进行设置。

图 11-287

⑩ 将时间标记 💡 定位在 4 秒 24 帧的位置，进行如图 11-288 所示的设置。

图 11-288

⑪ 选中"遮罩"层，在键盘上用快捷键 Ctrl+D 来复制一层，命名为"主闪电"，并启用其 3D 属性，将叠加模式改为 Add（增加）模式。如图 11-289 所示。

图 11-289

⑫ 将时间标记 💡 定位在 0 秒的位置，在"时间线"窗口中展开层"主闪电"的特效卷展栏，激活 Conductivity State（电流状态）属性前的关键帧记录器 💡，然后按如图 11-290 所示进行设置。

图 11-290

⑬ 再将"主闪电"复制一层，命名为"背景闪电"，如图 11-291 所示。

图 11-291

⑭ 然后展开"背景闪电"层的特效栏，将时间标记🔲定位在 0 秒的位置，激活所示属性前的关键帧记录器🕙，进行如图 11-292 所示的设置。

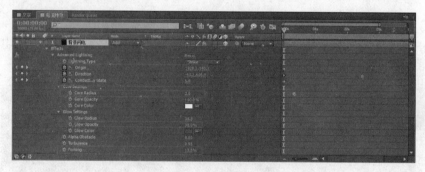

图 11-292

⑮ 将时间标记🔲定位在 4 秒 24 帧的位置，进行如图 11-293 所示的设置。

图 11-293

⑯ 执行【Layer（层）】→【New（新建）】→【Light（灯光）】命令，在弹出的 Light Settings（灯光设置）对话框中按照如图 11-294 所示进行设置，单击 OK（确定）按钮。灯光就会自动添加到"时间线"窗口上。如图 11-295 所示。

图 11-294

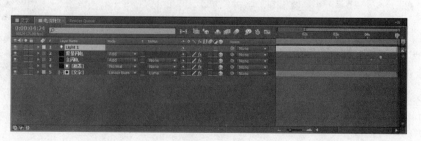

图 11-295

⑰ 展开灯光层的卷展栏，进行如图 11-296 所示的设置。

图 11-296

⑱ 将"文字"层放到"遮罩"层的下方，将"文字"层的遮罩方式改为 Luma Matte（亮度遮罩），如图 11-297 所示。

图 11-297

⑲ 到此为止，电流特效就做完了，按键盘上的空格键就可以预览动画。